KB274126

수학 문제 좀 풀어 봤니?

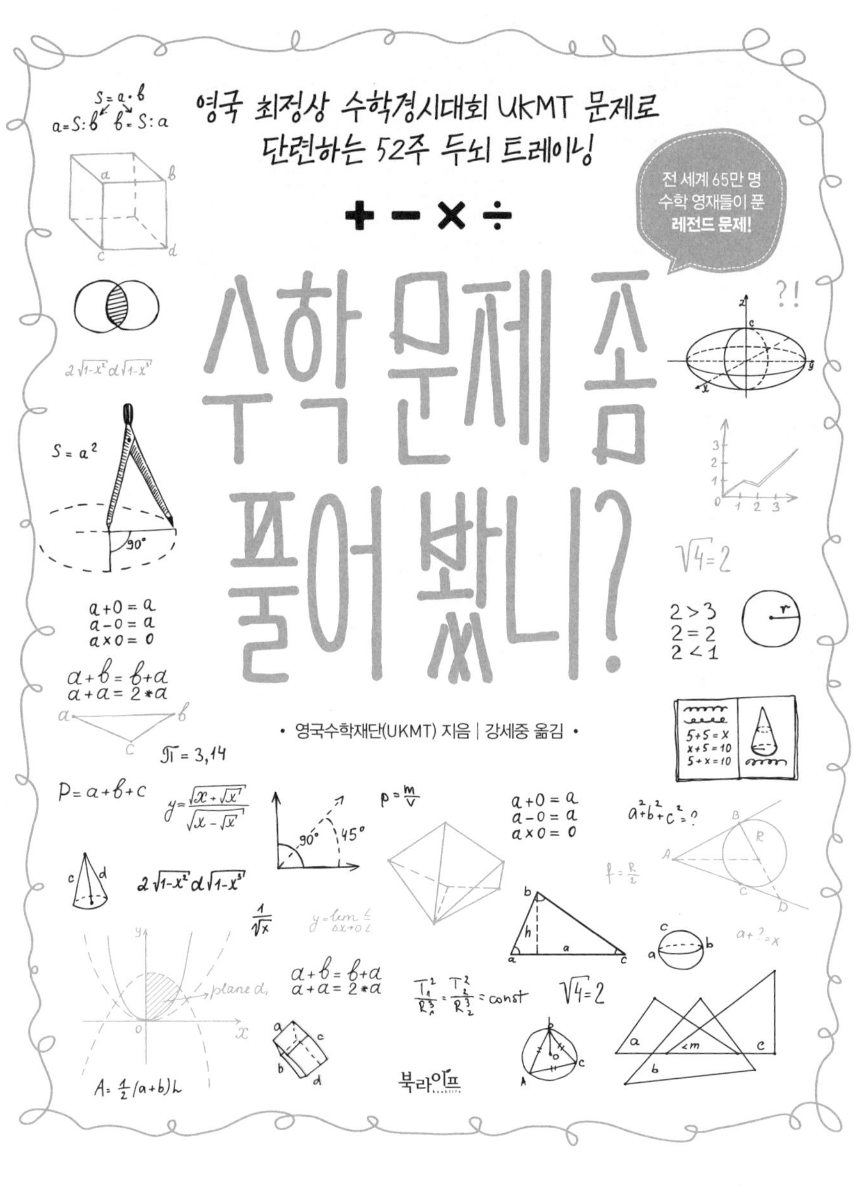

영국 최정상 수학경시대회 UKMT 문제로
단련하는 52주 두뇌 트레이닝

전 세계 65만 명
수학 영재들이 푼
레전드 문제!

수학 문제 좀
풀어 봤니?

• 영국수학재단(UKMT) 지음 | 강세중 옮김 •

북라이프

일러두기
- UKMT는 국내에서 편의상 '영국수학경시대회'로 불리지만 영국에서는 수학대회를 주관하는 기관이다. 책에서는 보다 정확한 의미를 반영해 '영국수학재단'으로 표기했다.
- 본문에서 ◆로 표기한 설명은 옮긴이 주다.

수학 문제 좀 풀어 봤니?

1판 1쇄 인쇄　2026년 2월 13일
1판 1쇄 발행　2026년 2월 23일

지은이 | 영국수학재단(UKMT)
옮긴이 | 강세중
발행인 | 홍영태
발행처 | 북라이프
등　록 | 제2011-000096호(2011년 3월 24일)
주　소 | 03991 서울시 마포구 월드컵북로6길 3 이노베이스빌딩 7층
전　화 | (02)338-9449
팩　스 | (02)338-6543
대표메일 | bb@businessbooks.co.kr
홈페이지 | http://www.businessbooks.co.kr
블로그 | http://blog.naver.com/booklife1
페이스북 | thebooklife
인스타그램 | booklife_kr
ISBN　979-11-24002-07-0　03410

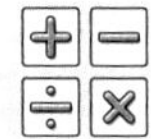

경고!
한 번 풀기 시작하면
멈출 수 없는 지적 쾌감에 빠져듭니다.

나는 두 번의 결정적인 계기로 수학에 깊이 매료되었다.

첫 번째는 내가 다녔던 종합중등학교(한국의 중고등학교 과정에 해당하는 공립학교♦) 선생님이 수학에는 장제법(아래로 써 내려가며 계산하는 나눗셈 방법♦) 이외에도 훨씬 더 넓은 세계가 존재함을 보여준 일이었다. 소수, 4차원 기하학, 대칭 등에 얽힌 수학의 큰 개념들을 접하면서 수학이 얼마나 아름답고 창의적인 학문인지 깨닫게 되었다.

두 번째 계기는 선생님이 과학 잡지 《사이언티픽 아메리칸》Scientific American에 실린 과학 저술가이자 수학 칼럼니스트 마틴 가드너Martin Gardner의 퍼즐을 소개해 주었을 때였다. 어려운 문제를 붙들고 씨름하다가 마침내 그 난제를 풀어낼 기민한 해법이 떠오르는 찰나의 짜릿한 전율에 완전히 사로잡히고 말았다. 경험자로서 말하자면 수학 퍼즐을 풀 때 느끼는 쾌감은 상당히 중독적이다. 《수학 문제 좀 풀어 봤니?》를 통해 여러분도 이런 짜릿한 즐거움을 흠뻑 맛보기를 바란다.

이 책에 실린 수학 문제들은 여러 해 동안 영국수학재단United Kingdom Mathematics Trust(이하 UKMT)이 주최한 수학대회에서 출제된 문제 중 선별한 것으로 이제 막 수학의 첫걸음을 내딛는 학생부터 최고 수준에 이른 학생까지 폭넓게 도전할 수 있도록 구성되어 있다.

다만 강조해 두고 싶은 점이 있다. 책에 실린 문제들이 각종 수학대회에서 출제된 것이기는 하지만 수학은 본질적으로 경쟁을 위한 학문이 아니라는 점이다. 수학자들은 모두 수와 기하 세계를 더 깊이 이해하고 확장하기 위해 협력해 왔다. 수학자들이 증명하는 모든 정리는 오래전 고대 그리스 시대부터 이어져 온 증명과 발견에서 출발한다. 앞선 세대가 차곡차곡 쌓아 올린 증명과 발견이 있었기에 오늘날의 수학이 존재하는 것이다. 그렇기에 여러 이공계 분야 중에서도 수학이야말로 과거의 위대한 거인들이 쌓아 올린 토대 위에 서서 학문의 세계를 더 멀리, 더 깊이 들여다볼 수 있는 학문이라 할 것이다.

따라서 여러분이 책 속 문제를 풀면서 느끼게 될 '경쟁'은 오로지 자기 자신과 대결하는 즐거움뿐이다. 쉽게 풀리지 않는 문제들을 기꺼이 즐겨 보길 바란다. 그런 문제야말로 결국 해결했을 때 가장 큰 성취감과 전율을 느끼게 해 주니까. 내가 아침마다 책상 앞에 앉아 수학을 시작하는 이유 역시 아직 풀지 못한 문제들이 있기 때문이다. 그리고 이 책의 모든 문제를 풀고 난 뒤에도 기억해 주었으면 한다. 수학에는 여전히 누군가가 밝혀 주기를 기다리는 거대한 난제들이 잔뜩 남아 있다는 사실을 말이다. 바로 그 미지의 세계가 지금도 우리 수학자들의 마음을 사로잡고 있다.

옥스퍼드대학교 수학과 교수이자 시모니 석좌교수

마커스 드 사토이 Marcus du Sautoy

의사라는 꿈을 선택하며 수학의 길에서는 멀어졌지만 한때 영재학교 입시를 준비했고 미국수학경시대회AMC를 비롯한 국내외 여러 수학경시대회에 도전했다. 결과는 기대에 미치지 못했으나 당시에는 노력한 만큼 성과를 내지 못했다는 아쉬움이 컸다. 지금 그 시간을 돌아보면 수학적 감각을 기르는 것보다 문제 풀이 연습에만 집중했기에 원하던 결과로 이어지지 못했다는 생각이 든다.

경시대회 문제를 보며 감탄할 때가 있다. 일정한 유형이 있는 입시 문제와 달리 경시대회 문제는 수학적 직관과 센스가 있다면 초등학교 수준의 개념만으로도 술술 풀어낼 수 있기 때문이다.《수학 문제 좀 풀어 봤니?》역시 수학적 사고력을 확장할 수 있는 문제들로 구성되어 있다. 정수, 대수, 기하, 조합 네 분야가 모두 고르게 실려 있어 특별히 약한 분야가 있다면 온종일 붙들고 고민해 보고 머리도 쥐어뜯어 보며 영리하게 활용하기 좋다.

· 조시준, 서울대학교 의과대학 23학번
《서울대 일타 선배들의 최상위 공부법》 저자

학교에서 수학을 가르치며 학생들을 위해 퍼즐을 만들 때마다 큰 보람과 즐거움을 느낀다. 이 책을 펼치는 순간만큼은 교사가 아니라 학생이 되어 소매를 걷어붙이고 진지하게 문제 풀이에 몰입했다. 제자들 가운데 UKMT가 주최하는 수학대회에 참

가하는 학생들도 많아 수업 시간에 함께 고민하고 이야기를 나누기에도 더없이 좋
았다. 사고력을 한 단계 끌어올리고 싶다면 반드시 소장해야 할 책이다.

생각하는 힘을 제대로 자극해 주는 훌륭한 수학 퍼즐북이다. "아이들도 이 문제를
풀 수 있다고?"라는 말이 절로 나올 만큼 인상적이다! 지금까지 절반 정도 풀었는
데 완전히 포기한 문제는 한 문제뿐이다. 아마도 이 책이 내 수학 실력을 한 단계 성
장시키거나 완전히 무너뜨릴지도 모르겠다. 그만큼 도전적이고 매력적인 문제들로
가득하다.

아이에게 수학에 대한 흥미를 키워 주고 싶어서 이 책을 선물했다. 일부 문제는 아
이에게 어려운 편이지만 약간의 도움만 있으면 대부분의 문제를 스스로 풀어냈다.
무엇보다 아이가 문제 풀이를 즐거워해서 굉장히 만족도가 높다.

처음 책을 펼친 날, 몇 시간 동안 책을 손에서 놓지 못했다. 평소라면 잠을 자거나
멍하니 넷플릭스를 봤을 시간에 문제를 하나씩 풀어 나가는 데 완전히 몰입해 버렸
다! 평소 우리 가족은 수학 퍼즐을 즐기는 편인데, 크리스마스 기간 동안 이 책을 우
리 가족의 게임북으로 톡톡히 활용했다.

52주 완성 수학 문제 365+

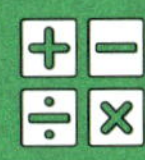 

정답 및 해설

책의 구성 및 문제 난이도

이 책에는 UKMT가 주관하는 여러 수학대회와 활동에서 선별한 문제들이 담겨 있다. 1년 365일 동안 매일 한 문제씩 풀 수 있는 짧은 문제들을 주차별로 구성했고 2주마다 긴 문제에 도전할 수 있도록 'Special Round'가 등장한다.

문제 난이도는 다양하다. 독자가 문제 난이도를 파악할 수 있도록 해당 문제가 출제된 수학대회 이름과 설명을 정리해 두었다(18쪽). 난이도를 평가하기란 쉽지 않으므로 자신의 수학 실력에 따라 체감 난이도도 자연스럽게 달라질 수 있다. 한 주의 첫 번째 문제에서 마지막 문제로 갈수록, 그리고 1주차에서 2주차, 3주차, 4주차로 갈수록 난이도가 점차 높아진다. 종종 이런 흐름에서 벗어나는 예외 문제도 곳곳에 있다.

책에 수록된 문제의 체감 난이도는 다음 3가지 요인으로 인해 실제 UKMT 수학대회 난이도와 다를 수 있다.

① 문제 유형 변경

책에 실린 문제 상당수는 UKMT 수학대회에서 객관식 형태로 출제되었으나 객관식 요소를 제거해 재구성했다. 이 과정에서 일부 문제는 출제 당시보다 난이도가 높아졌을 가능성이 있다.

② 제한 시간 유무

UKMT의 모든 수학대회는 엄격한 제한 시간 안에서 진행된다. 시간 압박이 시험 현장에서 학생들에게 상당한 부담으로 작용한다. 반면 책의 독자는 시간 제약 없이 문제에 접근할 수 있으므로 문제 해결 환경 자체에 차이가 있다.

③ 계산기 사용 금지 여부

UKMT의 모든 수학대회에서는 계산기 사용이 전면 금지된다. 이는 계산 능력보다 수학적 사고력과 논리적 추론 능력을 기르는 데 목적이 있기 때문이다. 계산기는 단순한 연산에는 유용하지만 종종 '생각을 대신하는 도구'로 오용되기 쉽다. 물론 독자 여러분은 책 속 문제를 해결할 때 계산기나 전자기기를 자유롭게 사용할 수 있지만 실제로 문제 해결에 결정적인 도움이 되는 경우는 많지 않을 것이다.

문제 선정 방식 및 해설

● 문제 선정 방식

UKMT 문제들은 현재 수학을 공부 중인 학생들을 대상으로 설계되어 있다. 다만 이 책은 학생은 물론 일반 독자도 대상으로 하기 때문에 최신 교육과정의 지식을 요구하는 문제들은 상당수 제외했다. 예를 들어 어떤 문제를 푸는 데 대수가 도움이 될 수는 있지만 대수를 직접적으로 다루는 문제는 극히 소수만 선별했다. 반면 기하학 문제는 꽤 수록되어 있는데, 기하학이 너무나도 아름다운 학문이라 어쩔 수 없었다. 책에 실린 대부분의 문제는 기본적인 수 감각, 논리적 사고, 직관만으로도 해결할 수 있다. 수학 지식이 조금 녹슨 독자들을 위해 370쪽에 수학 용어 설명과 기초적인 기하학 지식을 정리한 '용어집'을 실었다.

● 정답과 해설

모든 문제에 자세한 풀이와 설명을 제공하려면 책 분량이 지금보다 네 배는 두꺼워

질 것이다. 책에는 정답과 간결한 해설을 제시했지만 독자가 자신의 풀이가 타당한지 점검하고 문제 해결이 막혔을 때 방향을 잡기에는 충분한 도움이 될 것이다.

UKMT 수학대회 중 올림피아드 시험Olympiad Papers의 경우 실제 시험장에 정답만 제시하는 것이 아니라 풀이 전개를 논리적으로 완성해 서술해야 한다. 답안지를 채점할 때는 논리적이고 명확하게 표현된 논증에 큰 점수가 부여되기에 정답의 숫자를 정확하게 맞췄다는 것만으로는 거의 점수를 얻을 수 없다. 책에 수록된 올림피아드 문제에는 이러한 특징을 온전히 반영하기 어려웠다. 출제자가 독자의 풀이 과정을 채점할 수 없기 때문이다. 이러한 이유로 책만으로는 올림피아드 문제의 본래 매력을 모두 전달하기 어렵다.

올림피아드의 진정한 묘미와 책에 실린 문제 중 상당수의 자세한 해설은 378쪽에 소개한 UKMT 출판물에서 확인할 수 있다. 최근에 출제된 문제의 해설은 UKMT 홈페이지www.ukmt.org.uk에서 무료로 다운로드 받을 수 있다.

UKMT 수학대회 종류

UKMT에서는 어떤 학생들을 대상으로 수학대회를 여는지, 각 대회에서 시험 시간은 얼마나 주어지는지 등을 살펴보자. 우선 대회마다 참가할 수 있는 학년이 다르다. 영국은 지역별로 학년 체계가 다르기 때문에 편의상 이해를 돕기 위해 참가 학년 대신 이에 해당하는 연령으로 표시했다.

● **초등 팀 수학 자원**Primary Team Maths Resources, PTMR

10~11세 초등 고학년 학생들을 대상으로 마련된 팀 활동이다. 중등학교(한국의 중학교에서 고등학교 1학년 과정◆)가 협력초등학교(학생 대다수를 특정 중등학교에 진학시키는 초등학교◆)에 수학 행사와 진학 연계 과정을 지원하는 취지로 마련됐다. 중학생을 대상으로 한 '팀 수학 챌린지'Team Maths Challenge와 유사하지만 PTMR 활동에는 논리 문제도 일부 포함된다. 이 중 몇 문제는 책 속 'Special Round'에도 사용되었다.

● 수학 챌린지 Mathematical Challenge

이 시험에는 대상 연령대보다 어린 학생들이 응시하는 경우가 꽤 있다.

종류	대상	문제 유형/시간
주니어 수학 챌린지 Junior Mathematical Challenge, JMC	12~13세	선다형 문항 25개 / 60분
중급 수학 챌린지 Intermediate Mathematical Challenge, IMC	14~16세	
시니어 수학 챌린지 Senior Mathematical Challenge, SMC	17~18세	선다형 문항 25개 / 90분

● 캥거루경시대회 Kangaroo Competition

국제 캥거루수학경시대회 International Math Kangaroo Competition 는 1991년 프랑스에서 시작된 경시대회로 현재 50개국 이상이 참여하고 있다. 이 대회는 오스트리아 수학대회 Australian Mathematics Competition 에서 착안했으며, 이를 기념하기 위해 '캥거루'라고 이름 붙여졌다. UKMT는 '수학 챌린지'에서 우수한 성적을 거둔 학생들을 대상으로 국제 캥거루수학경시대회 문제를 활용해 네 종류의 경시대회를 운영하고 있다.

종류	대상	문제 유형/시간
주니어 캥거루 Junior Kangaroo	12~13세	선다형 문항 25개 / 60분
그레이 캥거루 Grey Kangaroo	14세	
핑크 캥거루 Pink Kangaroo	15~16세	
시니어 캥거루 Senior Kangaroo	17~18세	단답형 문항 25개 / 60분 ＊풀이 과정 없이 답안지에 정답(숫자)만 작성

● 올림피아드 시험 Olympiad Papers

이 시험은 '수학 챌린지'에서 우수한 성적을 거둔 학생들을 대상으로 한다. 난이도 높은 고급 문항 몇 문제가 출제되며, 완전한 풀이가 포함된 답안지를 제출하는 것이 핵심이다. 시험 이름이 '올림피아드'인 이유는 해마다 열리는 국제 수학 올림피아드 International Mathematical Olympiad, IMO에 참가하는 UKMT 팀에 들어갈 수 있는 경로이기 때문이다.

종류	대상	문제 유형/시간
주니어 수학 올림피아드 Junior Mathematical Olympiad, JMO	(주니어 수학 챌린지 이후) 12~13세	A섹션 10개 + B섹션 5개 / 2시간 ＊A섹션은 정답만 제출, B섹션은 완전한 풀이 필수
케일리 수학 올림피아드 Cayley Mathematical Olympiad, CMO	(중급 수학 챌린지 이후) 14세	
해밀턴 수학 올림피아드 Hamilton Mathematical Olympiad, HMO	(중급 수학 챌린지 이후) 15세	상세 풀이 문항 6개 / 2시간 ＊2004년 이전에는 A, B섹션이 있었음
매클로린 수학 올림피아드 Maclaurin Mathematical Olympiad, MMO	(중급 수학 챌린지 이후) 16세	
여자 수학 올림피아드 Mathematical Olympiad for Girls, MOG	16~17세 여학생	고급 문항 5개 / 2시간 30분 ＊완전한 풀이 필수
영국 수학 올림피아드 British Mathematical Olympiad, BMO	(시니어 수학 챌린지 이후) 17~18세	1차 시험 / 3시간 30분 2차 시험 / 3시간 30분 ＊1차 시험에서 높은 점수를 받아야만 2차 시험에 진출 가능

● 팀 수학 챌린지Team Maths Challenge

팀 수학 챌린지는 만 14세 이하 학생 4명으로 구성된 팀이 참가하는 행사이다. 매년 60개 이상의 지역 예선이 열리며 이 과정을 거쳐 6월에 전국 결승전이 진행된다. 이 대회는 그룹 라운드Group Round, 숫자 퍼즐Crossnumber, 셔틀Shuttle, 릴레이Relay라는 네 가지 문제로 이루어져 있다. 이 중 숫자 퍼즐과 셔틀 문제는 책의 'Special Round'에 활용했고 풀이도 설명해 놓았다. 나머지 문제 일부도 일일 문제로 활용했다.

시니어 팀 수학 챌린지Senior Team Maths Challenge는 팀 수학 챌린지와 구성이 거의 동일하지만 만 17~18세 학생을 대상으로 한다. 고급수학지원프로그램과 협력하여 주최하고 있다,

종류	대상	문제 유형
팀 수학 챌린지 – 지역 예선전 Team Maths Challenge Regional Finals	만 14세 이하 (4명 / 1팀)	4가지 문제로 구성 *그룹 라운드, 숫자 퍼즐, 셔틀, 릴레이
팀 수학 챌린지 – 전국 결승전 Team Maths Challenge National Final		
시니어 팀 수학 챌린지 Senior Team Maths Challenge	만 17~18세 (4명 / 1팀)	팀 수학 챌린지와 거의 동일

● 멘토링 제도 Mentoring Scheme

이 프로그램에 참여하는 학생은 매달 문제지를 받고 경쟁 없이 각자 가능한 시간에 문제를 푼다. 멘토는 학생이 제출한 풀이에 조언을 하고 답안지에 피드백을 적어 준다. 이 책에도 일부 문제가 포함되어 있다.

책 한눈에 보기

① 주차별 구성

52주 동안 매주 7개씩 문제를 풀 수 있다. 하루에 한 문제씩 풀거나 한 주에 7개 문제를 한 번에 풀어도 좋다. 자신의 학습 리듬에 맞춰 문제 풀이 루틴을 만들어 보자.

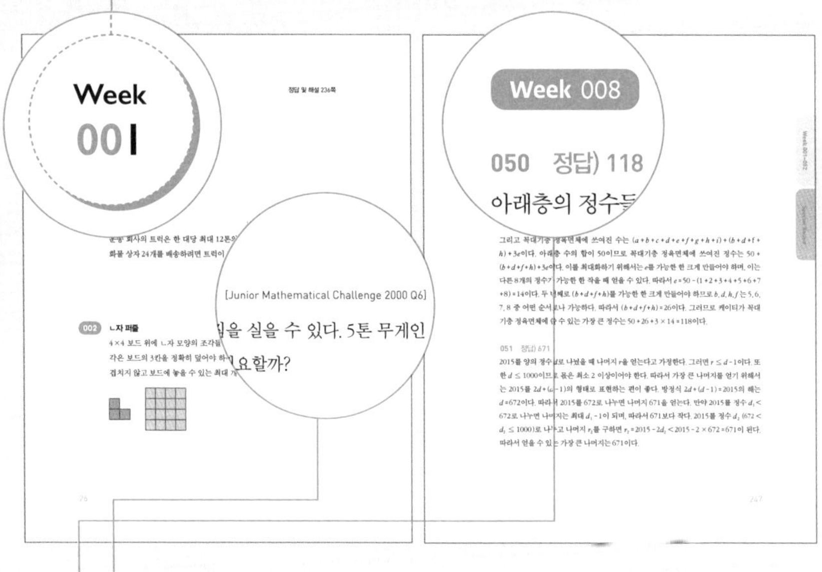

② 문제 출처

각 문제가 출제된 수학대회명을 표기했다. UKMT 수학대회 종류(18~21쪽)를 참고하면 각 대회의 대상 연령과 난이도를 확인할 수 있다.

③ 정답 및 해설

각 문제의 정답과 해설을 이해하기 쉽게 정리했다. 문제 풀이에는 시간 제한이 없으니 충분히 고민한 후 해설을 통해 점검해 보자.

④ **Special Round**

2주마다 수학적 사고력과 창의력을 발휘할 수 있는 특별 코너를 마련했다. 숫자 만들기, 숫자 퍼즐, 논리 문제, 셔틀 문제(앞 문제의 정답이 다음 문제에 활용되는 연속형 문제) 등 비교적 긴 호흡의 문제에 도전할 수 있다.

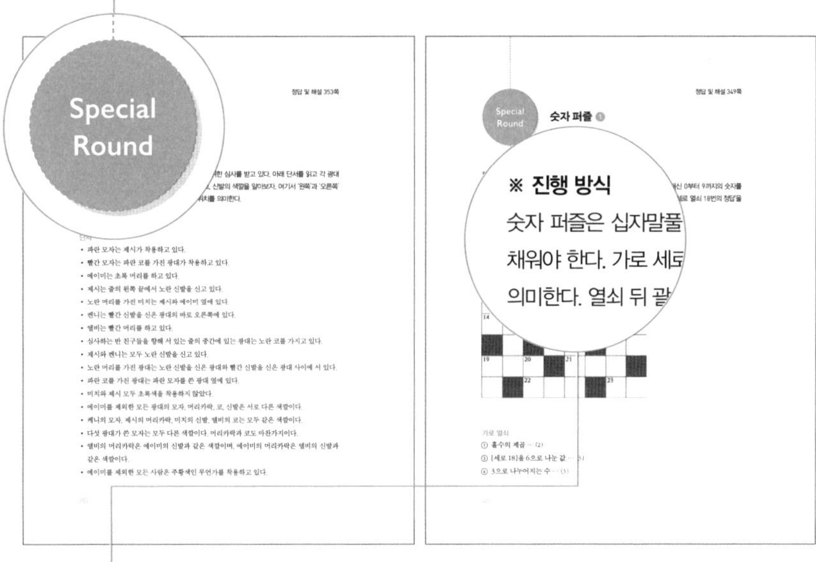

⑤ **진행 방식**

Special Round에 등장하는 문제들은 각각 진행 방식이 다르며 규칙을 따르지 않으면 풀기 어려운 문제도 있다. 각 문제 유형이 처음 등장할 때 진행 방식을 소개해 두었으니 참고해서 문제를 풀어 나가자.

52주 완성
수학 문제 365+

Week 001

001 트럭은 몇 대?

[Junior Mathematical Challenge 2000 Q6]

운송 회사의 트럭은 한 대당 최대 12톤의 짐을 실을 수 있다. 5톤 무게인 화물 상자 24개를 배송하려면 트럭이 몇 대 필요할까?

002 ㄴ자 퍼즐

[Junior Mathematical Challenge 2018 Q15]

4×4 보드 위에 ㄴ자 모양의 조각들을 놓으려고 한다. 각 ㄴ자 모양의 조각은 보드의 3칸을 정확히 덮어야 하며 돌리거나 뒤집어도 된다. 조각을 겹치지 않고 보드에 놓을 수 있는 최대 개수는?

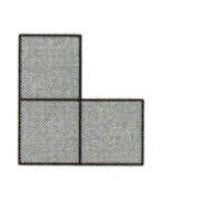 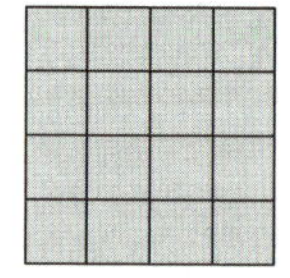

할머니 집의 계량기

[Junior Mathematical Challenge 2003 Q5]

어제 할머니 집의 전기 계량기 수치는 098657이었다. 할머니는 6개 숫자가 모두 다르다는 것을 깨닫고 깜짝 놀랐다. 다음번에 숫자가 모두 달라질 때까지 할머니는 전기를 얼마나 더 사용해야 할까?

004 종이접기

[Junior Mathematical Challenge 1999 Q19]

다음과 같이 3가지 도형 X, Y, Z가 있다. A4 용지(297mm × 210mm)를 한 번만 접어서 테이블 위에 놓으려고 한다. 다음 도형 중 어떤 모양을 만들 수 있을까?

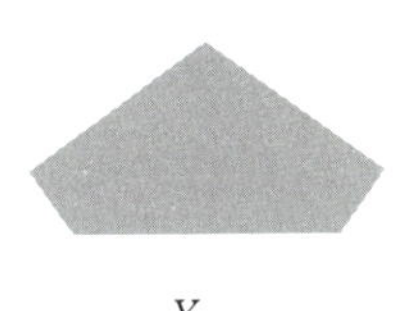

X Y Z

005 삼각형은 몇 개?

[Team Maths Challenge Regional Finals 2008, Group Round Q3]

이 도형에는 총 몇 개의 삼각형이 있을까? 삼각형의 크기나 모양은 어떤 것이든 상관없다.

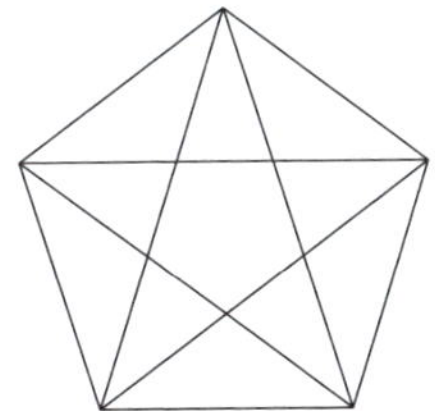

006 **주사위 4개** [Junior Kangaroo 2017 Q21]

로리는 똑같이 생긴 표준 주사위 4개를 사용해 그림과 같은 입체를 만들었다. 주사위 2개가 맞닿아 있을 때 서로 맞닿은 면의 숫자는 항상 같다. 입체의 일부 면에는 숫자가 표시되어 있다. 별표(*)가 표시된 면에는 어떤 숫자가 적혀 있는가?

(표준 주사위에서 서로 마주보는 두 면의 숫자를 더하면 7이 된다.♦)

007 **73 만들기** [Junior Kangaroo 2017 Q14]

타란은 어떤 자연수를 생각한 다음 5 또는 6을 곱했다. 크리슈나는 타란의 답에 5 또는 6을 더했다. 마지막으로 에샨은 크리슈나의 답에서 5 또는 6을 뺐다. 최종 결과가 73이었다면, 타란이 처음 생각한 숫자는 얼마였을까?

Week 002

---

008 **십진법 시간** [Junior Mathematical Olympiad 2001 A1]

18세기 후반에 1시간이 100분, 1일이 10시간으로 구성된 십진법 시계가 제안되었다. 이 시계가 자정 0.00에 시작한다고 가정하면, 다음 날 아침 일반 시계가 6시를 가리킬 때 십진법 시계는 몇 시를 가리킬까?

---

009 **프리 사이즈 양말** [Team Maths Challenge National Final 2011, Relay A6]

해리의 할머니는 수학에 능통하다. 할머니는 어두운 장롱에 프리 사이즈 양말이 들어 있는 큰 가방을 보관하고 있다. 양말은 빨간색, 파란색, 분홍색, 초록색이 있다. 색이 같은 양말 한 켤레를 가지려면 할머니는 양말을 최소 몇 개 꺼내야 할까?

그물 자르기

[Junior Mathematical Olympiad 2011 A9]

다음 그림은 줄을 매듭지어 연결한 직사각형 그물이다. 그물을 여러 번 자르는데, 각 절단선은 인접한 두 매듭 사이의 줄 한 곳을 끊는다. 그물을 2개의 분리된 조각으로 나누지 않고 최대한 자를 수 있는 횟수는?

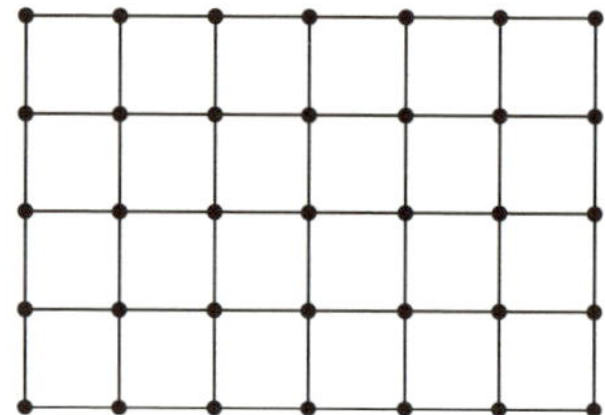

시간은 간다

[Junior Mathematical Challenge 2008 Q22]

시, 분, 초를 표시하는 디지털 시계에서 24시간 동안 여섯 자리의 숫자가 동시에 모두 바뀌는 경우는 몇 번 일어날까?

숫자 찾기

[Junior Mathematical Challenge 2016 Q18]

다음 덧셈식에서 각 알파벳은 서로 다른 0이 아닌 숫자를 나타낸다. 각 알파벳은 어떤 숫자를 나타내는가?

$$
\begin{array}{r}
S\,E\,E \\
+\ S\,E\,E \\
\hline
A\,X\,E\,S
\end{array}
$$

 회전교차로　　　　　　　　　　　　　　[Grey Kangaroo 2013 Q21]

다음 그림과 같이 4대의 차량이 서로 다른 방향에서 동시에 회전교차로에 진입한다. 각 차량은 시계 방향으로 회전교차로를 돌며, 한 바퀴를 완전히 돌기 전에 회전교차로를 나간다. 단, 모든 차량은 각각 다른 출구로 나간다. 차량들이 회전교차로를 나가는 방법은 몇 가지일까?

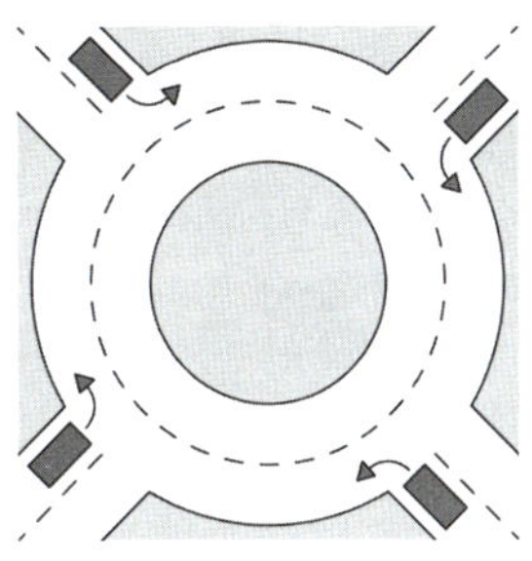

014 **참이냐 거짓이냐**　　　　　　　　　[Junior Mathematical Challenge 2005 Q20]

다음 문장 중 몇 개가 참일까?

- 이 문장들 중 어떤 것도 참이 아니다.
- 이 문장들 중 1개가 참이다.
- 이 문장들 중 2개가 참이다.
- 이 문장들 모두가 참이다.

논리 문제 ❶

혼성 5인조 축구팀이 사진을 찍어야 한다. 축구팀에는 후보 선수가 3명 포함되어 있다. 여자 선수는 리즈, 제니, 새라, 트레이시이고, 남자 선수는 앨런, 매튜, 피터, 스티브이다. 팀은 4명씩 두 줄로 서 있다. 아래 단서를 읽고 누가 어느 줄에 서 있는지와 각 선수가 입은 등 번호(1부터 8까지의 번호 중 하나)를 알아내 보자. 등 번호는 오른쪽 표의 위 칸에, 이름은 아래 칸에 적는다.

단서

- 트레이시는 앞줄에 있으며 제니의 앞이다.
- 앞줄 중간 두 번호의 평균은 새라의 번호이며, 이는 제곱수이다.
- 피터는 여자 옆에 앉아 있지 않다.
- 스티브는 리즈와 제니 사이에 앉아 있다.
- 등 번호가 소수인 선수는 모두 앞줄에 앉아 있으며, 이 중에는 앨런도 포함된다.
- 줄의 끝자리에 있는 남자는 1명뿐이다.
- 앞줄과 뒷줄 모두 (사진에서 보이는 방향으로) 오른쪽 두 자리는 남자 1명과 여자 1명이 앉아 있다.
- 매튜와 스티브는 남자 선수 중 가장 큰 등 번호와 가장 작은 등 번호를 가지고 있다.
- 제니의 등 번호는 트레이시 등 번호의 3배이며, 피터 등 번호의 2배이다. 피터는 줄 끝자리에 앉아 있지 않다.
- 여자들의 등 번호는 모두 짝수이다.

뒷줄

등 번호				
이름				

앞줄

등 번호				
이름				

Week
003

---

015 **가로등의 거리**　　[Junior Mathematical Challenge 1997 Q1]

가로등 4개가 직선으로 줄지어 있다. 각 가로등 사이의 거리는 25m이다.
첫 번째 가로등에서 마지막 가로등까지의 거리는?

016 **숫자들의 합**　　[Junior Mathematical Challenge 1998 Q13]

세 자릿수 중에서 각 자리 숫자의 합이 25인 수는 몇 개일까?

017 **100만 초**　　[Team Maths Challenge Regional Finals 2010, Relay A15]

100만 초를 날짜로 세면 며칠에 가장 가까울까?

 합이 100인 수 [Junior Kangaroo 2015 Q13]

서로 다른 양의 정수 10개의 합이 100이다. 10개의 정수 중 가장 큰 수는?

019 **x에 들어갈 숫자** [Junior Mathematical Challenge 2012 Q18]

숫자 2, 3, 4, 5, 6, 7, 8을 그림의 각 칸에 하나씩 배치한다. 단, 가로줄에 놓인 4개 수의 합이 21이 되도록 하고, 세로줄에 놓인 4개 수의 합도 21이 되도록 만들려 한다. x에 들어갈 숫자는 무엇일까?

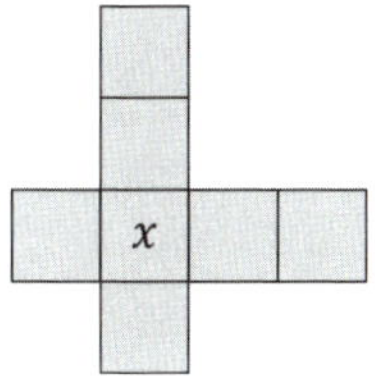

020 **마지막 수요일** [Team Maths Challenge National Final 2012, Relay B10]

어느 해의 어떤 달에는 수요일이 다섯 번 있고, 세 번째 토요일은 19일이다. 그 달의 마지막 수요일은 며칠일까?

 남동생의 나이　　　　　[Team Maths Challenge Regional Finals 2015, Group Round Q10]

한 여성이 남동생에게 이렇게 말했다.

"내 나이가 지금 네 나이와 같았을 때, 내 나이는 그때 네 나이의 4배였어."

이 여성은 40세다. 그렇다면 지금 남동생의 나이는?

Week 004

022 **핑과 퐁** [Junior Mathematical Challenge 1998 Q16]

핑 5개와 퐁 5개의 가치는 퐁 2개와 핑 11개의 가치와 같다. 퐁 1개는 핑 몇 개의 가치와 같을까?

023 **변은 몇 개?** [Junior Mathematical Challenge 2010 Q23]

점들이 찍힌 격자에서 점과 점을 직선으로 연결해 하나의 다각형을 만든다. 이 직선들은 끝점에서만 서로 만나며, 어떤 점도 2개 이상의 꼭짓점이 되지 않는다. 다음 그림은 이러한 규칙으로 만들어진 오변 다각형이다. 같은 규칙으로 점을 연결해 다각형을 만들 때 변의 최대 개수는?

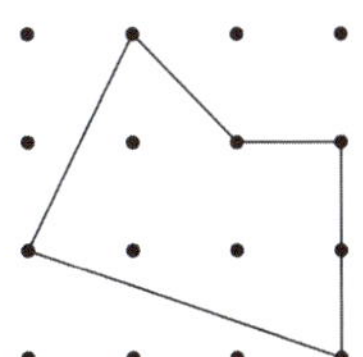

024　**테니스 동아리**　　　　　　　　　　　　[Junior Mathematical Challenge 2000 Q9]

어느 청소년 테니스 동아리의 회원 중 $\frac{3}{4}$은 남자이고 나머지는 여자이다. 이 동아리 회원의 남자 대 여자 비율은 얼마일까?

025　**직사각형의 넓이**　　　　　　　　　　　　[Grey Kangaroo 2014 Q11]

다음 그림과 같이 한 변의 길이가 24cm인 정사각형 안에 합동인 직사각형 5개가 배치되어 있다. 한 직사각형의 넓이는 몇 cm^{2}일까?

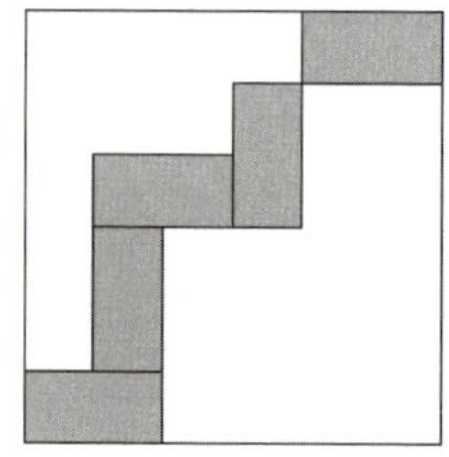

026　**사라진 선물**　　　　　　　　　　　　[European Kangaroo Mathematical Challenge 2002 Q13]

아이 4명이 아버지의 생일 선물을 샀다. 그중 한 아이가 선물을 숨겼다. 어머니가 누가 선물을 숨겼는지 묻자 아이들은 다음과 같이 말했다. 이 중 단 1명만 참말을 하지 않았다. 선물을 숨긴 아이는?

알프레드: 저는 아니에요!
벤자민: 저는 아니에요!
크리스천: 대니얼이에요!

 브레인스톰 교수의 시계 [Junior Mathematical Olympiad 2004 A6]

브레인스톰 교수의 시계는 매일 16분씩 늦어진다. 한 번 정확한 시간으로 맞춘 후 다음에 정확한 시간을 가리킬 때까지 며칠이 지나야 할까?

028 **n의 값** [Mentoring Scheme Hypatia Sheet 1 Q3]

n은 양의 정수이며, n과 n의 각 자리 숫자의 합을 더하면 313이 된다. 이 조건을 만족하는 n의 값은 무엇일까?

정답 및 해설 349쪽

Special Round

숫자 퍼즐 ①

※ 진행 방식

숫자 퍼즐은 십자말풀이와 비슷하지만 각 칸에 A부터 Z까지의 알파벳 대신 0부터 9까지의 숫자를 채워야 한다. 가로 세로 열쇠에서 [세로 18] 같이 대괄호 안에 적힌 내용은 '세로 열쇠 18번의 정답'을 의미한다. 열쇠 뒤 괄호 ( ) 안의 숫자는 정답 숫자의 글자 수를 말한다.

가로 열쇠

① 홀수의 제곱 … (2)

③ [세로 18]을 6으로 나눈 값 … (3)

⑥ 3으로 나누어지는 수 … (3)

⑦ [가로 14]의 약수 … (3)

⑨ 어떤 수의 세제곱보다 1 큰 홀수 … (2)

⑩ 9로 나누어지는 수보다 1 큰 수 … (2)

⑫ 1보다 큰 어떤 제곱수로 나누어 떨어지고 6으로도 나누어지는 수 … (3)

⑭ [가로 7]의 배수 … (3)

⑯ [가로 1]의 2배와 14의 합 … (2)

⑱ 어떤 제곱수보다 7 작은 수 … (2)

⑲ [가로 6]의 3배보다 1 큰 수 … (3)

㉑ 7로 나누어지는 피보나치 수 … (3)

㉒ 어떤 소수의 2배인 회문수(앞에서 읽으나 뒤에서 읽으나 같은 수♦) … (3)

㉓ ([가로 9] × 4) − [세로 13] … (2)

세로 열쇠

② 회문수 … (3)

③ (3 × [가로 9]) − ([가로 1] + [세로 23]) … (3)

④ 두 소수의 곱 … (2)

⑤ 어떤 완전수보다 1 작은 수 … (2)

⑧ 2의 거듭제곱이기도 한 세제곱수 … (3)

⑨ 6111의 약수 … (3)

⑪ [세로 8]과 [가로 21]의 각 자리 숫자의 합 … (2)

⑫ 4로 나누어지는 수 … (2)

⑬ 피보나치 수이기도 한 소수 … (3)

⑮ 소수의 3배이고 어떤 제곱수보다 6 큰 수 (3)

⑰ 9의 배수보다 1 작은 수 … (3)

⑱ 3으로 나누어지는 수 … (3)

⑲ ([세로 12] × 2) − 5 … (2)

⑳ [가로 14]의 각 자리 숫자의 합은 이 수의 각 자리 숫자의 합의 2배보다 1 더 크다 … (2)

Week 005

029 거북이의 달리기 시합 [Junior Mathematical Challenge 2013 Q11]

우사인은 엄마보다 2배 빠르게 달린다. 엄마는 반려동물 거북이 터보보다 5배 빠르게 달린다. 이들이 모두 같은 선에 서서 달리기를 시작한다. 우사인이 100m를 달렸을 때, 엄마와 거북이 터보 사이의 거리는 얼마나 떨어져 있을까?

030 정육면체 굴리기 [Grey Kangaroo 2012 Q15]

정육면체 하나가 평면 위에서 모서리를 축으로 회전하며 이리저리 구르고 있다. 바닥 면은 그림과 같이 1, 2, 3, 4, 5, 6, 7의 순서로 지나간다. 이 중 정육면체의 같은 면이 닿은 위치 두 곳은 어디일까?

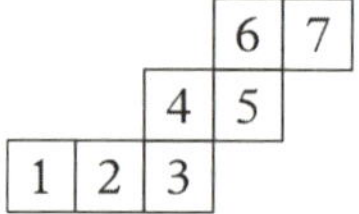

031 동전의 개수
[Junior Mathematical Challenge 2001 Q16]

버스 요금은 44펜스이다. 운전기사가 거스름돈을 줄 수 있다면 이 요금을
지불할 때 주고받는 동전의 최소 개수는 몇 개일까?

- 사용 가능한 동전: 1펜스, 2펜스, 5펜스, 10펜스, 20펜스, 50펜스, 1파운드, 2파운드
  (1파운드는 100펜스이다.⬥)

032 8개의 약수
[Team Maths Challenge Regional Finals 2007, Group Round Q8]

78은 1과 78을 포함하여 정확히 8개의 약수를 가진다. 78보다 큰 정수 중
에서 8개의 약수를 가지는 가장 작은 수는?

033 가장 작은 합
[Mentoring Scheme Pythagoras Sheet 3 Q5]

$TAP + BAT + MAN$의 덧셈에서 각 알파벳은 서로 다른 숫자를 나타내며
어느 경우에도 첫 번째 숫자는 0이 아니다. 이때 얻을 수 있는 가장 작은
합은 무엇일까?

034 격자 위의 원

[Junior Mathematical Challenge 2000 Q18]

아래의 격자에 원을 하나 그릴 때, 원이 지나갈 수 있는 점의 최대 개수는 몇 개일까?

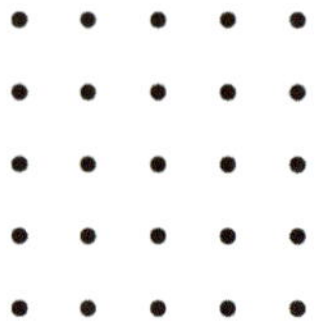

035 원 주변의 숫자

[Grey Kangaroo 2007 Q22]

원 주변에 5개의 정수가 쓰여 있으며, 연속된 2개 또는 3개 숫자의 합이 3의 배수가 되지 않도록 배열되어 있다. 5개 숫자 중 3의 배수인 숫자는 몇 개일까?

Week 006

036　**각 자리 숫자의 합**　　[European Kangaroo Mathematical Challenge 2001 Q21]

각 자리 숫자의 합이 2001이 되는 가장 작은 양의 정수는?

037　**7개의 반원**　　[Junior Mathematical Olympiad 2009 A8]

다음 그림은 7개의 반원으로 이루어진 곡선이다. 각 반원의 반지름은 1cm, 2cm, 4cm, 8cm 중 하나이다. 이 곡선의 길이는 얼마일까?

 도미노 정렬   [Grey Kangaroo 2018 Q22]

이웃한 두 도미노의 맞닿는 숫자가 같을 때 도미노가 올바르게 배열되었다고 한다. 폴은 다음 그림과 같이 도미노 6개를 일렬로 늘어놓았다. 도미노 2개를 (회전하지 않고) 교환하거나 도미노 1개를 회전하는 것을 1회이동이라고 한다면, 모든 도미노를 올바르게 배열하기 위해 필요한 최소 이동 횟수는?

 로스 씨의 대답   [Grey Kangaroo 2008 Q18]

로스 씨는 목요일과 금요일에는 항상 참말을 하고, 화요일에는 항상 거짓말을 한다. 그외 다른 요일에는 참말을 말하기도 하고 거짓말을 하기도 한다. 7일 연속으로 그의 이름을 묻자 처음 6일 동안 존, 밥, 존, 밥, 피트, 밥이라고 순서대로 답했다. 7일째 되는 날 그의 답변은 무엇이었을까?

 정사각형의 둘레   [Junior Mathematical Olympiad 2005 B2]

정사각형을 5개의 서로 같은 직사각형으로 나눴다. 각 직사각형의 둘레는 51cm이다. 정사각형의 둘레는?

누락된 숫자

[Grey Kangaroo 2015 Q17]

리아는 다음 그림에서 경계선으로 구분된 7개의 영역에 숫자를 하나씩 쓰려고 한다. 두 영역이 경계선을 일부 공유하면 이웃이다. 각 영역의 숫자는 경계선을 공유하는 모든 이웃 영역의 숫자 합과 같아야 한다. 리아는 이미 2개의 숫자를 써 놓았다. 가운데 *에는 어떤 숫자를 써야 할까?

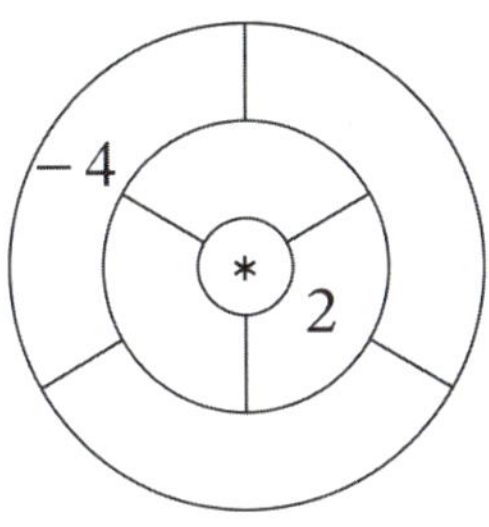

042

최소 움직임 횟수

[Junior Mathematical Olympiad 2011 A8]

그림과 같이 9개의 숫자가 격자 안에 배치된 상태로 퍼즐이 시작된다. 각 움직임마다 숫자 2개를 교환할 수 있다. 목표는 각 행의 숫자 합이 3의 배수가 되도록 배열하는 것이다. 최소 움직임 횟수는 얼마일까?

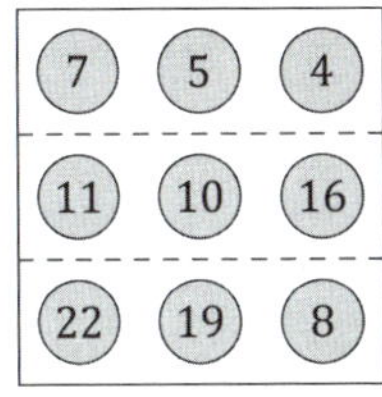

숫자 만들기

주어진 수를 사용하여 목표 수를 만들어야 한다. 기본 수학 연산인 +−×÷와 괄호만 사용하고 그 외 다른 수학 기호는 사용할 수 없다. 주어진 수는 각각 한 번만 사용할 수 있고 모든 수를 사용할 필요는 없다. 수를 붙여서 더 큰 수를 만들 수 없으며 지수 연산도 사용할 수 없다.

예시: 1, 2, 3, 8을 사용하여 27을 만드시오.
정답: $(1 + 8) \times 3$과 $8 \times 3 + 1 + 2$ 둘 다 정답이다.
　　　그러나 $81 \div 3$과 $31 + 2$는 정답이 아니다.

다음은 UKMT 수학 활동 중 2015년 초등 팀 수학 자원PTMR에서 발췌한 문제다.

Q. 01
1, 4, 4, 6, 6, 75를 사용하여 324를 만드시오.

Q. 02
1, 2, 4, 6, 7, 50을 사용하여 105를 만드시오.

Q. 03
1, 2, 3, 3, 6, 100을 사용하여 154를 만드시오.

Q. 04

1, 4, 5, 8, 9, 75를 사용하여 760을 만드시오.

Q. 05

5, 6, 8, 8, 9, 25를 사용하여 426을 만드시오.

Q. 06

1, 2, 4, 6, 7, 75를 사용하여 441을 만드시오.

Q. 07

1, 2, 3, 5, 7, 25를 사용하여 851을 만드시오.

Q. 08

2, 4, 5, 7, 8, 25를 사용하여 594를 만드시오.

Q. 09

1, 2, 6, 7, 8, 25를 사용하여 483을 만드시오.

Q. 10

1, 5, 6, 6, 7, 100을 사용하여 521을 만드시오.

Week
007

043　**부활절 달걀**　　　　　　　　　[Junior Mathematical Challenge 1999 Q7]

메리에게는 남자 형제가 3명, 자매가 4명 있다. 메리를 포함한 모든 형제
자매가 서로에게 부활절 달걀을 사준다면 몇 개의 달걀을 사야 할까?

044　**도형 덧셈**　　　　　　　　　　[Junior Kangaroo 2015 Q12]

다음 그림에 표시된 덧셈식에서 서로 다른 도형은 서로 다른 숫자를 나타
낸다. 사각형은 어떤 숫자를 나타낼까?

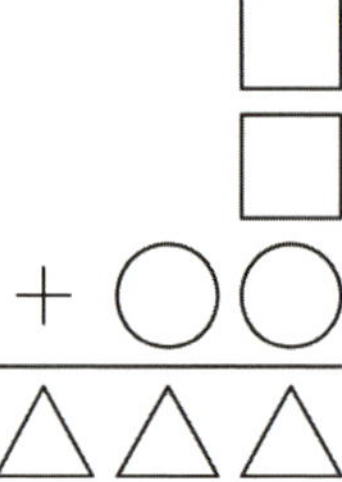

신문의 페이지

[Junior Mathematical Challenge 1997 Q19]

한 신문은 페이지 수가 36쪽이다. 10쪽과 같은 종이에 인쇄된 다른 페이지는 몇 쪽일까?

046　두 소수의 합

[Team Maths Challenge Regional Finals 2009, Group Q9]

12,345를 두 소수의 합으로 표현할 수 있는 방법은 1가지뿐이다. 두 소수 중 더 큰 수는?

047　둘레의 길이

[Team Maths Challenge National Final 2009, Group Circus Station 4]

다음 그림에서 반지름이 5cm인 원 3개가 서로 접해 있고, 그중 두 원에 접한 선이 있다. 어두운 영역의 둘레의 총 길이는?

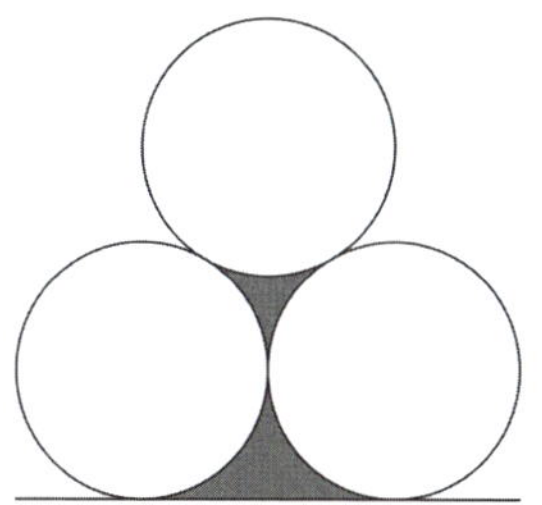

048 **가장 오래된 나무** [Team Maths Challenge National Final 2008, Group Circus Station 5]

참나무 세 그루의 현재 나이 합계는 정확히 900년이다. 가장 어린 나무가 중간 나무의 현재 나이에 도달할 때, 중간 나무는 가장 오래된 나무의 현재 나이가 되고, 가장 어린 나무의 현재 나이의 4배가 된다. 가장 오래된 나무의 현재 나이는 얼마일까?

049 **숙제를 한 사람은?** [Grey Kangaroo 2015 Q16]

영어 교사인 미스 스펠링은 반 학생 5명에게 전날 숙제를 한 사람이 몇 명인지 물었다. 그러자 5명의 학생이 이렇게 말했다.

대니얼: 없어요.
엘렌: 1명만 했어요.
카라: 딱 2명이요.
제인: 3명이요.
마커스: 정확히 4명이요.

미스 스펠링은 숙제를 하지 않은 학생들은 거짓말을 하고 있으며, 숙제를 한 학생들은 참말을 하고 있음을 알고 있었다. 전날 숙제를 한 학생은 몇 명일까?

Week 008

050 정육면체 쌓기

[Grey Kangaroo 2016 Q23]

케이티는 피라미드 모양으로 쌓은 14개 정육면체 각각의 윗면에 서로 다른 양의 정수를 썼다. 피라미드의 맨 아래층에 쓰여진 정수 9개의 합은 50이다. 피라미드 중간층과 꼭대기층에 쓰여진 각 정수는 그 아래층에 있는 정수 4개의 합과 같다. 케이티가 꼭대기층에 쓸 수 있는 가장 큰 정수는?

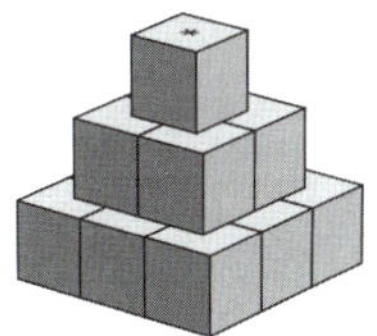

051 가장 큰 나머지

[Grey Kangaroo 2015 Q24]

그레고르는 2015를 1, 2, 3, … 1000까지 순서대로 나눈다. 각 나눗셈에서 나머지를 기록한다. 그레고르가 기록한 나머지 중 최댓값은?

계속 계속 계속 계속해서　　　　　　　　　[Junior Mathematical Olympiad 2003 A4]

다음 덧셈식에서 G, N, O는 서로 다른 숫자를 나타낸다. 그중 어느 것도 0이 아니다. 덧셈식을 이루는 숫자들은 무엇일까?

$$
\begin{array}{r}
O\ N \\
O\ N \\
O\ N \\
+\ O\ N \\
\hline
G\ O
\end{array}
$$

소수 목록　　　　　　　　　[Grey Kangaroo 2018 Q13]

앨리스는 100보다 작은 소수를 나열하려 한다. 이 목록에는 1, 2, 3, 4, 5의 각 숫자를 한 번씩만 사용하며, 다른 숫자는 사용하지 않는다. 목록에 반드시 포함될 수밖에 없는 소수는?

연속 패턴 만들기　　　　　　　　　[Grey Kangaroo 2009 Q15]

다음 그림은 중앙에 정사각형 구멍이 있는 패턴을 연속적으로 늘어놓았을 때 그중 첫 3개다. 열 번째 패턴을 만들기 위해서 어두운 정사각형이 몇 개 필요할까?

  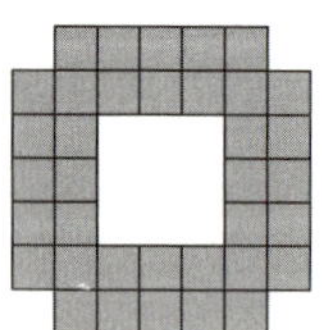

055 **암호의 개수**

피터는 세 자리 암호로 된 자물쇠를 가지고 있다. 그는 자신의 암호에 사용한 숫자가 모두 서로 다르며, 두 번째 숫자를 세 번째 숫자로 나누고 그 결과를 제곱하면 첫 번째 숫자가 된다는 것을 알고 있다. 가장 큰 암호와 가장 작은 암호의 차이는 얼마일까?

056 **알파벳 곱셈**

다음 곱셈식에서 $P+Q+R$의 값은?

$$\begin{array}{r} P\,Q\,P\,Q \\ \times\ \ \ R\,R\,R \\ \hline 6\,3\,9\,0\,2\,7 \end{array}$$

진행 방식은 40쪽 참고

정답 및 해설 349쪽

숫자 퍼즐 ❷

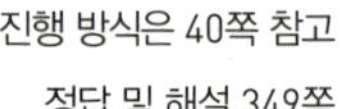

가로 열쇠

① [세로 5]와 [세로 8]의 최대공약수 … (2)

③ 2007의 소인수 … (3)

⑤ [세로 3]에 [세로 4]의 제곱근을 더한 값 … (3)

⑥ 연속된 세 정수의 곱으로, 그 정수 중 2개는 소수이다 … (3)

⑦ [세로 2]의 배수에서 1을 뺀 수 … (3)

⑨ [가로 14]에서 5를 뺀 수 … (4)

⑪ [가로 22]의 각 자리 숫자의 곱에 7을 더한 수 … (2)

⑬ 삼각수에 3을 더한 수 … (2)

⑭ [가로 9]에 5를 더한 수 (4)

⑯ 각 자리 숫자의 합이 자신의 제곱근보다 3 큰 제곱수 … (3)

⑱ 연속된 두 소수의 곱의 3배 … (3)

㉑ [가로 11]과 [가로 21]의 평균값은 [가로 16] … (3)

㉒ 어떤 소수의 2배 … (3)

㉓ 어떤 제곱수보다 2 작은 수 … (2)

세로 열쇠

① 9의 배수보다 8 작은 수 … (3)

② [세로 12]의 소인수 … (2)

③ 소수인 피보나치 수 … (3)

④ 어떤 제곱수 … (2)

⑤ 삼각수의 2배에서 1을 뺀 수 … (3)

⑦ [세로 10]에서 3을 뺀 수 … (4)

⑧ 연속된 세 수의 곱을 3으로 나눈 값으로, 세 수 가운데 두 수는 소수이다 … (3)

⑩ [세로 7]에 3을 더한 수 (4)

⑫ 각 자리 숫자의 합이 자신의 약수 중 하나와 같은 수 … (3)

⑮ 연속된 두 소수의 곱 … (3)

⑰ $p^4 + 1$, 여기서 p는 소수 … (3)

⑲ [가로 16]과 [가로 3]의 합 … (3)

⑳ [가로 13]의 2배에서 6을 뺀 수 … (2)

㉑ 15에 [가로 1]과 [가로 11]의 평균을 더한 수 … (2)

Week
009

057 **세 번의 화요일** [Grey Kangaroo 2006 Q8]

어느 달에 화요일이 세 번 있고, 모두 짝수 날짜에 해당한다. 그 달의 21일
은 무슨 요일이었을까?

058 **암호 해독** [Junior Mathematical Challenge 2008 Q23]

일곱 자리 숫자 암호에서 이웃한 네 자리 숫자의 합은 모두 16이고, 이웃
한 다섯 자리 숫자의 합은 모두 19이다. 이 암호는 무엇일까?

 미스터 빈의 과일　　　　　　　　　　[Junior Mathematical Challenge 2000 Q20]

이름에 어울리지 않게 미스터 빈은 과일을 많이 좋아한다. 그는 사과 4개와 오렌지 2개가 1.54파운드이고, 오렌지 2개와 바나나 4개가 1.70파운드임을 알게 되었다. 사과 1개, 오렌지 1개, 바나나 1개를 사려면 얼마를 지불해야 할까?

 알리의 책장　　　　　　　　　　　　　　　[Junior Kangaroo 2018 Q16]

알리는 책장을 정리하고 있다. 먼저 책의 절반을 맨 아래 선반에 놓고, 남은 책의 $\frac{2}{3}$를 두 번째 선반에 놓았다. 마지막으로 남은 책을 다른 두 선반에 나누어 놓았는데 세 번째 선반에 맨 위 선반보다 4권 더 많이 놓았다. 맨 위 선반에는 3권이 있다. 맨 아래 선반에는 책이 몇 권 있을까?

 불공정한 주사위　　　　　　[Team Maths Challenge Regional Finals 2009, Relay A14]

6이 나올 확률이 $\frac{1}{2}$이고 나머지 숫자가 나올 확률은 모두 같은 불공정한 주사위가 있다. 주사위를 두 번 던졌을 때, 총점이 10이 될 확률은?

062 **진실 게임** [Grey Kangaroo 2010 Q22]

킹크레일 마을은 기사들과 거짓말쟁이들로만 이루어져 있다. 기사들이 하는 모든 말은 참이고, 거짓말쟁이들은 하는 모든 말은 거짓이다. 어느 날 킹크레일의 주민 몇 명이 방에 모여 있는데 그중 3명이 아래와 같이 말했다. 방에는 몇 명이 있었고, 그중 몇 명이 거짓말쟁이일까?

주민1: 방에 있는 사람은 3명 이하다. 모두가 거짓말쟁이다.
주민2: 방에 있는 사람은 4명 이하다. 모두 거짓말쟁이인 것은 아니다.
주민3: 방에는 5명이 있다. 그중 3명은 거짓말쟁이다.

063 **흥미로운 정수** [Mentoring Scheme Archimedes Sheet 4 Q8]

다음 각 알파벳은 서로 다른 숫자를 나타낸다. 'SEVEN'은 다섯 자릿수인 소수이며 당연하게도 'SEVEN'에서 'THREE'를 빼면 'FOUR'가 된다. 흥미롭게도 'FOUR'는 소수이지만('RUOF'도 소수) 'THREE'는 소수가 아니다. 또 다른 이상한 점은 'TEN'이 제곱수라는 점이다. 'FOUR'와 'TEN'의 값을 구하라.

Week
010

---

064 **8개의 약수** [Junior Mathematical Challenge 2000 Q23]

어떤 수는 1과 자신을 포함해 정확히 8개의 약수를 가진다. 그중 2개의 약수는 21과 35이다. 이 수는 무엇일까?

---

065 **구각형 문제** [Grey Kangaroo 2009 Q14]

두 변이 X점에서 만나도록 연장된 정구각형(변이 9개인 다각형)이 있다. X점의 예각의 크기는 얼마일까?

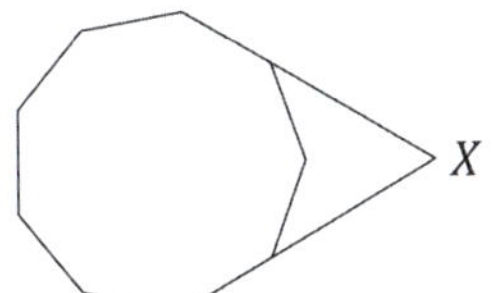

066 피터의 목록

피터는 200에서 숫자 하나를 변경하여 만들 수 있는 모든 수의 목록을 작성했다. 피터의 목록에 있는 수 중에서 소수는 몇 개일까?

067 빈 칸 채우기

샘은 다음 그림에서 각 원에 1부터 9까지의 서로 다른 숫자를 하나씩 채워 넣고 싶다. 그런데 한 줄에 있는 4개의 원에 있는 숫자의 합이 세 줄 모두 같아야 한다. 이 합은?

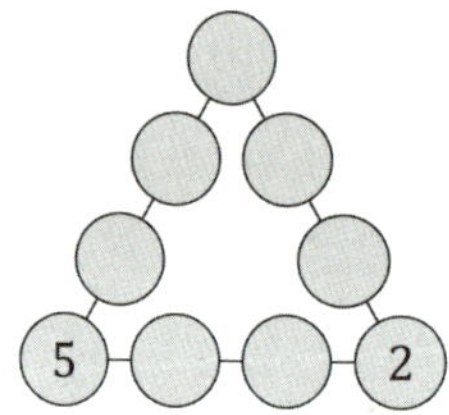

068 학교 넷볼 리그

학교 넷볼(농구와 비슷한 구기 종목) 리그에서 이긴 팀은 특정 정수 점수를 얻고, 무승부일 때는 그보다 낮은 정수 점수를 얻으며, 패배하면 점수를 얻지 못한다. 10경기를 마친 후 우리 팀은 7경기를 이겼고, 3경기를 무승부로 끝냈으며 44점을 얻었다. 한편 여동생의 팀은 5경기를 이겼고, 2경기를 무승부로 끝냈으며, 3경기를 패배했다. 여동생의 팀은 몇 점을 얻었을까?

069 몇 조그일까?

[Junior Mathematical Challenge 2009 Q23]

행성 조그에서 사용되는 화폐(조그)는 크기가 똑같으며 색깔만 다른 지폐로 구성되어 있다. 초록 지폐 3장과 파란 지폐 8장의 가치는 46조그이며, 초록 지폐 8장과 파란 지폐 3장의 가치는 31조그이다. 초록 지폐 2장과 파란 지폐 3장의 가치는 몇 조그일까?

070 V수는 몇 개?

[Junior Mathematical Olympiad 2017 B2]

세 자리 정수 중 각 자릿수가 '높음-낮음-높음'의 패턴을 따르는 수를 'V수'라고 한다. 즉, 십의 자리 숫자가 백의 자리 숫자와 일의 자리 숫자보다 작아야 한다. 세 자리 'V수'는 몇 개인가?

셔틀 문제 ❶

※ 진행 방식

한 팀을 4명으로 구성하되 2명씩 짝을 지어 테이블 양쪽 끝에 마주 앉아 진행한다. 한 조는 문제 1과 3을 풀고, 다른 조는 문제 2와 4에 도전한다. 문제 1의 답은 테이블 반대편의 다른 조에 전달되어 문제 2를 푸는 데 사용되며, 이후에도 같은 방식으로 이어진다. 전달된 답은 다음 문제에서 A로 표기한다. 한 팀이 문제 4개를 모두 푸는 데 허락된 시간은 8분이다. 6분 이내에 모든 문제를 정확히 풀면 보너스 점수를 받는다. 여러분은 얼마나 걸릴까?

Q. 01

$(4^2 + 5^2) \times 7^2$의 값은?

Q. 02

[A는 'Q. 01'의 답이다]

자정 후 $(A+1)$ 분이 지났을 때 시계의 분침은 몇 시를 가리킬까?

Q. 03

[A는 'Q. 02'의 답이다]

존은 막대 3개로 삼각형을 만들었다. 각 막대의 길이는 정수 cm이다. 한 막대의 길이는 $(A+1)$ cm이고, 다른 막대의 길이는 $(A+1)$ cm이다. 존의 세 번째 막대의 길이가 될 수 있는 정수는 몇 가지일까?

Q. 04

[A는 'Q. 03'의 답이다]

바닥면이 다각형인 각뿔이 A개의 면을 가지고 있다. 이 각뿔의 변은 몇 개일까?

Week
011

---

071 **미완성된 마방진**　　　[Intermediate Mathematical Challenge 2000 Q5]

마방진에서는 각 행, 각 열, 두 대각선의 합이 모두 같다. 그림과 같이 부분적으로 완성된 마방진에서 N에 들어갈 숫자는?

18				
13	15			
		10	11	17
		N	16	14

---

072 **날아, 날아, 날아가라!**　　　[Intermediate Mathematical Challenge 2004 Q14]

다음 덧셈 문제에서 각 알파벳은 0이 아닌 서로 다른 숫자를 나타낸다. 이 덧셈의 결과는?

$$\begin{array}{r} f\,l\,y \\ +\,f\,l\,y \\ +\,f\,l\,y \\ \hline a\,w\,a\,y \end{array}$$

073 일의 자리 숫자　　　　　　　　[Intermediate Mathematical Challenge 2009 Q14]

캐서린의 컴퓨터는 다음을 정확히 계산했다. 계산 결과에서 일의 자리 숫자는 무엇일까?

$$\frac{66^{66}}{2}$$

074 마라톤 훈련　　　　　　　　[Intermediate Mathematical Challenge 2003 Q16]

1년간 훈련 후 미니 미드리프는 런던 마라톤에서 평균 속도를 25% 증가시켰다. 시간 기록은 몇 % 감소했을까?

075 하트 여왕의 말　　　　　　　　[Intermediate Mathematical Challenge 2006 Q7]

하트 여왕은 온종일 거짓말만 하거나 온종일 참말만 한다. 다음 중 하트 여왕이 결코 말할 수 없는 문장은 무엇일까?

A. 어제 나는 참말을 했다.
B. 어제 나는 거짓말을 했다.
C. 오늘 나는 참말을 한다.
D. 오늘 나는 거짓말을 한다.
E. 내일 나는 참말을 할 것이다.

076 **흰 부분의 넓이** [Pink Kangaroo 2018 Q11]

한 변의 길이가 4인 정사각형 안에 서로 합동인 반원 8개가 그려져 있다.
각 반원은 정사각형의 한 꼭짓점에서 시작되어 한 변의 중점에서 끝난다.
정사각형에서 흰 부분의 넓이는?

077 **에스컬레이터 이동 시간** [Intermediate Mathematical Challenge 2016 Q24]

에이미는 매일 출근길에 에스컬레이터를 탄다. 만약 에이미가 가만히 서
서 올라간다면 아래에서 위까지 이동하는 데 60초가 걸린다. 어느 날 에
스컬레이터가 고장나서 에이미는 직접 걸어서 올라가야 했다. 이 경우 90
초가 걸렸다. 에스컬레이터가 정상적으로 작동할 때 이전과 같은 속도로
걸어서 올라간다면 에스컬레이터를 올라가는 데 몇 초가 걸릴까?

Week 012

078 **마지막 페이지** [Junior Mathematical Challenge 2007 Q24]

책에는 1, 2, 3, … 순으로 쪽 번호가 매겨져 있다. 어떤 책의 모든 페이지에 쪽 번호를 매기는 데 총 852개의 숫자가 필요하다. 마지막 페이지는 몇 쪽일까?

079 **알파벳 덧셈** [Pink Kangaroo 2006 Q13]

아래에 표시된 덧셈의 각 알파벳은 서로 다른 숫자를 나타낸다. A는 홀수이다. 이 덧셈에 들어갈 숫자는?

$$\begin{array}{r} K\,A\,N \\ K\,A\,G \\ +\,K\,N\,G \\ \hline 2\,0\,0\,6 \end{array}$$

080 티미의 귀

행성 조그의 외계인 3명이 분화구에서 만나 서로의 귀를 세었다. 그들 중 누구도 자신의 귀를 볼 수 없다. 티미는 귀가 몇 개일까?

이미: 8개의 귀를 봤어요.
디미: 7개의 귀를 봤어요.
티미: 5개의 귀를 봤어요.

081 특이한 OX 게임

다음 OX 게임에서는 3개의 O 또는 3개의 X를 먼저 만들면 패배한다. 지금 X의 차례이다. X가 패배하지 않으려면 X를 어디에 놓아야 할까?

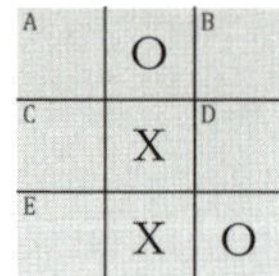

082 가장 큰 값

서로 다른 양의 정수 16개의 평균은 16이다. 이 정수 중 하나가 가질 수 있는 가장 큰 값은?

 정육면체 칠하기

[Pink Kangaroo 2006 Q23]

정육면체의 각 면을 서로 다른 6가지 색깔로 칠한다. 이 방법으로 만들 수 있는 서로 다른 모양의 정육면체는 몇 가지일까?

 수코 퍼즐

[Cayley Olympiad 2018 Q6]

수코 퍼즐에서는 1부터 9까지의 숫자를 각 칸에 하나씩 배치해야 한다. 이때 각 원 안에 있는 숫자는 주변 4칸의 숫자 합계와 같아야 한다. 이 그림에 나온 수코 퍼즐의 정답은 몇 가지일까?

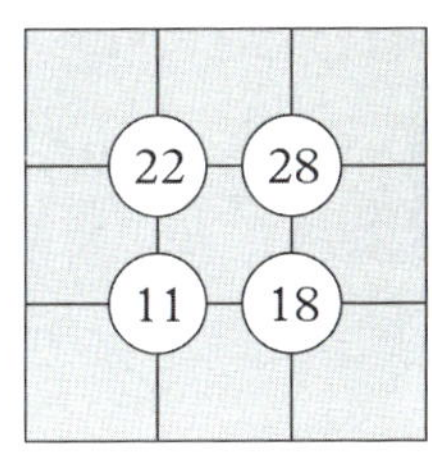

숫자 퍼즐 ❸

가로 열쇠

② 제곱수와 세제곱수의 합 … (3)

④ [가로 26]의 절반에서 9를 뺀 수 … (2)

⑥ [세로 13]에 [세로 5]를 더하고 [가로 2]를 빼고 [세로 10]을 뺀 수 … (3)

⑦ ([가로 6] +15)의 소인수 … (2)

⑧ [가로 4]의 세제곱의 제곱근 … (2)

⑨ 8의 배수보다 1 더 큰 수 … (3)

⑫ 어떤 세제곱보다 15 작은 수 … (2)

⑭ 14의 배수 … (3)

⑰ 13보다 크고 각 자리 숫자가 모두 다른 소수 … (2)

⑱ [세로 5], [세로 21], [가로 28]의 평균 … (2)

⑲ 어떤 제곱수보다 3 더 큰 수 … (3)

㉒ [세로 24]보다 작은 짝수 … (2)

㉔ [가로 9]와 5의 배수의 합 … (3)

㉖ 두 자리 삼각수 2개의 차이자 홀수 제곱수보다 1 더 큰 수 … (2)

㉘ [가로 17]의 제곱의 첫 두 자리 숫자 … (2)

㉙ [세로 21]과 [세로 20]이 짧은 변인 삼각형의 빗변 … (3)

㉚ [세로 10]과 [세로 15]의 최소 공배수 … (2)

㉛ 6789의 약수 … (3)

세로 열쇠

① (29의 배수보다 1 더 큰 수)의 제곱 … (4)

② 2008의 소인수 … (3)

③ [가로 2]보다 1 더 큰 피보나치 수 … (3)

⑤ [세로 11]에서 [가로 4]를 뺀 수보다 2 작은 수 … (2)

⑩ [가로 4]의 절반보다 8 더 많은 수 … (2)

⑪ 3가지 서로 다른 방식으로 피보나치 수와 삼각수의 합이 되는 수 … (2)

⑬ [가로 31]의 각 자리 숫자를 역순으로 배열한 수 … (3)

⑭ [세로 3]에 [세로 11]을 더한 값 … (3)

⑮ [세로 16]보다 작은 5의 배수 … (2)

⑯ [가로 4]보다 크고 [가로 28]보다 작은 2의 거듭제곱 … (2)

⑳ 정다각형의 외각의 각도 … (2)

㉑ [가로 30]의 70% … (2)

㉓ 각 자리 숫자가 증가하는 연속된 숫자로 구성된 소수 (4)

㉔ 2의 거듭제곱과 3의 거듭제곱의 곱 … (3)

㉕ 7의 배수에서 3을 뺀 수 … (3)

㉗ [세로 11]에 15를 더하고 [가로 4]의 $\frac{1}{4}$을 더한 수 … (2)

085 **빈 가족의 콩** [Junior Mathematical Challenge 2004 Q9]

빈 가족은 콩 섭취에 매우 엄격하다. 식사 때마다 모든 가족이 콩을 먹는다. 아빠 빈은 항상 엄마 빈보다 콩을 더 많이 먹지만 전체 콩 섭취량의 절반이 넘게 먹지는 않는다. 엄마 빈은 항상 두 자녀의 콩을 합친 수와 같은 수의 콩을 먹고, 두 자녀는 항상 같은 수의 콩을 먹는다. 마지막 식사 때 빈 가족은 콩을 23개 먹었다. 아빠 빈은 콩을 몇 개 먹었을까?

086 **회문 연도** [Junior Mathematical Challenge 2002 Q13]

2002는 회문수이다. 앞으로 읽어도 뒤로 읽어도 같은 숫자이기 때문이다. 같은 세기 동안 2002년 말고 연도가 회문인 해는 몇 해나 될까?

 거미 삼키기 [Junior Mathematical Challenge 2003 Q15]

최근 보고에 따르면 인간은 평균 수명 70년에 걸쳐 잠자는 동안 거미를 약 8마리 정도 삼킬 가능성이 있다고 한다. 영국 인구가 약 6000만 명이라고 가정할 때, 매년 영국에서 인간에게 삼켜지는 불쌍한 거미의 수는?

 누락된 숫자 [Junior Mathematical Challenge 1999 Q25]

아래 두 자릿수끼리의 곱셈식에서 많은 숫자가 누락되어 있다. 누락된 숫자들은 무엇일까?

$$
\begin{array}{r}
4_ \\
\times __ \\
\hline
_8_ \\
8_0 \\
\hline
__4_ \\
\end{array}
$$

 피파의 방문 [Team Maths Challenge Regional Finals 2008, Group Round Q1]

피파는 조부모님 댁을 방문했다. 피파는 그곳에 머무는 동안 전체 시간의 절반은 놀고, $\frac{1}{3}$은 자고, 남은 35분은 먹는 데 보냈다. 피파가 머문 시간은?

090   **p값의 후보**   [Junior Mathematical Olympiad 2010 B2]

여덟 자리 숫자 '$ppppqqqq$'는 45의 배수이며 p와 q는 한 자리 숫자이다. p가 될 수 있는 값은?

091   **마방진**   [Junior Mathematical Olympiad 2011 B2]

3×3 격자에 각 칸마다 하나씩 총 9개의 수가 있다(이 수가 정수일 필요는 없다). 각 수는 오른쪽에 있는 수의 2배이고, 아래에 있는 수의 3배이다. 수의 9개 합은 13이다. 중앙 칸의 수는 무엇일까?

Week 014

---

092 **동전 한 줄** [Junior Mathematical Challenge 1998 Q25]

20펜스 동전 60개를 한 줄로 나열한다. 모든 짝수 번째 20펜스 동전을 10펜스 동전으로 교체한다. 그 다음에 모든 3의 배수 번째 동전을 5펜스 동전으로 교체한다. 마지막으로 모든 4의 배수 번째 동전을 2펜스 동전으로 교체한다. 줄에 남아 있는 동전의 최종 합계는 얼마일까?

---

093 **넓이는 얼마일까?** [Junior Mathematical Olympiad 2014 A4]

다음 그림에는 서로 정확히 맞물리는 2개의 모양이 있다. 각 모양은 반지름 1인 사분원 4개로 이루어져 있다. 어두운 부분 넓이의 합은?

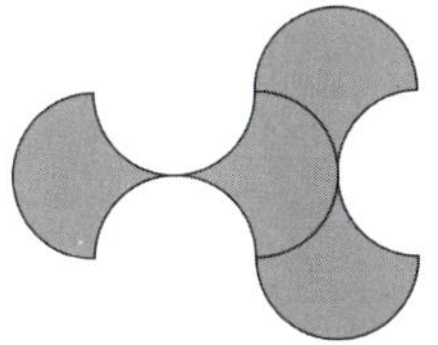

 자녀들의 나이　　　　　　　　[European Kangaroo Mathematical Challenge 2001 Q25]

어느 가족의 자녀들 나이를 모두 곱한 값은 1664이다. 가장 어린 아이의 나이는 가장 큰 아이 나이의 절반이다. 이 가족의 자녀는 몇 명일까?

 연극 관람 인원　　　　　　　　[Junior Mathematical Challenge 1997 Q21]

학교 행사의 연극 표 가격은 성인 3파운드, 어린이 1파운드이다. 표 판매로 모은 총액은 1320파운드이다. 연극은 600석 규모의 홀에서 공연되었지만 홀이 가득 차지는 않았다. 연극을 관람한 성인의 최소 인원은 몇 명일까?

 미니 숫자 퍼즐　　　　　　　　[Junior Mathematical Olympiad 2004 B3]

숫자 퍼즐의 각 단서에 대한 정답은 모두 두 자릿수이다. 숫자들 중 어느 것도 0으로 시작하지 않는다. 숫자 퍼즐을 완성하라.

1	2
3	

가로 열쇠　　　　　**세로 열쇠**

① 3의 배수　　　　　① 25의 배수

② 어떤 소수의 3배　　② 어떤 제곱수

  '*abc*'는 무엇일까? [Junior Mathematical Olympiad 2018 B3]

a, b, c는 0이 아닌 숫자를 나타낸다. 정수 '*abc*'는 3의 배수이고, 정수 '*cbabc*'는 15의 배수이며, 정수 '*abcba*'는 8의 배수이다. 정수 '*abc*'는?

098 **아홉 번째 항** [Junior Mathematical Olympiad 2008 B6]

어느 양의 정수 수열에서 각 항은 이전 항보다 크며, 첫 두 항 이후의 각 항은 이전 두 항의 합이다. 이 수열의 여덟 번째 항은 390이다. 아홉 번째 항은 무엇일까?

논리 문제 ②

광대 5명이 줄을 서서 가장 화려한 광대를 가리기 위한 심사를 받고 있다. 아래 단서를 읽고 각 광대가 줄에 서 있는 위치와 착용한 모자, 머리카락, 코, 신발의 색깔을 알아보자. 여기서 '왼쪽'과 '오른쪽'은 광대를 마주보고 서 있는 사람에게 보이는 위치를 의미한다.

단서

- 파란 모자는 제시가 착용하고 있다.
- 빨간 모자는 파란 코를 가진 광대가 착용하고 있다.
- 에이미는 초록 머리를 하고 있다.
- 제시는 줄의 왼쪽 끝에서 노란 신발을 신고 있다.
- 노란 머리를 가진 미치는 제시와 에이미 옆에 있다.
- 켄니는 빨간 신발을 신은 광대의 바로 오른쪽에 있다.
- 앨비는 빨간 머리를 하고 있다.
- 심사하는 반 친구들을 향해 서 있는 줄의 중간에 있는 광대는 노란 코를 가지고 있다.
- 제시와 켄니는 모두 노란 신발을 신고 있다.
- 노란 머리를 가진 광대는 노란 신발을 신은 광대와 빨간 신발을 신은 광대 사이에 서 있다.
- 파란 코를 가진 광대는 파란 모자를 쓴 광대 옆에 있다.
- 미지와 제시 모두 초록색을 착용하지 않았다.
- 에이미를 제외한 모든 광대의 모자, 머리카락, 코, 신발은 서로 다른 색깔이다.
- 케니의 모자, 제시의 머리카락, 미치의 신발, 앨비의 코는 모두 같은 색깔이다.
- 다섯 광대가 쓴 모자는 모두 다른 색깔이다. 머리카락과 코도 마찬가지이다.
- 앨비의 머리카락은 에이미의 신발과 같은 색깔이며, 에이미의 머리카락은 앨비의 신발과 같은 색깔이다.
- 에이미를 제외한 모든 사람은 주황색인 무언가를 착용하고 있다.

줄에서의 위치	맨 왼쪽	왼쪽	가운데	오른쪽	맨 오른쪽
광대의 이름					
모자 색깔					
머리카락 색깔					
코 색깔					
신발 색깔					

Week
015

---

099 **모양 만들기** [Intermediate Mathematical Challenge 1999 Q2]

A4 용지(297mm×210mm)를 한 번 접은 후 테이블 위에 평평하게 놓는다. 다음 중 만들 수 없는 모양은?

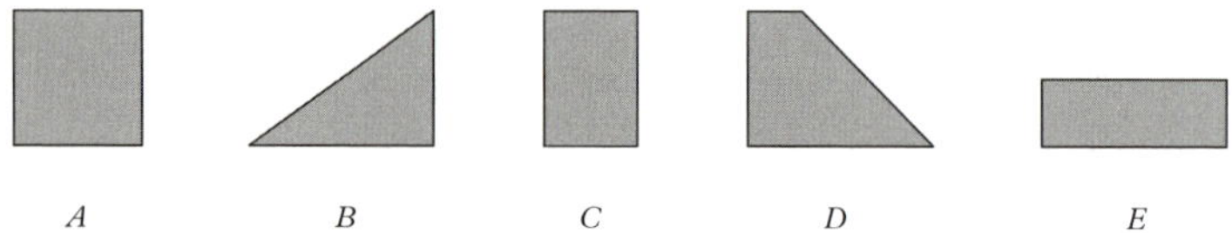

---

100 **아인슈타인의 시계** [Intermediate Mathematical Challenge 2010 Q16]

알베르트 아인슈타인은 특이한 시계 2개로 실험하고 있다. 두 시계 모두 24시간으로 표시된다. 한 시계는 정상 속도의 2배로 간다. 다른 시계는 거꾸로 가지만 속도는 정상이다. 두 시계 모두 13:00에 정확한 시각을 가리킨다. 다음 번에 시계들의 표시가 일치할 때의 정확한 시각은?

101 **총 넓이 구하기** [Intermediate Mathematical Challenge 2003 Q17]

다음 그림과 같이 반지름이 1인 반원 3개가 있다. 어두운 부분의 총 넓이
는 얼마일까?

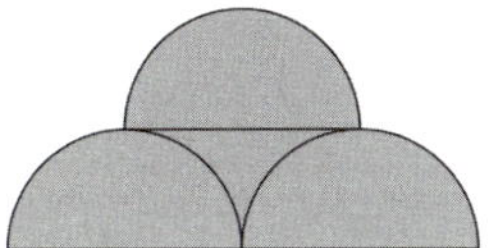

102 **몇 주일까?** [Intermediate Mathematical Challenge 2014 Q17]

$8 \times 7 \times 6 \times 5 \times 4 \times 3 \times 2 \times 1$분은 총 몇 주에 해당할까?

103 **백금 문제** [Intermediate Mathematical Challenge 2005 Q17]

백금은 금보다 희귀한 금속이다. 밀도는 21.45g/cm^3이다. 지난 50년간
매년 약 110톤이 생산되었다고 가정하고, 그 이전 생산량은 무시할 때, 다
음 중 지금까지 생산된 백금의 총량과 가장 부피가 비슷한 것은?

(a) 신발 상자
(b) 찬장
(c) 집
(d) 버킹엄 궁전
(e) 그랜드 캐니언

 밑줄 긋기 [Pink Kangaroo 2015 Q24]

서로 다른 수(정수일 필요 없음) 10개가 적혀 있다. 다른 9개의 수를 모두 곱한 값과 같은 수에 밑줄을 긋는다. 밑줄을 그을 수 있는 숫자의 최대 개수는 몇 개일까?

 체커 말 배치 [Pink Kangaroo 2011 Q13]

바바라가 체커 말을 보드에 배치하는데, 각 행의 체커 말 개수가 해당 행 끝의 숫자와 같고, 각 열의 체커 말 개수는 해당 열 아래의 숫자와 같게 하려고 한다. 각 칸에는 체커 말을 최대 1개만 배치할 수 있다. 이 작업을 수행할 수 있는 방법은 몇 가지일까?

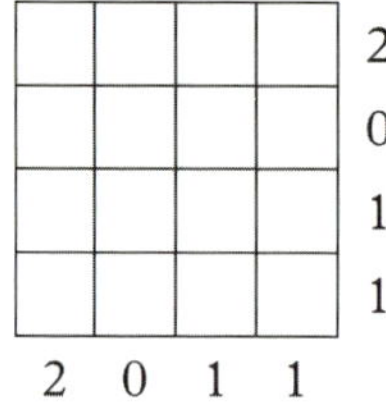

Week 016

106 제곱근
[Intermediate Mathematical Challenge 2001 Q15]

다음 수 중 10보다 큰 수는 몇 개일까?

$$3\sqrt{11} \quad 4\sqrt{7} \quad 5\sqrt{5} \quad 6\sqrt{3} \quad 7\sqrt{2}$$

107 연결선의 개수
[Pink Kangaroo 2014 Q17]

다음 그림에는 점 7개와 그 사이의 연결선이 표시되어 있다. 점 7개가 모두 같은 수의 연결선을 가질 수 있도록 그림에 추가할 수 있는 연결선의 최소 개수는? (연결선은 서로 교차할 수 있다.)

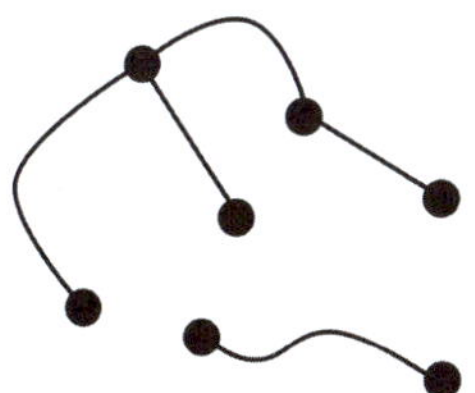

108 사전 순서로 나열하기

[Intermediate Mathematical Challenge 2015 Q23]

U, K, M, I, C라는 알파벳을 120가지 서로 다른 방법으로 배열할 수 있다.
모든 배열을 CIKMU부터 시작하여 사전 순서로 나열한다. 이 목록에서
UKIMC는 몇 번째 위치에 있을까?

109 이바의 스포츠

[Pink Kangaroo 2016 Q23]

스피드 스케이팅, 스키, 하키, 스노보드 종목 선수인 남자 2명(벤과 필립)
과 여자 2명(이바와 앤드리아)이 정사각형 테이블의 각 변에 1명씩 앉아 저
녁을 먹었다. 이바가 한 스포츠는 무엇일까?

- 스키 선수는 앤드리아의 왼쪽에 앉았다.
- 스피드 스케이팅 선수는 벤과 마주보고 앉았다.
- 이바와 필립은 서로 옆 자리에 앉았다.
- 하키 선수의 왼쪽에는 여자가 앉았다.

110 페드로의 숫자

[Pink Kangaroo 2012 Q22]

페드로는 서로 다른 양의 정수 6개를 나열했다. 이 중 가장 큰 수는 N이
다. 이 숫자들 중 큰 수가 작은 수로 나눠지지 않는 숫자 쌍이 단 하나 있
다. N의 최솟값은?

 기차의 속도 [Cayley Olympiad 2015 Q1]

일정한 속도로 달리는 기차가 85m 길이의 터널을 완전히 통과하는 데 5초가 걸리고, 160m 길이의 두 번째 터널을 완전히 통과하는 데 8초가 걸린다. 기차의 속도는 얼마일까?

 '*pqrst*'는 무엇일까? [Cayley Olympiad 2012 Q1]

p, q, r, s, t는 모두 서로 다른 숫자이다. 1, 2, 3, 4, 5로 나누어 떨어지는 가장 작은 다섯 자리 정수 '*pqrst*'는 무엇일까?

숫자 퍼즐 ❹

진행 방식은 40쪽 참고
정답 및 해설 350쪽

가로 열쇠

② 2의 제곱 ⋯ (4)

⑤ 12345의 소인수 ⋯ (3)

⑥ [가로 13]의 배수보다 6 더 큰 수 ⋯ (3)

⑧ 세제곱수 ⋯ (2)

⑩ [가로 25]의 각 자리 숫자의 곱이며 [가로 23]의 절반보다 작은 수 ⋯ (2)

⑪ [세로 4], [가로 8], [가로 10], [가로 13], [가로 20]의 평균이며 [세로 3]보다 큰 수 ⋯ (2)

⑬ 피보나치 수 ⋯ (2)

⑭ 7의 배수 ⋯ (3)

⑰ 어떤 제곱보다 8 작은 수 … (3)

⑲ [세로 26]보다 7 작은 수 … (2)

⑳ [세로 3]보다 크고 [세로 27]보다 작은 수 … (2)

㉒ 2가지 다른 방법으로 제곱수와 삼각수의 합이 되는 짝수 … (2)

㉓ 각 자리 숫자의 합이 5인 소수 … (2)

㉕ 제곱수이자 5의 배수 … (3)

㉘ 각 자리 숫자 중에 2와 8이 있는 14의 배수 … (3)

㉙ [가로 20]의 거듭제곱보다 9 큰 수 … (4)

세로 열쇠

① 제곱수보다 195 작은 수 … (4)

② 피보나치 수보다 1 작은 수 … (3)

③ [세로 9]와 [세로 15]의 최대공약수 … (2)

④ 2의 거듭제곱 2개의 합 … (2)

⑥ [세로 24]의 [가로 25] 퍼센트 (3)

⑦ 두 변이 [세로 24]와 [가로 25]인 직각삼각형의 가장 짧은 변 … (3)

⑨ 삼각수의 제곱이며 5의 배수보다 1 작은 수 … (3)

⑫ 732의 약수이며, 각 자리 숫자가 2의 거듭제곱인 수 … (3)

⑮ 5와 [세로 3]의 곱 … (3)

⑯ 짝수 제곱수이며 [가로 8]의 배수 … (3)

⑰ 17의 배수이며, 각 자리 숫자의 곱이 제곱수와 7의 곱인 수 … (3)

⑱ 9의 배수 … (3)

㉑ 21의 거듭제곱 … (4)

㉔ 360의 약수 … (3)

㉖ [가로 19]보다 7 더 큰 수 … (2)

㉗ 세제곱수 … (2)

Week
017

---

113 **경로의 수** [Junior Mathematical Challenge 1999 Q12]

S에서 T로 가는 경로 중 U와 V를 각각 한 번씩만 지나가는 경로는 몇 개
일까?

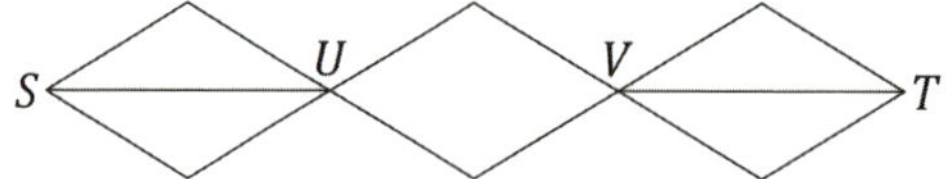

---

114 **레이첼이 마신 양** [Junior Mathematical Challenge 1999 Q14]

병에 생수 750ml가 들어 있다. 레이첼은 로스보다 50% 더 마셨고, 둘이
서 한 병을 나 마셨다. 레이첼이 마신 양은?

[Team Maths Challenge National Final 2009, Group Circus Station 10]

115 곱셈 마방진

아래 숫자를 격자의 각 칸에 하나씩 배치하라. 이때 가로줄 3개, 세로줄 3개, 대각선줄 2개에 있는 숫자들의 곱이 모두 1이 되도록 배치해야 한다.

$$\frac{1}{6} \quad \frac{1}{3} \quad \frac{1}{2} \quad \frac{2}{3} \quad 1 \quad \frac{2}{3} \quad 2 \quad 3 \quad 6$$

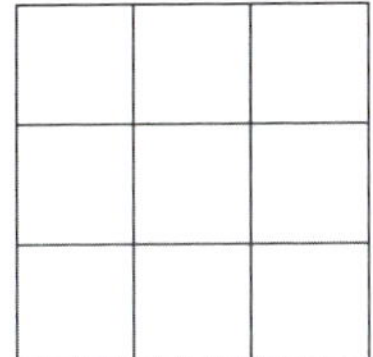

116 각도의 크기

[Junior Mathematical Challenge 2017 Q19]

다음 그림에는 정육각형 $PQRSTU$, 정사각형 $PUWX$, 정삼각형 UVW가 표시되어 있다. $\angle TVU$의 크기는?

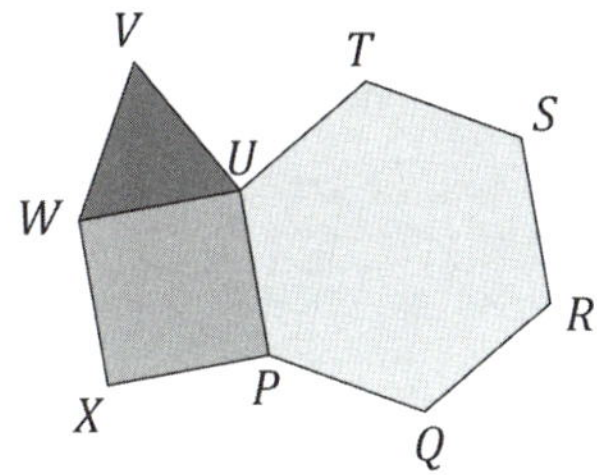

117 숫자의 합

[European Kangaroo Mathematical Challenge 2002 Q24]

숫자 1, 2, 3, 4를 중복 없이 사용하여 만들 수 있는 모든 네 자릿수의 목록을 생각해 보자. 이 목록에 있는 모든 숫자의 합은 얼마일까?

 기사는 몇 명일까? [Grey Kangaroo 2014 Q22]

기사, 농노, 아가씨로 구성된 25명의 집단이 있다. 기사는 항상 참말을 하고, 농노는 항상 거짓말을 하며, 아가씨는 참말과 거짓말을 번갈아 말한다. 이 집단에는 기사가 몇 명 있을까?

- 각 사람에게 "당신은 기사입니까?"라고 물었을 때 17명이 "예"라고 답했다.
- 그 다음 "당신은 아가씨입니까?"라고 물었을 때 12명이 "예"라고 답했다.
- 그 다음 "당신은 농노입니까?"라고 물었을 때 8명이 "예"라고 답했다.

 강 건너기 [Junior Mathematical Challenge 2011 Q24]

성인 2명과 어린이 2명이 강을 건너려고 한다. 뗏목을 만들었지만 이 뗏목은 성인 1명이나 어린이 2명의 무게만 견딜 수 있다. 네 사람이 모두 강 건너편으로 가기 위해서 뗏목은 최소 몇 번 왕복해야 할까?

(뗏목은 최소 1명 이상 타고 있지 않으면 강을 건널 수 없다.)

Week 0|8

120 정육면체 붙이기
[Junior Mathematical Olympiad 2013 A10]

단위 정육면체를 서로 맞대어 접착제로 붙여서 큰 정육면체를 만들었다. 4개의 다른 단위 정육면체와 붙어 있는 단위 정육면체의 수는 96개이다. 5개의 다른 단위 정육면체와 붙어 있는 단위 정육면체의 수는 몇 개일까?

121 갤럽 씨의 조랑말
[Junior Mathematical Olympiad 2012 B3]

갤럽 씨는 조랑말을 3마리씩 넣어둔 마구간을 2채 가지고 있다. 갤럽 씨가 자랑하는 조랑말인 레인 보의 가치는 250,000파운드이다. 레인 보는 보통 작은 마구간에서 하루를 보내지만 큰 마구간으로 넘어갔을 때 갤럽 씨는 각 마구간의 조랑말 평균 가치가 10,000파운드씩 상승한 것을 보고 깜짝 놀랐다. 조랑말 6마리의 총 가치는 얼마일까?

정사각형 만들기

[Junior Mathematical Olympiad 2015 B5]

정사각형 타일이 두 종류 있다. 한 종류는 변의 길이가 1cm이고, 다른 종류는 변의 길이가 2cm이다. 각 종류의 타일을 같은 수만큼 사용하여 만들 수 있는 가장 작은 정사각형의 크기는?

123 숫자 쌍의 개수

[Junior Mathematical Challenge 2018 Q16]

다섯 자리 정수 '$p869q$'가 15의 배수가 되게 하는 숫자 쌍 (p, q)는 몇 개일까?

124 원 안의 숫자

[Junior Mathematical Olympiad 2015 A10]

루시는 숫자 2, 3, 4, 5, 6, 10을 원 안에 배치하여 각 변의 세 숫자를 곱한 값이 서로 같고, 가능한 한 큰 값이 되도록 하고 싶다. 이 조건을 충족하는 방법은 몇 가지일까?

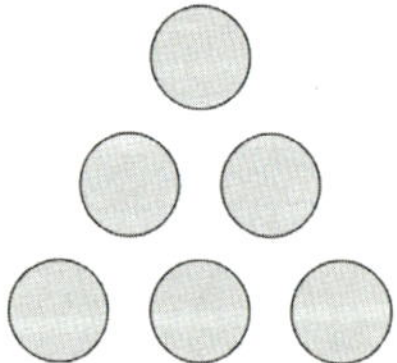

5개 팀 리그

[Junior Mathematical Olympiad 2002 B2]

5개 팀이 참가한 대회에서 모든 팀은 다른 4개 팀과 각각 한 번씩 경기를 치렀다. 승리한 팀은 3점, 무승부일 경우 1점, 패배하면 0점을 받는다. 대회가 끝난 뒤 각 팀의 승점은 다음과 같다.

- 노랑 팀 10점
- 빨강 팀 9점
- 초록 팀 4점
- 파랑 팀 3점
- 분홍 팀 1점

몇 경기가 무승부였는가? 초록 팀이 다른 팀들과 치른 경기 결과는?

미니 숫자 퍼즐

[Junior Mathematical Olympiad 2010 B4]

숫자 퍼즐의 각 단서에 대한 정답은 0으로 시작하지 않는 두 자리 숫자이다. 숫자 퍼즐을 올바르게 완성할 수 있는 방법은 몇 가지일까?

1	2
3	

가로 열쇠

① 삼각수

② 삼각수

세로 열쇠

① 제곱수

② 5의 배수

셔틀 문제 ❷

진행 방식은 64쪽 참고

정답 및 해설 357쪽

Q. 01

$\dfrac{2010}{2+0+1+0} + \dfrac{201+0}{2+0+1+0} + \dfrac{20+10}{2+0+1+0}$ 의 값은?

Q. 02

[A는 'Q. 01'의 정답이다]

수 A는 회문 정수(각 자리 숫자의 순서를 뒤집어 바꿔도 같은 수)의 예시이다. 300부터 A까지의 범위에서 회문 정수는 몇 개나 있을까?

Q. 03

[A는 'Q. 02'의 정답이다]

다음 그림에는 작은 정사각형 9개로 구성된 정사각형 격자 위에 삼각형이 그려져 있다. 삼각형의 넓이는 $A\text{cm}^2$이다. 작은 정사각형 하나의 넓이는 몇 cm^2일까?

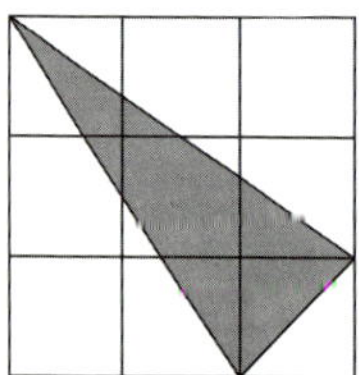

Q. 04

[A는 'Q. 03'의 정답이다]

다음 문장의 빈 칸에 숫자 A를 알파벳으로 넣는다. (5라면 →five)

Out of the first _________ letters in this sentence, what fraction is vowels?

(이 문장의 앞에서부터 _________개의 알파벳 중 모음이 차지하는 비율은 얼마일까?

이 질문에 답하라.

Week 019

127 **프레임 속 동전** [Intermediate Mathematical Challenge 2006 Q9]

다음 그림에는 나무 프레임 안에 정확히 들어맞는 동일한 동전 10개가 있다. 이로 인해 각 동전은 움직이지 않는다. 남은 모든 동전이 여전히 움직이지 않는 상태를 유지하면서 제거할 수 있는 최대 동전 수는?

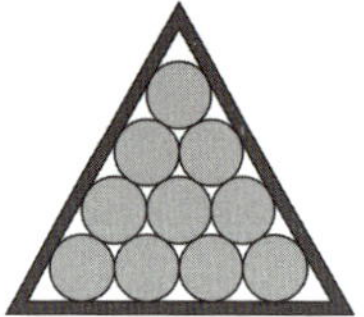

128 **치타 vs 달팽이** [Intermediate Mathematical Challenge 1998 Q14]

동물 달리기 대회에서 치타는 시속 90km로 달렸고, 달팽이는 1km를 가는데 20시간이 걸리는 속도로 기어갔다. 치타는 18초 동안 계속 달렸다. 달팽이가 치타와 같은 거리를 이동하는 데 대략 얼마나 걸릴까?

129 **기억에 남는 전화번호** [Intermediate Mathematical Challenge 2010 Q24]

새로운 택시 회사가 기억에 남는 전화번호를 구하려 한다. 많아야 2개의 서로 다른 숫자로 구성된 번호를 원한다. 전화번호는 3으로 시작해야 하며 여섯 자릿수여야 한다. 이런 번호는 몇 개나 가능할까?

130 **몇 경기일까?** [Pink Kangaroo 2014 Q13]

클레오는 체스 경기를 40번 치렀고 25점을 얻었다. 승리는 1점, 무승부는 0.5점, 패배는 0점으로 계산한다. 승리한 게임 수와 패배한 게임 수의 차이는 얼마일까?

131 **체커 말 배치** [Pink Kangaroo 2009 Q21]

바바라는 4×4 말판에 체커 말을 각 행과 열의 말 개수가 모두 서로 다르도록 배치하고 싶다. (한 칸에 말을 여러 개 놓을 수 있으며 칸이 비어 있을 수도 있다.) 여기에 필요한 체커 말의 최소 개수는?

예나로 오가는 열차

[Pink Kangaroo 2018 Q12]

어떤 지방에 프라이부르크, 괴팅겐, 함부르크, 잉골슈타트, 예나라는 5개 도시가 있다. 어느 날 열차 40대가 각각 이 도시 중 한 곳에서 출발해 다른 도시에 도착했다. 예나에 도착하거나 예나에서 출발한 열차의 수는 몇 대일까?

- 열차 10대는 프라이부르크로 가거나 프라이부르크에서 출발했다.
- 열차 10대는 괴팅겐으로 가거나 괴팅겐에서 출발했다.
- 열차 10대는 함부르크로 가거나 함부르크에서 출발했다.
- 열차 10대는 잉골슈타트로 가거나 잉골슈타트에서 출발했다.

133 나머지의 최댓값

[Pink Kangaroo 2016 Q18]

두 자릿수를 그 수의 각 자리 숫자의 합으로 나눴을 때 얻을 수 있는 나머지의 최댓값은 얼마일까?

134 **n번째 항** [Intermediate Mathematical Challenge 2012 Q17]

어느 양의 정수 수열의 첫 번째 항은 6이다. 이 수열의 다른 항들은 다음
규칙을 따른다. 이때 n번째 항이 n과 같아지는 n의 값은?

- 항이 짝수라면 2로 나눈 몫이 다음 항이 된다.
- 항이 홀수라면 5를 곱한 후 1을 빼서 다음 항을 구한다.

135 **라파엘이 적은 수** [Pink Kangaroo 2011 Q19]

라파엘은 모든 자리 숫자가 서로 다른 다섯 자릿수를 적고 있다. 이 수의
첫 번째 자리 숫자는 나머지 네 자리 숫자의 합과 같다. 이런 성질을 가진
다섯 자릿수는 몇 개일까?

정사각형 넓이

다음 그림과 같이 정사각형 안에 정팔각형이 배치되어 있다. 어두운 정사
각형은 정팔각형의 네 변의 중점을 연결한 것이다. 어두운 부분은 바깥쪽
정사각형의 몇 분의 몇일까?

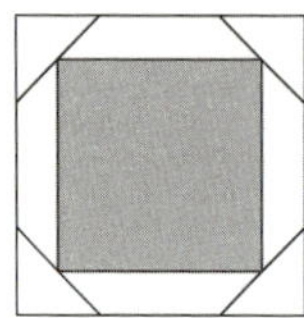

ODD + ODD = EVEN

아래 제시된 '알파벳 합'의 모든 가능한 해를 구하시오.

$$
\begin{array}{r}
O\ D\ D \\
+\ O\ D\ D \\
\hline
E\ V\ E\ N
\end{array}
$$

각 알파벳은 0부터 9까지의 숫자 중 하나를 나타내며, 동일한 알파벳은
항상 동일한 숫자를 의미한다. 서로 다른 알파벳은 서로 다른 숫자를 나
타낸다. 또한 어떤 수도 0으로 시작할 수 없다.

홀수의 개수

세 자릿수인 9의 배수 중 홀수로만 구성된 수는 몇 개일까?

 총 시험 횟수 [Cayley Olympiad 2007 Q2]

여러 차례의 시험 가운데 마지막 시험을 앞두고 샘은 17점을 받으면 전체 평균 점수가 80이 되지만, 92점을 받으면 평균 점수를 85로 올릴 수 있다는 것을 계산했다. 이 시험은 모두 몇 회였을까?

 3개의 소수 [Intermediate Mentoring Scheme 2008-09 Sheet 2 Q4]

$p, p + 8, p + 16$이 모두 소수인 양의 정수 p를 모두 찾아라.

숫자 퍼즐 ⑤

가로 열쇠

① 제곱수의 세제곱 … (5)

④ [세로 5]보다 8 작은 수 … (3)

⑥ 7의 배수보다 1 작은 수 … (3)

⑦ 20,902의 소인수 … (4)

⑩ 각 자리 숫자가 차례로 1씩 줄어드는 수 … (3)

⑫ [세로 20]의 60% … (3)

⑭ 7의 배수 … (3)

⑮ 각 자리 숫자의 합이 짝수인 3의 배수 … (3)

Week 021

141 **조이와 조아의 합계** [Junior Kangaroo 2016 Q11]

조이는 3의 배수인 두 자릿수 중 가장 큰 수와 가장 작은 수의 합을 계산했다. 조아는 3의 배수가 아닌 두 자릿수 중 가장 큰 수와 가장 작은 수의 합을 계산했다. 이 둘의 답의 차이는?

142 **파티 날짜** [Junior Mathematical Challenge 2009 Q18]

여섯 친구가 근처 레스토랑에서 함께 저녁을 먹는다. 첫 번째 친구는 매일 그곳에서 먹는다. 두 번째 친구는 이틀에 한 번씩 먹는다. 세 번째 친구는 세 번째 날마다 먹는다. 네 번째 친구는 네 번째 날마다 먹는다. 다섯 번째 친구는 다섯 번째 날마다 먹는다. 여섯 번째 친구는 여섯 번째 날마다 먹는다. 여섯 친구가 모두 함께 레스토랑에서 저녁을 먹을 때 파티를 하기로 했다면 파티는 며칠 뒤에 열릴까?

11의 배수

[Junior Mathematical Challenge 1999 Q17]

여덟 자리 숫자 '1234d678'은 11의 배수이다. d는 어떤 숫자일까?

144

두 정사각형의 넓이

[Team Maths Challenge Regional Finals 2010, Group Q7]

$ABCD$는 정사각형이다. P와 Q는 삼각형 ADC와 ABC 안에 그려진 정사각형이다. 정사각형 P의 넓이와 정사각형 Q의 넓이 비율은?

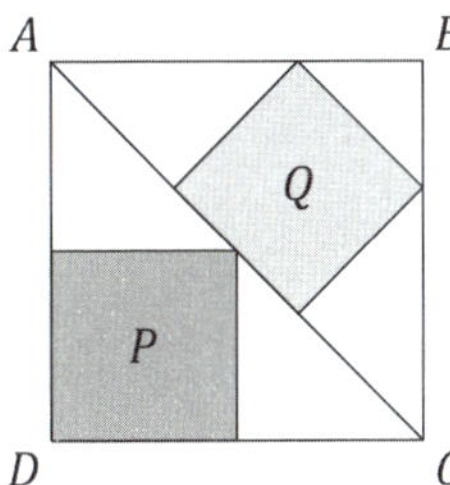

145

진약수

[European Kangaroo Mathematical Challenge 2000 Q21]

1과 24를 제외하고 24가 나누어 떨어지는 양의 정수는 2, 3, 4, 6, 8, 12이다. 6개의 수를 24의 진약수라고 한다. 1보다 큰 양의 정수 중에서 자신의 진약수들의 곱과 같은 수들을 크기 순으로 나열한다면, 이 목록에서 처음 나오는 6개의 수는 무엇일까?

146 캥거루 게임

[Grey Kangaroo 2011 Q23]

다음 표현식에서 같은 알파벳은 0이 아닌 같은 숫자를 나타내고, 다른 알파벳은 다른 숫자를 나타낸다. 이 표현식이 될 수 있는 가장 작은 양의 정수 값은 얼마일까?

$$\frac{K \times A \times N \times G \times A \times R \times O \times O}{G \times A \times M \times E}$$

147 사탕 게임

[Junior Mathematical Olympiad 2014 B4]

테이블 위에 사탕이 20개 있다. 플레이어 2명이 번갈아 가며 원하는 만큼 사탕을 먹을 수 있지만 최소 1개는 먹어야 하며, 남아 있는 사탕의 절반을 초과해서 먹을 수는 없다. 더 이상 규칙에 맞는 선택을 할 수 없는 플레이어가 패배한다. 두 플레이어 가운데 한 사람이 상대를 반드시 패배하게 만드는 전략이 있을까? 있다면 그 방법은 무엇일까?

Week
022

148 **1000자릿수** [Junior Kangaroo 2018 Q25]

1000자릿수 201820182018⋯2018에서 각 자리 숫자들을 지우고 남은 숫자의 합이 2018이 되게 하려 한다. 최대로 지울 수 있는 숫자의 개수는?

149 **정원사들의 작업** [Junior Mathematical Olympiad 2000 A10]

정원사 4명이 지름 4m인 원형 꽃밭 4개를 파는 데 4시간이 걸린다. 정원사 6명이 지름 6m인 원형 꽃밭 6개를 파는 데 얼마나 걸릴까?

 겹쳐진 정사각형 [Junior Mathematical Challenge 2001 Q25]

다음 그림에는 변의 길이가 5cm, 7cm, 9cm, 11cm인 정사각형 4개가 겹쳐져 있다. 회색으로 채워진 영역의 총 넓이와 사선으로 채워진 영역의 총 넓이의 차이는?

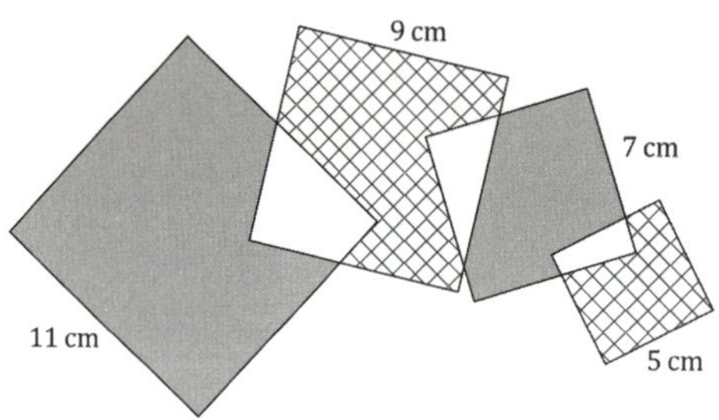

 T의 값 [Junior Mathematical Olympiad 2008 B2]

1부터 10까지의 숫자를 원 안에 배치하여 각 줄 3개 숫자의 합이 T가 되도록 한다. 원 안에는 이미 숫자 4개가 입력되어 있다. T가 될 수 있는 모든 값을 구하라.

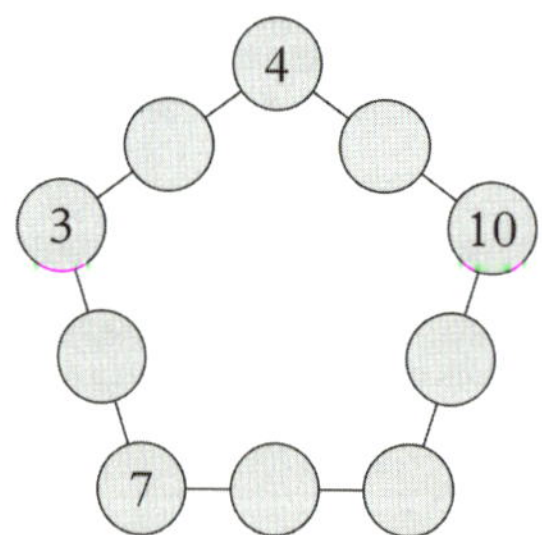

75% 증가

[Junior Mathematical Olympiad 1999 B5]

각 자리 숫자를 역순으로 바꿨을 때 75% 증가하는 두 자릿수와 세 자릿수를 모두 구하라.

153 세 그룹

[Junior Mathematical Olympiad 2016 B6]

양의 정수 n에 대해, 처음 $3n$개의 양의 정수를 세 그룹으로 나눴을 때 각 그룹의 합이 서로 같아지는 n의 값은?

154 보드 게임

[Junior Mathematical Olympiad 1999 B6]

두 플레이어 X와 Y가 가로 1칸 세로 n칸인 좁은 띠 모양으로 구성된 말판에서 게임을 한다. 두 플레이어는 번갈아 가며 말판의 빈 칸에 가로 1칸 세로 2칸인 말을 배치한다.

먼저 말을 배치할 수 없게 된 플레이어가 패배한다. X가 항상 먼저 플레이하며, 두 플레이어는 항상 가장 좋은 움직임을 선택한다. $n = 2, 3, 4, 5, 6, 7, 8$일 때 게임의 승자는 누구일까?

Special Round
논리 문제 ③

학교에 교사 5명이 있다. 아래 단서를 활용하여 각 교사의 교실 이름, 호수, 문 색깔, 담당 과목, 좋아하는 스포츠를 알아내야 한다. 각 교사에 대한 정보를 보고 표를 채워 보자.

단서

- 스미스 선생님은 미술을 가르친다.
- 과학 선생님은 '사각형'이라는 교실에 있다.
- 역사 과목은 존스 선생님이 가르친다.
- 헨리 선생님이 좋아하는 스포츠는 공을 사용하지 않는다.
- 탤벗 선생님의 교실 문은 노란색이며, 호수가 가장 큰 한 자리 소수인 교실 옆에 있다.
- 교실 호수 중 수학 선생님의 교실 호수가 가장 큰 수이다.
- '삼각형' 교실의 선생님이 가장 좋아하는 스포츠는 넷볼이다.
- 존스 선생님의 교실 문은 주황색이다.
- '원'이라는 이름의 교실은 수학 선생님 교실 옆에 있다.
- 영어는 '사각형' 교실에서 가르친다.
- 3호실은 가장 좋아하는 스포츠가 달리기인 선생님의 교실 옆의 옆에 있다.
- 축구는 '원기둥' 교실의 교사가 가장 좋아하는 스포츠이다.
- '사각형' 교실은 초록색 문 교실과 주황색 문 교실 옆에 있다.
- '원기둥' 교실은 과학 교실 옆에 있다.
- 영어는 호수가 '불길한' 소수인 교실에서 가르친다.
- 수학 선생님의 교실 문은 초록색이다.
- 탤벗 선생님과 리처드 선생의 교실 호수를 더하면 30이다.
- 모든 교실의 호수는 소수이다.
- 영어 선생님 교실은 과학 선생님의 교실 옆의 옆에 있다.

- 럭비를 좋아하는 교사의 교실은 문이 빨간색이며 수학 교실 옆에 있다.
- 모든 교실 호수의 합은 51이다.
- '오각형' 교실의 교사가 가장 좋아하는 스포츠는 크리켓이다.
- '삼각형' 교실은 미술 교실과 과학 교실 옆에 있다.
- 교실 중 하나는 문이 흰색이다.

	스미스 선생님	리처드 선생님	헨리 선생님	존스 선생님	탤벗 선생님
교실 이름					
호수					
문 색깔					
담당 과목					
좋아하는 스포츠					

155 삼각형 둘레의 각도

[Intermediate Mathematical Challenge 2004 Q4]

$a + b + c + d + e + f$의 값은?

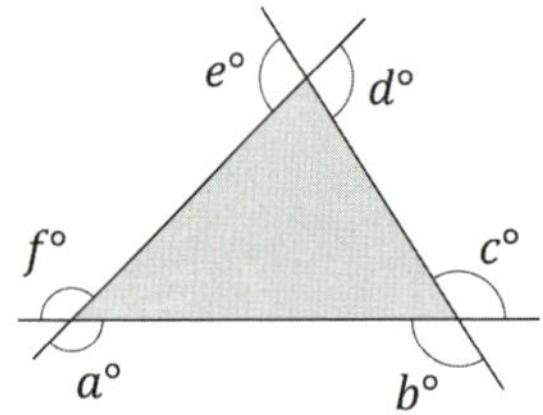

156 아인슈타인이 본 두 시계

[Intermediate Mathematical Challenge 2001 Q17]

알베르트 아인슈타인이 상대성 이론에 대해 생각하며 열차 승강장에 서 있다가 승강장 시계 2개를 발견했다. 각 시계는 디지털로 시간과 분만 표시했다. 아인슈타인은 한 시계의 표시가 정확한 시간보다 10초 먼저 다음 분으로 바뀌는 반면, 다른 시계의 표시는 정확한 시간보다 10초 늦게 다음 분으로 바뀌는 것을 관찰했다. 두 시계가 같은 시간을 표시하는 시간의 비율은 얼마일까?

157 원반 나누기 [Intermediate Mathematical Challenge 2016 Q17]

다음 그림에서 동심원 2개로 둘러싸인 어두운 부분을 원반이라고 한다.
두 동심원의 반지름은 각각 2cm와 14cm이다. 점선 원은 원반의 넓이를
2개의 같은 넓이로 나눌 때 점선 원의 반지름은?

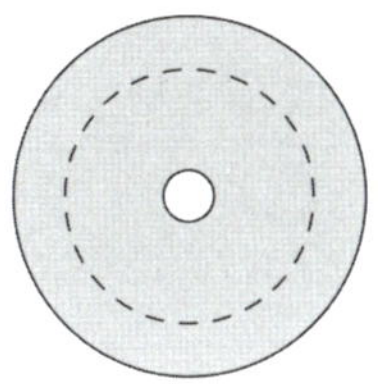

158 몇 쌍일까? [Pink Kangaroo 2008 Q15]

두 수 a, b에 대해서 합 $a+b$, 곱 ab, 몫 $\frac{a}{b}$가 모두 같아지도록 하는 순서쌍
(a,b)는 몇 쌍이 존재할까?

159 두 사람의 나이 [Intermediate Mentoring Scheme 2016-17 Sheet 6 Q2]

아비와 베키의 나이를 비교해 봤다. 베키의 현재 나이는 베키가 아비의
현재 나이의 절반이었을 때, 그때의 아비 나이만큼 베키가 나이 먹었을
때의 아비 나이와 같았다. 현재 두 사람 나이의 합은 44이다. 아비는 몇 살
일까?

맥브라이드 아카데미

[Cayley Olympiad 2003 B3]

맥브라이드 아카데미에는 학생이 300명 있으며, 이들 모두가 여름과 겨울 스포츠 대회에 학교 대표 선수로 나간다. 여름에는 이들 가운데 60%가 테니스를 하고, 나머지 40%는 배드민턴을 한다. 겨울에는 하키나 수영을 하는데, 2가지를 동시에 하는 학생은 없다. 하키 선수 중 56%는 여름에 테니스를 하고, 테니스 선수 중 30%는 겨울에 수영을 한다. 수영과 배드민턴을 모두 하는 학생은 몇 명일까?

수학, 수학, 케일리

[Cayley Olympiad 2004 Q6]

각 알파벳이 0이 아닌 서로 다른 숫자를 나타낼 때, 이 덧셈 문제의 서로 다른 해는 모두 몇 가지일까?

$$\begin{array}{r} MATHS \\ + \ MATHS \\ \hline CAYLEY \end{array}$$

Week 024

---

162 **정사각형 속 각도** [Cayley Olympiad 2010 Q2]

다음 그림에는 정사각형 $ABCD$와 정삼각형 ABE가 있다. 점 F는 변 BC 위에 있으며 $EC = EF$이다. $\angle BEF$의 크기를 구하라.

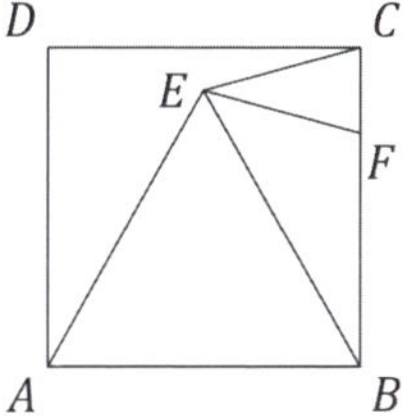

163 **사분원 안의 넓이** [Hamilton Olympiad 2010 Q4]

다음 그림에는 중심이 O인 사분원과 지름이 OA와 OB인 2개의 반원이 있다. 회색 영역 넓이와 검정색 영역 넓이의 비율은?

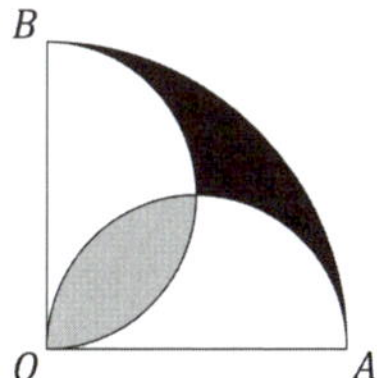

 내선 번호의 개수 [Mentoring Scheme Mary Cartwright Sheet 5 Q6]

사무실에서 각 직원은 세 자리 숫자로 이루어진 내선 번호를 가지고 있지만 모두 사용 중인 것은 아니다. 잘못 걸린 전화를 막기 위해 사용 중인 번호에서 숫자 2개의 위치만 서로 바꾸어 다른 번호로 사용할 수 없다. 사무실에서 사용 가능한 내선 번호의 최대 개수는 몇 개일까?

165 **맨 윗줄의 공** [Cayley Olympiad 2014 Q2]

1부터 6까지 번호가 매겨진 당구공 6개를 다음 그림과 같이 삼각형으로 배열해야 한다. 맨 아랫줄에 공 3개를 배치한 후 남은 공은 아래 두 공의 차이와 동일한 번호로 배치한다. 삼각형 맨 윗줄에 위치할 수 있는 공은 어느 것일까?

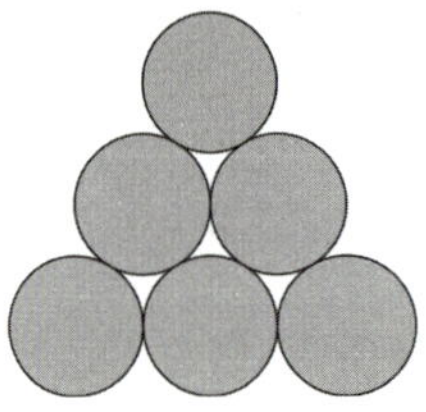

166 **두 제곱수** [Intermediate Mentoring Scheme 2008-09 Sheet 3 Q1]

어떤 제곱수는 네 자릿수이다. 각 자리 숫자에 1을 더하면 다른 제곱수가 형성된다. 두 제곱수는 몇일까?

167 **도로 위 차량 4대** [Intermediate Mentoring Scheme 2016-17 Sheet 3 Q7]

차량 4대가 일정한 속도로 도로를 이동했다. 자동차는 정오 12:00에 스쿠터를 추월했고, 14:00에는 자전거와, 16:00에는 오토바이와 마주쳤다. 오토바이는 17:00에 스쿠터와 마주쳤고, 18:00에 자전거를 추월했다. 자전거와 스쿠터는 언제 만났을까?

168 **행진 악대** [Mentoring Scheme Mary Cartwright Sheet 4 Q7]

행진 악대가 퍼레이드에 참가하기 위해 줄을 서는 데 어려움을 겪고 있다. 3명씩 줄을 서면 1명이 남고, 4명씩 줄을 서면 2명이 남는다. 5명씩 줄을 서면 3명이 남고, 6명씩 줄을 서면 4명이 남는다. 그러나 7명씩 줄을 서면 남은 사람이 없다. 행진하는 사람의 최소 인원 수는?

진행 방식은 40쪽 참고

정답 및 해설 350쪽

Special Round

숫자 퍼즐 ❻

<table>
<tr><td>1</td><td>2</td><td></td><td>3</td><td>■</td><td>4</td><td></td><td>5</td><td>■</td></tr>
<tr><td>■</td><td></td><td>■</td><td>6</td><td></td><td></td><td>■</td><td>7</td><td></td></tr>
<tr><td>8</td><td></td><td>9</td><td></td><td>■</td><td>10</td><td>11</td><td></td><td>■</td></tr>
<tr><td></td><td>■</td><td>12</td><td>13</td><td></td><td>■</td><td></td><td>■</td><td>14</td></tr>
<tr><td>15</td><td></td><td>■</td><td></td><td>■</td><td>16</td><td>■</td><td>17</td><td></td></tr>
<tr><td></td><td>■</td><td>18</td><td></td><td>19</td><td></td><td>20</td><td></td><td>■</td></tr>
<tr><td>■</td><td>21</td><td></td><td>22</td><td>■</td><td></td><td>23</td><td>24</td><td></td></tr>
<tr><td>25</td><td></td><td>■</td><td>26</td><td></td><td>27</td><td></td><td>■</td><td>■</td></tr>
<tr><td>■</td><td>28</td><td></td><td></td><td>■</td><td>29</td><td></td><td></td><td></td></tr>
</table>

가로 열쇠

① 8765의 소인수 … (4)

④ 정다각형의 내각(도 단위)이며, 각 자리 숫자의 곱은 12 … (3)

⑥ 각 자리 숫자의 합이 24인 피보나치 수 … (3)

⑦ 제곱수보다 1 큰 소수 … (2)

⑧ 각 자리 숫자의 순서를 뒤집어서 형성되는 수보다 99 큰 수 … (3)

⑩ 25의 배수 … (3)

⑫ [세로 9] 곱하기 7 … (3)

⑮ 약수가 7개인 수 … (2)

⑰ 빗변이 [세로 9]이고 다른 변이 [가로 25]인 직각삼각형의 세 번째 변 … (2)

⑲ [가로 8]의 [가로 10] % … (3)

㉑ 9의 홀수 배 수 … (3)

㉓ 일곱 번째 소수와 열 한 번째 소수의 곱 … (3)

㉕ 짝수 … (2)

㉖ [가로 25]와 [세로 11]의 최소공배수 … (3)

㉘ 11의 배수이며 [가로 12], [세로 16], [가로 19], [세로 24], [세로 27]의 평균값 … (3)

㉙ 19의 거듭제곱 … (4)

세로 열쇠

② 짝수 제곱수 … (3)

③ [가로 21]의 $\frac{1}{3}$ … (2)

④ [가로 4]이 내각(도)인 정다각형보다 변이 2배인 정다각형의 내각(도) … (3)

⑤ 11의 배수에서 1을 뺀 수 … (3)

⑥ 9의 거듭제곱 … (4)

⑨ [세로 3], [가로 7], [세로 13], [가로 17], [세로 27]의 평균값 … (2)

⑪ [가로 10]보다 91 작은 수 … (2)

⑬ [가로 23]의 각 자리 숫자의 제곱의 합 … (2)

⑭ 4567의 약수 … (4)

⑯ [세로 11]과 [세로 3]의 차이 … (2)

⑱ [세로 8]의 제곱근 … (2)

⑳ [가로 10]과 [세로 24]의 최대공약수 … (2)

㉑ 이름에 알파벳 A가 들어 있지 않은 달들에 포함된 연중 총 날짜 수 … (3)

㉒ 세제곱수보다 10 작은 소수 … (3)

㉔ 제곱수에 5를 곱한 수이며, 각 자리 숫자의 곱은 40이다 … (3)

㉗ 서로 8 차이인 두 소수의 합인 삼각수 … (2)

169 **720의 약수가 아닌 수** [Junior Mathematical Olympiad 2003 A3]

샘은 720의 약수가 아닌 모든 양의 정수를 오름차순으로 나열하기 시작했다. 그 목록의 열 번째 수는 무엇일까?

170 **JMO의 크기** [Junior Mathematical Olympiad 2010 A10]

다음 그림에서 JK와 ML은 평행하다. $JK = KO = OJ = OM$이고 $LM = LO = LK$이다. $\angle JMO$의 크기를 구하라.

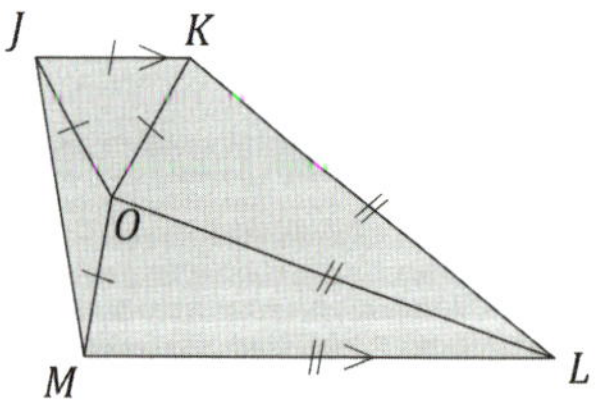

 암리타의 수 [Junior Mathematical Challenge 2006 Q24]

암리타는 정수 4개를 적어두었다. 그중 3개만 골라서 합을 구하면 115, 153, 169, 181이 된다. 암리타가 적어둔 정수 중 가장 큰 수는?

172 **아이들은 어디서 왔을까?** [Junior Mathematical Olympiad 2003 B2]

남자 아이 빈스, 윌, 잭과 여자 아이 제니아, 이본 5명이 원탁에 앉아 있다. 아이들은 애버딘, 벨파스트, 카디프, 더럼, 애든버러라는 서로 다른 다섯 도시에서 왔다. 애버딘에서 온 아이는 잭과 에든버러에서 온 아이 사이에 앉아 있다. 여자 아이 둘 다 윌 옆에 앉아 있지 않다. 빈스는 이본과 더럼 출신 아이 사이에 앉아 있다. 잭은 카디프 출신 아이에게 편지를 쓰고 있다. 5명의 아이는 각각 어디서 왔을까?

173 **네 정수를 찾아라!** [Junior Mathematical Olympiad 2007 B1]

합이 400이 되는 네 정수를 찾아야 한다. 단, 첫 번째 정수가 두 번째 정수의 2배, 세 번째 정수의 3배, 네 번째 정수의 4배와 같아야 한다.

 브래들리의 자전거 가게 [Junior Mathematical Challenge 2017 Q22]

브래들리의 자전거 가게 진열장에는 외발자전거, 두발자전거, 세발자전거가 있다. 로라는 진열장에서 안장이 총 7개, 바퀴가 총 13개, 두발자전거가 세발자전거보다 많음을 알아챘다. 진열장에 전시된 외발자전거는 몇 대일까?

 리즈와 메리 [Grey Kangaroo 2014 Q19]

리즈와 메리는 문제 풀이 경기에 참가했다. 각자에게 문제 100개가 주어졌다. 문제를 먼저 푼 사람은 4점을, 두 번째로 푼 사람은 1점을 얻는다. 리즈는 문제 60개를 풀었고, 메리도 60개를 풀었다. 두 사람이 얻은 점수는 합계 312점이다. 둘 다 풀어낸 문제 수는 몇 개일까?

176 **에든버러에서 런던까지** [Junior Mathematical Challenge 2006 Q11]

에든버러에서 런던까지 기차로 여행 중에 '런던 150mile'이라는 표지판을 지나쳤다. 7mile 더 지나자 다시 '에든버러 250mile'이라는 표지판을 지나쳤다. 에든버러에서 런던까지 기차로 얼마나 멀까?

177 **애덤의 정수** [Grey Kangaroo 2013 Q17]

애덤은 다섯 자리 양의 정수를 선택하고 각 자리 숫자 중 하나를 삭제하여 네 자리 정수를 만든다. 네 자리 정수와 원래 다섯 자리 정수의 합은 52713이다. 원래 다섯 자리 정수의 각 자리 숫자의 합은 얼마일까?

178 **1000으로 끝나는 수열** [European Kangaroo Mathematical Challenge 2002 Q25]

수열 1, x, …, 1000은 첫째 항이 1이고 마지막 항이 1000인 양의 정수 수열이다. 이 수열은 x 이후의 각 항이 이전 모든 항의 합이 되는 성질을 가지며, 이러한 조건을 만족하는 수열 중 가장 길다. x의 값은 무엇일까?

179 **가장 어린 사람** [Junior Mathematical Olympiad 2004 A2]

거스는 플로라보다 나이가 많다. 알레산드로는 자라보다 나이가 많고 플로라보다 어리다. 올리버는 거스보다 어리고 자라보다 나이가 많다. 이벳은 거스보다 나이가 어리다. 알레산드로는 올리버보다 나이가 많다. 플로라는 이벳보다 나이가 어리다. 6명 중 가장 어린 사람은 누구일까?

180 **이상한 나라의 스포츠 대회** [Junior Mathematical Olympiad 1999 B3]

앨리스, 삼월 토끼, 가짜 거북은 이상한 나라의 스포츠 대회에 참가한 단 3명의 선수다. 3명 모두 모든 종목에 참가했다. 각 종목의 점수 체계는 정확히 동일했다. 1위, 2위, 3위에 부여되는 점수는 모두 양의 정수였고 (이상한 나라인데도) 1위에게 2위보다, 2위에게 3위보다 더 많은 점수가 부여되었다. 삼월 토끼가 자루 달리기에서 우승했다. 대회가 끝났을 때 앨리스는 18점, 가짜 거북은 9점, 삼월 토끼는 8점을 얻었다. 경기를 몇 번 했는지 알 수 있을까? 그리고 '숟가락에 얹은 달걀' 경주에서 마지막으로 도착한 사람은 누구일까?

아홉 자리 정수

아홉 자리 양의 정수 '*abcabcbbb*'는 1부터 17까지의 모든 정수로 나누어 떨어진다. 숫자 a, b, c가 서로 다르다면 a, b, c의 값은 각각 무엇일까?

2인용 게임

다음은 두 플레이어가 20칸으로 구성된 말판에서 말 4개를 사용해 진행하는 게임이다. 두 플레이어는 번갈아 가며 말 1개를 움직인다. 한 번의 차례에서 말 4개 중 1개를 오른쪽으로 원하는 만큼 이동하되, 이 말이 다른 말 위에 겹치거나 넘어가지 않아야 한다. 예를 들어, 아래 그림에 보이는 위치일 때 다음 플레이어는 말 D를 오른쪽으로 1~3칸 이동하거나 말 C를 오른쪽으로 1~2칸 이동할 수 있다.

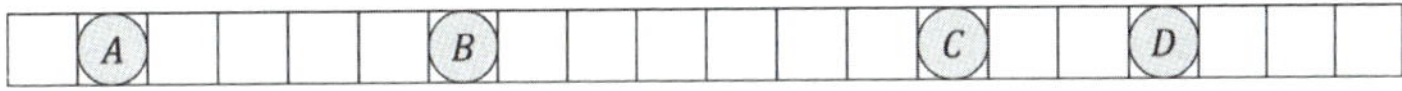

게임 승자는 마지막으로 규칙에 맞게 말을 움직인 사람이다. (이 움직임이 끝나면 말이 말판의 가장 오른쪽 4칸을 차지하게 되며, 더 이상 규칙에 맞는 움직임은 불가능하다.) 위 그림에서 당신의 차례일 때 승리를 보장하려면 말을 어떻게 움직여야 하며, 이후 움직임은 어때야 할까?

Special Round

셔틀 문제 ❸

Q. 01

두 정수의 곱은 세 번째 정수의 제곱과 같다.

첫 번째와 두 번째 정수는 각각 세 번째 정수보다 2 작고 3 크다.

세 정수의 합은 얼마일까?

Q. 02

[A는 'Q. 01'의 답이다]

다음 그림은 서로 연결된 평행선 3쌍을 보여준다. x의 값은?

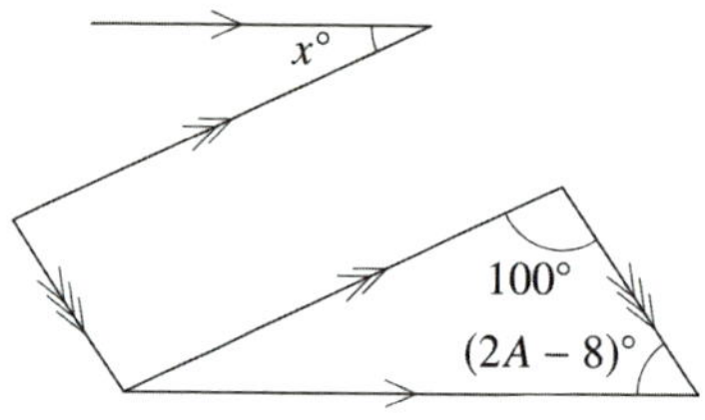

[A는 'Q. 02'의 답이다]

올해 딘은 후원금을 모으기 위해 수영 대회에 참가한다. 수영장에서 A번 왕복 헤엄쳐 총 1200 파운드를 모금하는 것이 목표다. 후원자들은 처음 $\frac{1}{2}A$번은 횟수당 10파운드, 그 다음 $\frac{1}{5}A$번은 횟수당 20파운드, 그 다음 $\frac{1}{10}A$번은 횟수당 30파운드, 그리고 남은 횟수당 x파운드를 기부하기로 동의했다. 딘은 정확히 A번 왕복하고 정확히 1200파운드를 모금했다. x의 값은 얼마일까?

[A는 'Q. 03'의 답이다]

스티브는 휴가에서 돌아왔다. 떠날 때 비행기 승객의 여성, 남성, 어린이 비율이 $5 : \frac{1}{10}A : 3$이었고, 돌아오는 비행기 승객의 비율은 $4 : \frac{1}{12}A : 3$이었다. 또한 떠날 때 비행기에는 어린이가 60명 있었고 돌아오는 비행기에는 남성이 75명 있었다. 두 비행기의 총 승객 수는 몇 명일까?

183 **삼각형과 육각형**　　　　[Intermediate Mathematical Challenge 2015 Q6]

다음 그림에 표시된 정삼각형과 정육각형의 둘레 길이는 같다. 정삼각형과 정육각형의 넓이 비율은 얼마일까?

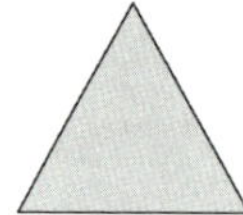 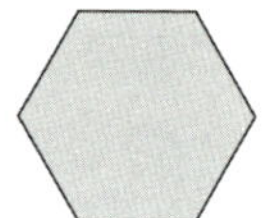

184 **세 자릿수는 몇 개?**　　　　[Intermediate Mathematical Challenge 2018 Q17]

각 자리 숫자를 거꾸로 배열할 때 99만큼 커지는 세 자릿수는 몇 개인가?

 시험 점수　　　　　　　　[Intermediate Mathematical Challenge 2000 Q22]

학생 120명이 100점 만점(소수점 없음)으로 채점되는 시험을 치렀다. 3명
의 학생이 동일한 점수를 받은 경우는 없다. 같은 점수를 받은 학생은 최
소 몇 쌍일까?

186 **축구 경기**　　　　　　　　　　　　　　[Pink Kangaroo 2006 Q25]

축구 경기의 최종 결과는 홈 팀이 5:4로 승리했다. 홈 팀은 먼저 골을 넣
고 경기 내내 앞서 있었다. 골이 들어간 순서에는 몇 가지 방법이 있을까?

187 **캥거루 20마리**　　　　　　　　　　　[Pink Kangaroo 2007 Q15]

단어 'KANGAROO'를 20번 반복하여 'KANGAROOKANGAROO …
KANGAROO'라는 문자열을 만들었다. 첫 번째 글자부터 시작해 번갈아
가며 글자를 지워 새로운 문자열을 만든다. 새로운 문자열에서 다시 첫
번째 글자부터 시작해 번갈아 가며 글자를 지운다. 이 과정을 마지막에
한 글자만 남을 때까지 반복한다. 남은 글자는 무엇일까?

　원의 넓이　　　　　　　　　　　　　　[Intermediate Mathematical Challenge 2007 Q21]

다음 그림에는 원 2개와 동일한 반원호 4개가 표시되어 있다. 어두운 원
의 넓이가 1이라면 바깥 원의 넓이는?

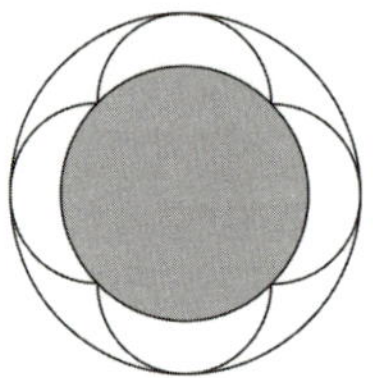

189　**1위의 점수**　　　　　　　　　　　　　　[Cayley Olympiad 2017 Q5]

어느 스포츠 리그에 4개 팀이 있으며, 각 팀은 다른 모든 팀과 한 번씩 경
기를 한다. 승리는 3점, 무승부는 1점, 패배는 0점을 얻는다. 리그 종료 시
한 팀이 단독 1위를 할 수 있는 최소 점수는 얼마일까?

Week
028

---

190 **캥거루 공화국의 휴일**   [Pink Kangaroo 2016 Q21]

캥거루 공화국에는 한 달이 40일로 구성되며, 1부터 40까지 번호가 매겨져 있다. 번호가 6으로 나누어지는 날은 휴일이며, 번호가 소수인 날도 휴일이다. 한 달 동안 두 공휴일 사이에 끼인 근무일이 하루인 경우는 몇 번 발생할까?

---

191 **어두운 영역의 넓이**   [Hamilton Olympiad 2007 Q3]

그림에는 반지름이 1인 4개의 원이 정사각형 안에 놓여 있다. 각 원은 정사각형 변의 중점에서 접하고, 인접한 원들과 서로 접한다. 어두운 영역의 넓이를 구하라.

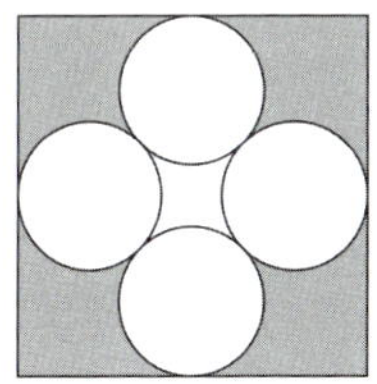

 내가 생각한 수 [Intermediate Mentoring Scheme 2013-14 Sheet 5 Q1]

나는 5개의 수를 생각했다. 이 중 3개를 골라서 더했을 때 나올 수 있는 모든 합은 10, 14, 15, 16, 17, 17, 18, 21, 22, 24이다. 내가 생각한 5개의 수는 무엇일까?

 파블로의 정육면체 [Cayley Olympiad 2013 Q5]

파블로는 단위 정육면체 여러 개를 가져와 더 큰 정육면체를 만들 계획이다. 그렇게 만든 큰 정육면체의 일부 면을 칠한 후, 페인트가 마르면 다시 단위 정육면체로 분할할 예정이다. 파블로가 단위 정육면체 중 150개에는 페인트를 칠하지 않기를 바란다면 더 큰 정육면체의 면은 몇 개를 칠해야 할까?

 더하기에서 빼기로 [Cayley Olympiad 2018 Q5]

아래 수식에서 + 기호 3개를 − 기호로 변경하여 수식의 값이 100이 되도록 하라. 이 작업을 수행할 수 있는 방법은 몇 가지일까?

$$0 + 1 + 2 + 3 + 4 + 5 + 6 + 7 + 8 + 9 + 10 + 11$$
$$+ 12 + 13 + 14 + 15 + 16 + 17 + 18 + 19 + 20$$

195 **모두 소수가 되는 소수** [Intermediate Mentoring Scheme 2013-14 Sheet 6 Q3]

$\frac{p-1}{4}$과 $\frac{p+1}{2}$이 모두 소수가 되도록 하는 소수 p를 모두 찾아라.

196 **팩토리얼** [Intermediate Mentoring Scheme 2008-09 Sheet 2 Q6]

다음 식이 제곱수가 되게 하는 모든 양의 정수 n을 찾아라.

$$1! + 2! + 3! + \cdots + n!$$

$n!$는 'n 팩토리얼'로 읽으며 1부터 n까지의 모든 정수를 곱한 값을 의미한다. 예를 들어 $5! = 1 \times 2 \times 3 \times 4 \times 5$이다.

Special Round

숫자 퍼즐 ❼

가로 열쇠

① 7997의 소인수 … (3)

④ 7의 배수이며, 각 자리 숫자의 합이 4인 수 … (3)

⑥ 17의 거듭제곱 … (4)

⑧ [세로 20]의 20% 미만 … (2)

⑨ 연속된 두 피보나치 수의 평균 … (2)

⑩ 3의 배수이자 제곱수의 절반 … (3)

⑪ [세로 9]의 제곱근 … (2)

⑫ [세로 8]의 절반 … (2)

Week 029

197   5로 나눈 나머지

[Senior Mathematical Challenge 2000 Q1]

743589×301647을 5로 나눈 나머지는?

198   구멍이 뚫린 정육면체

[Senior Mathematical Challenge 2007 Q11]

$4 \times 4 \times 4$ 크기의 정육면체에 $2 \times 2 \times 4$ 크기의 구멍이 대칭적으로 전체를 관통하게 뚫려 있다. 이렇게 만들어진 입체의 겉넓이는 얼마일까?

199 **정육면체 굴리기**

다음 미로에서 1번 칸 위에 정육면체를 놓는다. 정육면체의 한 면은 해당 칸을 완전히 덮되 다른 칸까지 넘어가지 않는다. 정육면체의 윗면은 젖은 페인트로 덮여 있다. 정육면체는 미로 위에서 한 변을 축으로 회전하며 25번 칸에 도달할 때까지 굴러간다. 페인트가 칠해진 면이 닿은 모든 칸에는 페인트가 묻지만 다른 칸에는 남지 않는다. 정육면체는 25번 칸에 도달했을 때 제거된다. 페인트가 묻은 칸에 적힌 수의 합은 얼마일까?

5	6	7	8	9
4	19	20	21	10
3	18	25	22	11
2	17	24	23	12
1	16	15	14	13

200 **몇 점일까?**

수학 문제집은 다섯 문제로 이루어져 있으며, 각 문제의 배점은 서로 다른 정수이다. 칼은 다섯 문제를 모두 맞혔다. 점수가 가장 낮은 두 문제에서 10점, 점수가 가장 높은 두 문제에서 18점을 받았다. 다섯 문제 모두에 대해서는 몇 점을 받았을까?

201 미로를 통과하는 방법   [Senior Mathematical Challenge 2011 Q13]

다음 미로에서 이동은 한 칸에서 인접한 다른 칸으로 이동하는 것만 허용되며, 한 번 지나간 칸을 다시 지나갈 수 없다. 미로를 통과하는 서로 다른 경로는 모두 몇 개일까?

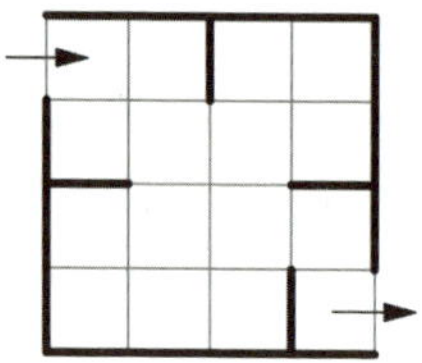

202 연속된 정수   [Senior Kangaroo 2013 Q12]

연속된 정수 5개의 합이 그 다음 연속된 정수 3개의 합과 같다. 8개 정수 중 가장 큰 수는?

203 가장 큰 수   [Senior Kangaroo 2013 Q14]

n이 정수일 때 $n + \sqrt{n}$으로 표현할 수 있는 가장 큰 세 자리 정수는?

Week
030

204 **조이와 어머니의 나이** [Senior Kangaroo 2013 Q13]

조이는 어머니의 24번째 생일에 태어났기 때문에 두 사람은 생일이 같다.
두 사람 모두 장수한다고 가정할 때, 조이 나이가 어머니 나이의 약수가
되는 생일은 몇 번일까?

205 **원과 꽃잎** [Senior Team Maths Challenge Regional Finals 2015 Group Round Q4]

패션 디자이너가 천 위에 꽃 무늬를 인쇄하려고 한다. 디자인은 중심의
원형과 꽃잎 4장으로 구성되어 있다. 꽃잎의 가장자리는 다음 그림과 같
이 동일한 길이의 반원호 4개로 이루어져 있다. 꽃잎의 넓이 합계와 원의
넓이 사이의 비율은 얼마일까?

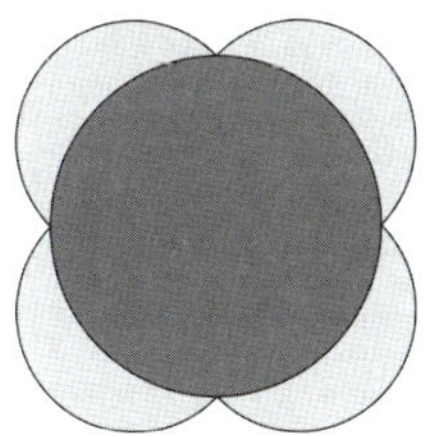

 한 해의 일요일 수 [Senior Mathematical Challenge 1999 Q2]

한 해에 존재할 수 있는 일요일의 최대 개수는?

207 **참말을 하는 사람** [Senior Mathematical Challenge 2012 Q9]

다음 중 몇 명이 참말을 했을까?

피에르: 우리 중 1명만 참말을 하고 있다.
카드르: 피에르의 말은 거짓이다.
라트나: 카드르의 말은 거짓이다.
스벤: 라트나의 말은 거짓이다.
타냐: 스벤의 말은 거짓이다.

208 **밀리와 빌리의 합** [Senior Mathematical Challenge 2015 Q10]

양의 정수 n은 1과 20 사이에 있다. 밀리는 1부터 n까지의 모든 정수를 더한다. 빌리는 $n+1$부터 20까지의 모든 정수를 더한다. 두 사람의 합계가 같을 때, n의 값은 얼마일까?

209 **어두운 영역의 넓이**

다음 그림에는 2개의 정사각형이 있다. 하나는 변의 길이가 20이고, 다른 하나는 변의 길이가 10이다. 어두운 영역의 넓이는?

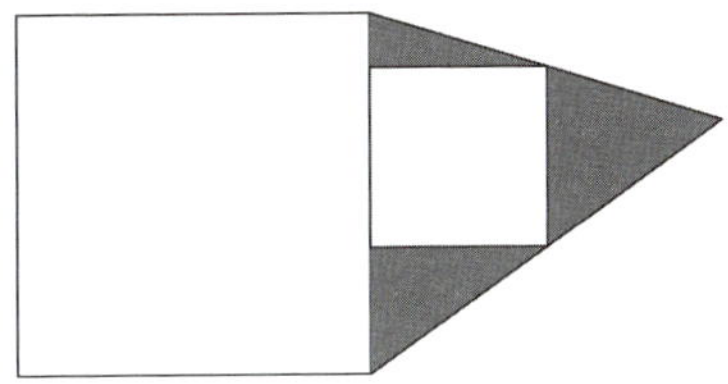

210 **최종 합계**

다음에서 $A, C, F, H, I, L, M, N, S, T$는 서로 다른 한 자리 숫자를 나타내며, 아래에 제시한 곱셈식이 올바르게 성립한다고 하자. 이때 $F + I + N + A + L$의 값은 얼마일까?

$$\begin{array}{r} S\,T\,M\,C \\ \times \qquad 4 \\ \hline M\,A\,T\,H\,S \end{array}$$

논리 문제 ④

다섯 가족에 관한 문제다. 단서를 보고 각 가족의 성, 반려동물, 자동차 색깔, 자녀 수, 휴가 장소를 알아내야 한다. 표에는 집 번지수가 이미 표시되어 있다.

단서

- 파인 가족의 반려동물은 표범이다.
- 사자를 키우는 가족은 노르웨이로 휴가를 간다.
- 검정색 자동차를 소유한 가족은 표에서 코끼리의 소유주 옆에 있다.
- 애시 가족은 오크 가족보다 자녀가 2명 더 많다.
- 기린을 키우는 가족은 자녀가 다른 두 가족의 자녀 수의 절반이다.
- 파인 가족의 자녀 수를 제곱한 값을 세제곱하면 레드우드 가족이 사는 집 번지수가 된다.
- 오크 가족은 4번지 집에 산다.
- 엘름 가족은 흰색 자동차를 소유하고 있다.
- 애시 가족의 자녀 수는 그 집 번지수의 약수이다.
- 독일에서 휴가를 보내는 가족은 자녀가 1명이다.
- 레드우드 가족과 파인 가족은 자녀 수가 같다.
- 반려 코끼리가 사는 집은 27번지이다.
- 프랑스에서 휴가를 보내는 가족의 집 번지수는 제곱수이자 세제곱수이다.
- 노란색 자동차의 주인은 파인 가족과 자녀 수가 같다.
- 검정색 자동차의 주인은 독일에서 휴가를 보낸다.
- 어느 가족의 자녀 수는 그 집의 번지수와 같다.
- 포르투갈에서 휴가를 보내는 가족은 표에서 악어의 주인 옆에 있다.
- 빨간색 자동차의 주인은 두 자녀와 함께 스페인에서 휴가를 보낸다.
- 전체 자녀는 13명이다.

- 표에서 기린의 주인은 포르투갈에서 휴가를 보내는 가족 옆에 있다.
- 스페인과 프랑스에서 휴가를 보내는 가족은 자녀 수가 같다.
- 표범은 가장 번지수가 작은 집에 살고 있다.
- 사자가 있는 집에는 자녀가 5명 있다.
- 애시 가족은 주황색 자동차를 소유하고 있다.
- 모든 가족은 자녀가 적어도 1명 있다.
- 노란색 자동차 주인의 번지수는 사자 주인의 번지수와 코끼리 주인의 번지수 사이이다.

집 번지수	2	4	27	64	97
가족 성					
반려동물					
자동차 색깔					
자녀 수					
휴가 장소					

Week
031

211 **주사위 개수**　　　　[Intermediate Mathematical Challenge 2013 Q8]

짐은 주사위 몇 개를 굴렸는데, 주사위 눈의 합이 주사위 눈의 곱과 같다는 사실에 놀랐다. 한 주사위는 2, 다른 주사위는 3, 또 다른 주사위는 5가 나왔다. 나머지 주사위는 모두 1이 나왔다. 짐이 굴린 주사위의 개수는?

212 **x의 값**　　　　[Intermediate Mathematical Challenge 2017 Q17]

다음 그림에는 직사각형 2개와 정오각형 1개가 있다. 각 직사각형의 한 변을 연장하여 점 X에서 만나도록 하였다. x의 값은 얼마일까?

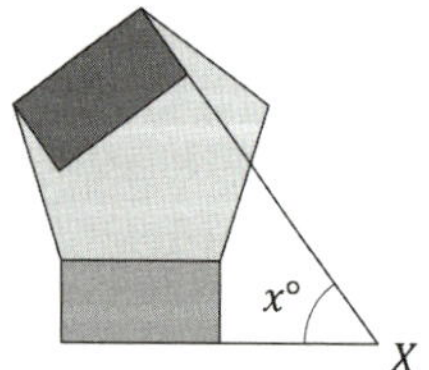

213 **소프트 볼더 카페의 다리** [Intermediate Mathematical Challenge 1999 Q22]

소프트 볼더 카페에 있는 각 테이블은 다리가 3개, 각 의자는 다리가 4개이며, 모든 손님과 직원 3명은 각각 다리가 2개이다. 각 테이블에는 의자가 4개씩 놓여 있고 어느 시점에 의자의 $\frac{3}{4}$에 손님이 앉아 있다. 카페 전체 다리 수가 206개라면 카페에는 의자가 몇 개 있을까?

214 **어두운 영역의 넓이** [Pink Kangaroo 2010 Q20]

다음 그림에는 한 변의 길이가 2인 정사각형이 있다. 정사각형의 네 꼭짓점을 중심으로 하는 네 반원이 그려져 있다. 이 반원들은 정사각형의 중심에서 만나고, 이웃한 반원끼리는 끝점이 맞닿아 있다. 또한 정사각형의 변 위에 중심을 두는 원 4개가 그려져 있는데, 각각의 원은 반원 2개와 접한다. 이때 어두운 영역의 전체 넓이는?

215 **원 안의 삼각형** [Pink Kangaroo 2013 Q24]

중심이 O인 원 안에 정13각형이 내접해 있다. 13각형의 꼭짓점 가운데 3개를 선택하여 삼각형을 만들 수 있다. 이 방법으로 만든 삼각형 가운데 중심 O가 삼각형의 내부에 포함되는 경우는 모두 몇 개일까?

216 **양의 정수 x와 y**　　　　　　　　　　　[Pink Kangaroo 2011 Q21]

크세르크세스는 양의 정수 x를 선택하고 야스민은 양의 정수 y를 선택하되, $\frac{1}{x} + \frac{1}{y} = \frac{1}{3}$이 성립되어야 한다. 두 수를 선택하는 방법은 몇 가지일까?

217 **원으로 만든 줄**　　　　　　　　　　　[Cayley Olympiad 2012 Q4]

다음 그림에는 원이 7개 있다. 화살표 3개는 각각 '원 3개로 구성된 줄'을 나타낸다. 1부터 7까지의 숫자를 각 원에 하나씩 배치하여 '원 3개로 구성된 줄'에 있는 수의 합이 3줄 모두 같게 만들려고 한다. 가능한 모든 x 값을 구하라.

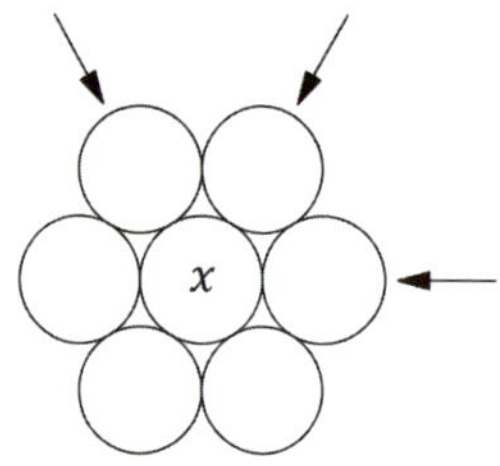

218 윤년

[Intermediate Mathematical Challenge 2000 Q9]

윤년은 보통 4년마다 발생한다. 그러나 세기가 바뀔 때의 해는 400의 배수일 경우에만 윤년이다. 그러므로 2000년은 윤년이었지만 1900년은 윤년이 아니었다. 2001년부터 3001년까지의 기간에 윤년이 몇 번 있을까?

219 캠핑 저녁 식사

[Cayley Olympiad 2011 Q3]

캠핑 탐험 중 저녁 식사 때 수프 통조림을 캠퍼 2명마다 하나씩 나누어 먹었고, 미트볼 통조림을 캠퍼 3명마다 하나씩 나누어 먹었으며, 초콜릿 푸딩 통조림은 캠퍼 4명마다 하나씩 나누어 먹었다. 모든 캠퍼는 3가지 식품을 모두 먹었고 모든 통조림이 비었다. 캠프 지도자가 통조림을 총 156개 개봉했다면 캠핑에 참여한 캠퍼는 몇 명이었을까?

고양이와 개

[Hamilton Olympiad 2003 B4]

마을에서 개 중 10%는 자신이 고양이라고 생각하고, 고양이 중 10%는 자신이 개라고 생각한다. 나머지 모든 고양이와 개는 정상이다. 마을의 모든 고양이와 개를 모아 엄격한 검사를 진행했을 때, 20%가 자신을 고양이라고 생각했다. 그렇다면 실제로 고양이인 동물은 몇 퍼센트일까?

거미줄 타기

[Hamilton Olympiad 2017 Q2]

무당벌레 1마리가 그림에 표시된 거미줄의 가장자리를 따라 A에서 B로 이동한다. 무당벌레는 같은 경로를 두 번 지나가지 않는다. 같은 지점은 여러 번 지나갈 수 있지만 B에는 처음 도착했을 때 멈춘다. 무당벌레가 선택할 수 있는 서로 다른 경로는 몇 가지일까?

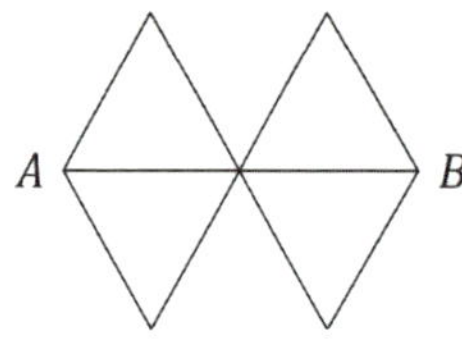

딸과 아버지의 나이

[Mentoring Scheme Mary Cartwright Sheet 3 Q3]

딸과 아버지의 나이는 모두 두 자릿수로 이루어져 있다. 딸이 아버지의 나이를 먼저 적고 자신의 나이를 그 뒤에 적어 네 자릿수를 만든다. 이 수에서 두 사람의 나이 차이를 빼면 4289라는 답이 나온다. 딸과 아버지의 나이는 각각 몇 살일까?

 공식 찾기   [Hamilton Olympiad 2004 Q3]

한 변의 길이가 s인 정사각형(s는 홀수 정수)이 1×1 단위 정사각형으로 나누어져 있다. $s \times s$ 정사각형의 모서리와 두 대각선에 있는 단위 정사각형은 모두 제거된다. 남아 있는 단위 정사각형의 개수를 s로 표현하는 가장 단순한 식을 구하라.

 정사각형 안의 직사각형   [Hamilton Olympiad 2006 Q4]

정사각형 안에 원이 내접하고, 직사각형 하나가 놓여 있다. 직사각형의 두 변은 정사각형의 변과 겹쳐 있고, 한 꼭짓점은 원 위에 있다. 직사각형의 높이는 너비의 2배이다. 정사각형과 직사각형 넓이의 비율은 얼마일까?

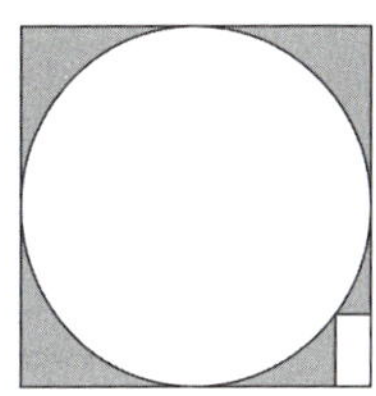

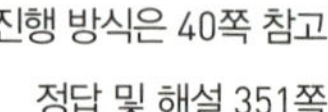

숫자 퍼즐 ⑧

가로 열쇠

① 250을 80% 증가시키고 이어서 60%, 그다음 40% 더 증가시킨 값 … (4)

④ [가로 1], [가로 4], [세로 5], [세로 22], [가로 29]의 평균값 … (4)

⑥ [가로 13]과 [가로 27]의 합계 … (4)

⑧ [가로 28]의 $\frac{1}{6}$보다 3 더 큰 값 … (3)

⑩ [세로 26]의 $\frac{1}{10}$의 정수 부분 … (2)

⑫ [가로 19]와 [세로 18]의 합계 … (3)

⑬ [세로 5]의 절반에서 [가로 15]를 뺀 값 … (4)

⑭ 3과 [세로 25]의 곱 … (3)

⑮ $x^5 + 96x^4 - 297x^4 = 0$의 0이 아닌 해들의 차에 5를 곱한 값 … (3)

⑰ 8의 거듭제곱 … (3)

⑲ [가로 1]에서 [가로 17]을 뺀 값에 1을 더한 값 … (3)

㉑ 4의 거듭제곱 … (4)

㉒ 245의 거듭제곱 … (3)

㉓ [가로 21]의 세제곱근의 2배 … (2)

㉕ $11x + 2y = 153$이고 $17x - 3y = -62$인 x와 y의 곱 … (3)

㉗ [세로 3]과 [세로 27]의 차에 9를 곱한 값 … (4)

㉘ [가로 13]의 각 자리 숫자를 재배열한 수이자 521의 배수 … (4)

㉙ [가로 27]에서 [가로 13]을 뺀 값 … (4)

세로 열쇠

① 제곱수 … (4)

② [가로 1]의 $\frac{7}{8}$에서 7을 뺀 값 … (3)

③ 정십각형의 내각(도) … (3)

④ 11의 배수 (2)

⑤ $91^2 - 19$ … (4)

⑦ [가로 4]의 2배 … (4)

⑨ 제곱수와 4 차이 나는 수 … (3)

⑪ 11의 거듭제곱 … (4)

⑫ 143의 배수 … (3)

⑯ [세로 4]에 [세로 12]의 2배를 더한 수 … (4)

⑱ $4x + 3y = 161$이고 $3x + 2y = 119$인 x와 y의 곱 … (3)

⑳ [가로 29]와 [가로 21]의 차이를 거꾸로 한 값 … (4)

㉑ [세로 25]의 2배 … (3)

㉒ [가로 13]에서 [가로 1]을 뺀 값 … (4)

㉔ [가로 4], [가로 15], [세로 24]의 평균값 … (4)

㉕ 소수 … (3)

㉖ 8의 거듭제곱 … (3)

㉗ 서로 다른 양의 정수 x와 y에 대해 x^y으로도 y^x으로도 쓸 수 있는 유일한 수 … (2)

225 **끝자리가 0** [Senior Kangaroo 2012 Q1]

첫 2012개의 소수를 모두 곱한 수의 끝에는 0이 몇 개 있을까?

226 **참인 방정식** [Senior Mathematical Challenge 2000 Q11]

a와 b가 0보다 큰 정수일 때, 다음 방정식 중 어느 것이 참일까?

(A) $a - b = a \div b$

(B) $a + b = a \div b$

(C) $a - b = a \times b$

(D) $a + b = a - b$

(E) $\sqrt{a + b} = \sqrt{a} + \sqrt{b}$

직사각형의 넓이　　[Senior Team Maths Challenge Regional Finals 2016, Group Round Q5]

하나의 직사각형 안에 반지름이 2인 사분원 2개가 들어 있다. 그림과 같이 원의 중심은 직사각형이 서로 마주 보는 꼭짓점에 위치해 있다. 직사각형의 넓이는?

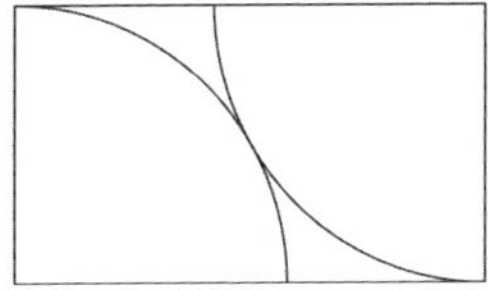

228

평균 퍼즐　　[Senior Mathematical Challenge 2016 Q11]

아래 격자에서 가운데에 있는 4칸에는 각각 인접한 2칸에 들어 있는 수의 평균값이 들어간다. *로 표시된 칸에는 어떤 수가 들어갈까?

229

미니 숫자 퍼즐　　[Senior Mathematical Challenge 2002 Q7]

숫자 퍼즐의 각 칸에 0이 아닌 서로 다른 숫자가 들어가도록 완성해야 한다. 모든 가능한 해를 찾아보시오.

1 2
3

가로 열쇠　　　　　　**세로 열쇠**

① 세제곱수　　　　　　① 제곱수

③ 두 제곱수의 합　　　② 소수

230 직소 퍼즐

[Senior Mathematical Challenge 1997 Q14]

직사각형 직소 퍼즐을 맞추고 있다. 퍼즐은 직사각형 그림에서 시작해 (약간 울퉁불퉁한) 직사각형 격자를 따라 잘라 1000조각으로 만들었다. 먼저 모서리와 모서리 꼭짓점 조각을 분리한다. 직소 퍼즐의 모서리와 꼭짓점 조각의 총 개수로 가능한 값은 무엇일까?

231 불길한 날

[Mentoring Scheme Senior 2016-17 Sheet 7 Q1]

어느 한 해에 13일의 금요일은 최대 몇 번, 최소 몇 번 발생할까?

Week 034

232 **밀리와 몰리의 아이스크림** [Senior Mathematical Challenge 2004 Q3]

밀리와 몰리는 각각 100g짜리 아이스크림을 받았다. 둘은 동시에 아이스크림을 먹기 시작했지만 밀리가 몰리보다 2배 빨리 먹는다. 몰리의 아이스크림이 밀리의 아이스크림보다 3배만큼 남았을 때, 밀리는 자기 아이스크림의 몇 분의 몇을 먹었을까?

233 **섞인 체스판** [Senior Kangaroo 2012 Q12]

4×4 격자의 칸들이 [그림 1]과 같이 검은색과 흰색으로 칠해져 있다. 한 번의 이동으로 같은 행이나 같은 열에 위치한 2칸의 색깔을 바꿀 수 있다. [그림 2]가 되도록 하기 위해 필요한 이동은 최소 몇 번일까?

그림 1

그림 2

 원 안의 원　　　　　　　　　　　　　[Senior Mathematical Challenge 1998 Q4]

작은 원이 큰 원과 접하고 큰 원의 중심을 통과한다. 큰 원의 넓이 중 작은 원 바깥에 있는 넓이의 비율은 얼마일까?

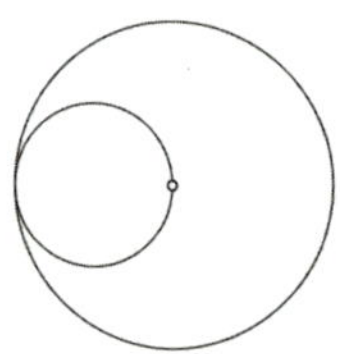

 원 안의 숫자　　　　　　　　　　　　　　[Senior Kangaroo 2014 Q8]

앤드루는 그림에 있는 각 원에 하나씩 숫자를 넣으려고 한다.

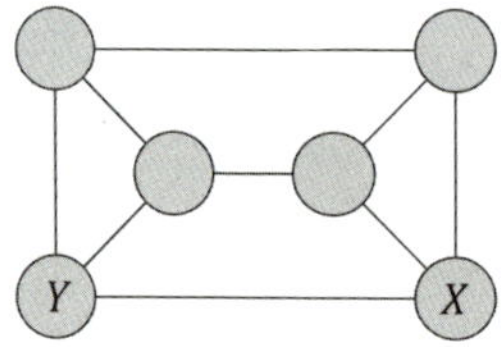

- 원 3개가 삼각형처럼 연결된 경우 원들의 숫자 합은 30이어야 한다.
- 원 4개가 사각형처럼 연결된 경우 원들의 숫자 합은 40이어야 한다.

앤드루는 X로 표시된 원에 9를 넣었다. 그렇다면 Y로 표시된 원에는 어떤 숫자를 넣어야 할까?

 가장 작은 소수　　　　　　　　　　[Senior Mathematical Challenge 2010 Q15]

두 소수의 합과 같으면서 서로 다른 세 소수의 합과도 같은 가장 작은 소수는?

237 사총사의 진술

사총사 각각이 네 사람 전체에 대해 다음과 같이 진술했다. 거짓말을 한 사람(나머지는 모두 참말을 한다고 할 때)은 몇 명일까?

다르타냥: 우리 중 정확히 1명이 거짓말을 하고 있다.

아토스: 우리 중 정확히 2명이 거짓말을 하고 있다.

포르토스: 우리 중 거짓말을 하는 사람의 수는 홀수이다.

아라미스: 우리 중 거짓말을 하는 사람의 수는 짝수이다.

238 열 자릿수

각 자리 숫자가 1, 2, 3으로만 이루어진 열 자릿수 중에서 인접한 숫자의 차이가 1인 수는 몇 개일까?

셔틀 문제 ❹

Q. 01

다음의 값은 얼마일까?

$$\left(1-\frac{1}{2}\right)\left(2-\frac{2}{3}\right)\left(3-\frac{3}{4}\right)\left(4-\frac{4}{5}\right)\left(5-\frac{5}{6}\right)$$

Q. 02

[A는 'Q. 01'의 답이다]

캔디는 한 주를 A개의 사탕으로 시작했다.

- 월요일에는 그중 $\frac{1}{4}$을 먹었다.
- 화요일에는 남은 것의 $\frac{1}{5}$을 먹었다.
- 수요일에는 남은 것의 $\frac{1}{3}$을 먹었다.

캔디는 나머지 기간 동안 사탕을 몇 개 가지고 있을까?

Q. 03

[A는 'Q. 02'의 답이다]

D의 값은 얼마일까?

$$D = \frac{1}{C-1}, \quad C = \frac{1}{1-B}, \quad B = \frac{1}{A-1}$$

Q. 04

[A는 'Q. 03'의 답이다]

사하라 사막에 사는 개미 앤서니는 집을 떠나 2.5m 북쪽으로 걸어가고, 4m 동쪽으로 걸어갔다가 넘어져서 Am 남쪽으로 굴러간 뒤, 마지막으로 16m 서쪽으로 걸어갔다. 앤서니는 현재 집에서 몇 m 떨어져 있을까?

Week
035

239 **고무 밴드 600만 개** [Intermediate Mathematical Challenge 2004 Q8]

2003년 3월, 토니 에반스는 모하비 사막 상공 1mile 높이에 있는 비행기에서 공을 떨어뜨려 튀어 오르는지 확인했다. 이 공은 고무 밴드 600만 개로 만들어졌으며 둘레 447cm, 무게 1200kg이고, 에반스가 이 공을 만드는 데 5년이 걸렸다. 공을 만들 때 고무 밴드를 하루 평균 약 몇 개씩 추가했을까?

240 **오스카의 키** [Pink Kangaroo 2017 Q13]

네 형제의 키는 서로 다르다. 토비어스는 빅터보다 작고, 그 차이만큼 피터보다 크다. 오스카도 피터보다 딱 그만큼 더 작다. 토비어스의 키는 184cm이며, 네 형제의 평균 키는 178cm이다. 오스카의 키는 얼마일까?

241 목록은 몇 개

[Intermediate Mathematical Challenge 2018 Q24]

양의 정수 5개로 이루어진 목록이 있다. 목록의 평균값, 최빈값, 중간값, 범위는 모두 5이다. 이 조건을 만족하는 양의 정수 5개의 목록은 모두 몇 개일까? ('범위'는 데이터 집합에서 가장 큰 값과 가장 작은 값의 차이를 말한다.◆)

242 이상한 소수

[Pink Kangaroo 2009 Q25]

소수 가운데 '이상한 소수'라고 부르는 것이 있다. 한 자리 소수이거나, 첫 번째 자릿수 또는 마지막 자릿수를 제거해 얻은 소수가 모두 '이상한 소수'에 해당한다. 이상한 소수는 모두 몇 개일까?

243 기사와 거짓말쟁이

[Pink Kangaroo 2006 Q18]

마법의 섬에 기사(항상 참말을 함)와 거짓말쟁이(항상 거짓말을 함)가 살고 있다. 어느 현자가 섬에서 크리스와 팻이라는 두 사람을 만나 이 둘이 기사인지 거짓말쟁이인지 알아내기로 했다. 현자가 크리스에게 "너희 둘 다 기사인가?"라고 물었을 때는 두 사람의 정체를 확신할 수 없었다. 그 다음 팻에게 "너희 둘은 같은 부류인가?"라고 물었을 때, 그들의 정체를 알아낼 수 있었다. 두 사람의 정체는 무엇이었을까?

244 **소금 방앗간의 원**   [Intermediate Mathematical Challenge 2011 Q23]

소금 방앗간의 창틀은 다음 그림과 같이 합동인 반원 2개와 큰 반원 안에 있는 원이 서로 접하도록 구성되어 있다. 창틀의 너비는 4m이다. 원의 정확한 반지름은 몇 m일까?

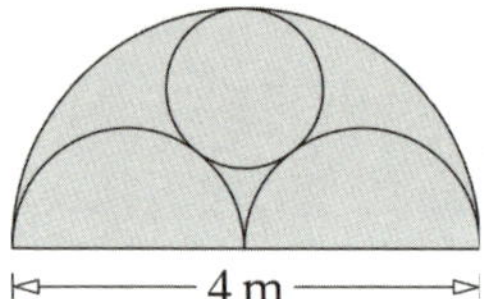

245 **XYZ 합계**   [Hamilton Olympiad 2003 A3]

다음 덧셈식에서 X, Y, Z는 각각 0이 아닌 서로 다른 숫자를 나타낸다. 이 덧셈식의 수들은 각각 얼마일까?

$$\begin{array}{r} X\ X \\ Y\ Y \\ +\ Z\ Z \\ \hline Z\ Y\ X \end{array}$$

246 상품권 코드

[Intermediate Mathematical Challenge 2015 Q20]

상품권 코드는 4개의 문자로 이루어진다. 첫 번째 문자는 알파벳 V, X, P 중 하나이다. 두 번째와 세 번째 문자는 서로 다른 숫자이다. 네 번째 문자는 두 번째 숫자와 세 번째 숫자를 더한 값의 일의 자리 숫자이다. 이와 같은 상품권 코드는 모두 몇 가지가 있을까?

247 돈 나누기

[Cayley Olympiad 2014 Q3]

레이첼은 자기 돈의 절반을 하워드에게 주었다. 그 뒤에 하워드는 자신이 가진 모든 돈의 $\frac{1}{3}$을 레이첼에게 주었다. 두 사람은 결국 같은 금액의 돈을 갖게 되었다. 레이첼이 처음에 가진 금액과 하워드가 처음에 가진 금액의 비율을 구하라.

248 뉴턴으로 보낸 편지

[Hamilton Olympiad 2014 Q4]

월요일에 뉴턴 마을의 우편배달원은 집마다 1통에서 4통 사이의 편지를
배달했다. 편지 4통을 받은 집 수는 1통을 받은 집 수의 7배였고, 2통을
받은 집 수는 1통을 받은 집 수의 5배였다. 각 집이 받은 편지의 평균 개
수는 얼마일까?

249 정사각형 안의 원

[Cayley Olympiad 2011 Q4]

다음 그림에는 1cm × 1cm의 정사각형 9개와 원이 표시되어 있다. 원은
네 모서리에 있는 정사각형의 중심을 지나간다. 그림에서 두 정사각형 안
쪽에 있지만 원 바깥쪽에 있는 어두운 영역의 넓이는?

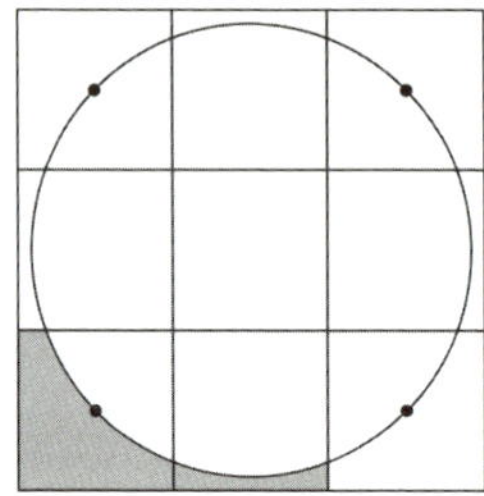

250 가장 큰 수 d

[Hamilton Olympiad 2017 Q4]

서로 다른 4개의 실수 중에서 가장 큰 수는 d이다. 4개의 수를 2개씩 짝을
지어 더했을 때 가장 큰 값 4개는 9, 10, 12, 13이다. d가 될 수 있는 값은?

 누락된 숫자　　　　　　　　　　　　　[Intermediate Mentoring Scheme 2017-18 Sheet 7 Q7]

다음과 같이 주어졌을 때 숫자 a, b, c를 구하라.

$20! =$ '2 432 90a 008 176 6bc 000'

$20!$는 '20 팩토리얼'로 읽으며 1부터 20까지의 모든 정수를 곱한 값을 의미한다. 즉, $20! = 1 \times 2 \times 3 \times 4 \times 5 \times 6 \times 7 \times 8 \times 9 \times 10 \times 11 \times 12 \times 13 \times 14 \times 15 \times 16 \times 17 \times 18 \times 19 \times 20$이다.

 중앙 수　　　　　　　　　　　　　　　　　[Hamilton Olympiad 2018 Q6]

다음 그림에는 3줄로 연결된 원 7개가 있다. 숫자 9, 12, 18, 24, 36, 48, 96을 원마다 하나씩 배치하여 같은 줄에 있는 세 숫자의 곱이 3줄 모두 같도록 해야 한다. 중앙에 들어갈 숫자는 무엇일까?

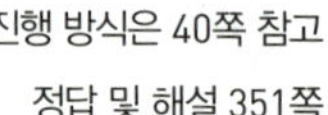
진행 방식은 40쪽 참고

정답 및 해설 351쪽

숫자 퍼즐 ❾

가로 열쇠

① $(20 + \sqrt{12})(20 - \sqrt{12})$ … (3)

③ 연속된 두 정수의 네제곱의 합　(4)

⑥ 어떤 수의 다섯제곱 … (3)

⑧ [세로 3]의 $\dfrac{1}{27}$ 과 [가로 16]의 합에 1을 더한 값 … (4)

⑩ [가로 22]와 [세로 23] 중 가장 큰 공약수의 2배 … (3)

⑪ 소수 … (3)

⑬ 15의 배수 … (4)

⑯ 연립 방정식 $10x - 9y = 2381$과 $3x + 5y = 15891$의 해인 x와 y 중 하나 … (4)

⑲ [가로 6], [세로 7], [가로 11]의 평균 … (3)

㉑ 방정식 $x^2 + 8x - 240 = 0$의 두 해 사이의 차와 11의 곱 … (3)

㉒ 11의 배수 … (4)

㉓ 10,077,696의 세제곱근 … (3)

㉔ [가로 16]의 소인수 … (4)

㉕ [세로 2]의 약수 … (3)

세로 열쇠

② 7의 배수 … (3)

③ [세로 7]과 [가로 6]을 곱한 값 … (5)

④ 각 자리 숫자 합이 30이고, 첫 두 자리 숫자와 마지막 두 자리 숫자가 모두 연속된 정수의 쌍인 수 … (4)

⑤ [세로 10]의 세제곱근과 [가로 24]를 곱한 값 … (4)

⑦ 2,571,353의 세제곱근 … (3)

⑨ [가로 25], [가로 6], [세로 9]의 평균 … (3)

⑫ $(19 + \sqrt{71})(19 - \sqrt{71})$ … (3)

⑭ [가로 10] 배수 … (3)

⑮ 회문수 … (5)

⑰ 세제곱수 … (3)

⑱ 다섯 제곱의 2배 … (3)

⑲ 소수의 제곱 … (3)

⑳ 13의 배수 … (3)

㉒ 방정식 $x^2 = 90x - 1349$의 두 해의 차에 7을 곱한 값 … (3)

253 **9가 99개** [Senior Kangaroo 2011 Q16]

정수 m은 모두 9로 이루어진 99 자릿수이다. m^2의 각 자리 숫자의 합은
얼마일까?

254 **고통스러운 도전** [Senior Mathematical Challenge 2000 Q4]

두 남자가 자선 기금을 모으기 위해 카디프의 밀레니엄 스타디움에 있는
72,000개의 모든 좌석에 앉는 도전을 했다. 좌석 사이를 미끄러지듯 이동
하기 위해 인공섬유 트레이닝복까지 착용했지만 이 도전은 고통스러운
실패로 끝났다. 고통 때문에 중단하기 전까지 그들은 27시간 동안 64,000
개의 좌석에 앉는 데 성공했다. 평균적으로 한 남자가 좌석 하나에 앉는
데 대략 얼마의 시간이 걸렸을까?

255 **분수가 정수가 되는 경우** [Senior Mathematical Challenge 2009 Q15]

$\dfrac{n}{100-n}$ 이 정수가 되는 정수 n의 개수는?

256 **앨리스의 생일** [Senior Mathematical Challenge 1999 Q12]

올해 초 흰 토끼가 말했다. "앨리스는 이틀 전까지도 13세였지만, 그녀의
16번째 생일은 내년일 거예요." 앨리스의 생일은 언제일까?

257 **스폴레토 타일** [Senior Mathematical Challenge 2012 Q17]

다음 그림은 이탈리아 움브리아주 스폴레토 대성당 바닥 타일에서 발견
되는 무늬다. 반지름이 1인 원 1개가 역시 반지름이 1인 사분원 4개를 둘
러싸고 있으며, 이 사분원들은 정사각형을 둘러싸고 있다. 이 무늬에는
대칭축이 4개 있다. 정사각형 한 변의 길이는 얼마일까?

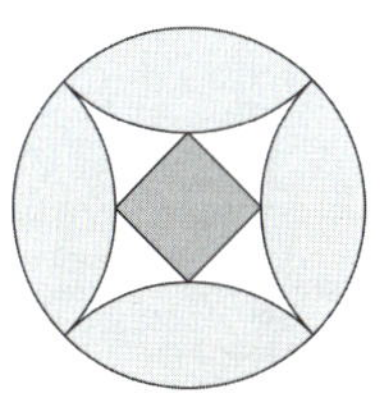

258 거짓말쟁이는 몇 명?

항상 참말을 하는 사람과 항상 거짓말을 하는 사람 25명이 줄을 서 있다. 맨 앞에 선 남자는 자신 뒤에 있는 모든 사람들이 항상 거짓말을 한다고 말한다. 나머지 사람들은 자신 바로 앞의 사람이 항상 거짓말을 한다고 말한다. 줄에 서 있는 사람 중 항상 거짓말을 하는 사람은 몇 명일까?

259 바코드 수

다음 두 유형의 바코드는 검은색과 흰색 줄이 번갈아 배열되어 있으며, 맨 왼쪽과 맨 오른쪽 줄은 항상 검은색이다. 각 줄은 어떤 색이든 너비가 1 또는 2이고, 바코드의 전체 너비는 12이다. 바코드는 항상 왼쪽에서 오른쪽으로 읽는다. 서로 다른 바코드 수는 몇 개일까?

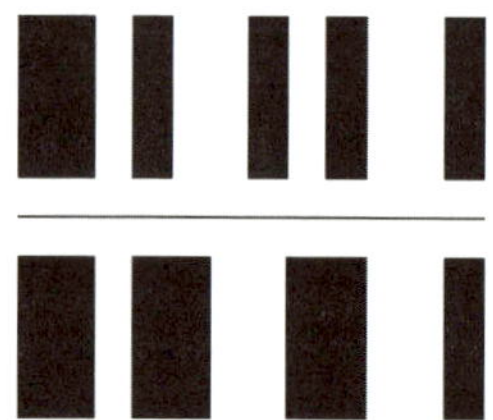

Week 038

260 **세 직사각형 겹치기** [Senior Team Maths Challenge National Final 2017, Relay B8]

다음 그림에는 높이 5, 너비 13인 서로 합동인 직사각형 3개가 있다. 그림과 같이 직사각형 2쌍은 꼭짓점 하나를 공유한다. 두 직사각형은 각각의 한 꼭짓점이 세 번째 직사각형의 긴 변 위에 놓이도록 배치되어 있다. 3개의 직사각형이 모두 겹치는 영역의 넓이는 얼마일까?

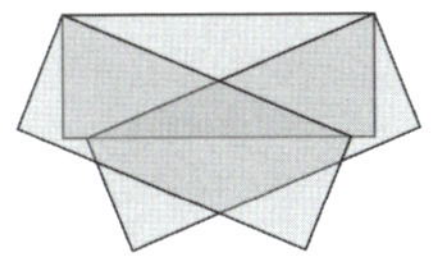

261 **회전하는 원판** [Senior Mathematical Challenge 2002 Q14]

다음 그림과 같이 원형 원판이 미끄러짐 없이 고리 안쪽을 따라 회전한다. 고리의 안지름은 원판 지름의 3배이다. 안쪽 원판의 중심이 처음 위치로 돌아올 때까지 안쪽 원판은 자신의 중심을 기준으로 몇 바퀴 회전할까?

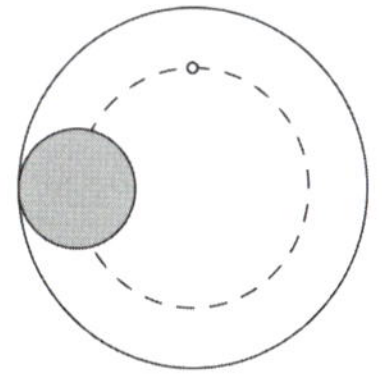

262. 어머니는 누구일까?

[Senior Mathematical Challenge 2005 Q15]

다음 진술은 어머니와 그녀의 네 딸에 관한 것이다. 이 가운데 한 문장은 참이며 세 문장은 거짓이다. 어머니는 누구일까?

- 앨리스가 어머니이다.
- 캐롤과 엘라는 모두 딸이다.
- 베스가 어머니이다.
- 앨리스, 다이앤, 엘라 중 1명이 어머니이다.

263. 문자의 값

[Senior Mathematical Challenge 2004 Q19]

문자 S, M, C는 정수를 나타낸다.

만약 $S \times M \times C = 240$

$S \times C + M = 46$

$S + M \times C = 64$ 라면

$S + M + C$의 값은?

264. 가장 큰 범위

[Senior Kangaroo 2015 Q6]

양의 정수 5개 집합의 중앙값은 최빈값보다 1 크고, 평균보다 1 작다. 정수 5개의 범위로 가능한 값 중 가장 큰 수는 얼마일까?

265　**과녁 연습**　[Senior Kangaroo 2017 Q9]

로빈은 과녁에 화살 3대를 쏜다. 각 사격 때마다 다음 그림에 표시된 대로 점수를 얻는다. 화살 중 하나라도 과녁을 놓치거나 화살 2대가 과녁의 이웃한 영역에 맞으면 총점은 0점이 된다. 로빈이 얻을 수 있는 서로 다른 점수의 개수는?

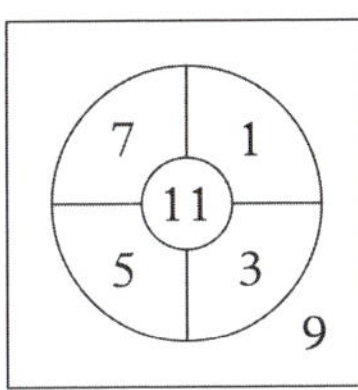

266　**35의 배수**　[Maclaurin Olympiad 2006 Q1]

35의 배수 중 모든 자리 숫자가 서로 같은 가장 작은 수를 구하라.

논리 문제 ❺

크로스컨트리 스키 경주에서 상위 5위를 차지한 스키 선수들에 대한 단서가 주어졌다. 각 순위에 대해 다음을 구하라.

(a) 대표 나라
(b) 스키 선수의 나이
(c) 착용한 모자 색깔
(d) 거주 도시
(e) 완주 시간

단서

- 핀란드를 대표하는 선수는 3위를 차지했다.
- 파란 모자를 쓴 선수는 25세이다.
- 오스트리아 선수의 기록은 3시간 35분이다.
- 각 선수는 다음 선수보다 15분 또는 20분 먼저 결승선을 통과했다.
- 유럽 출신이 아닌 유일한 선수는 핀란드 대표 선수보다 15분 먼저 결승선을 통과했다.
- 우승자는 2시간 30분이 걸렸다.
- 주황 모자를 쓴 선수는 29세로, 오스트리아 선수보다 한 살 더 많다.
- 노르웨이 선수는 3시간 15분이 걸렸다.
- 1위 선수는 노란 모자를 착용했다.
- 캐나다 선수는 3위 안에 들어갔다.
- 인스브루크에 사는 선수는 파란 모자를 착용했다.
- 28세 선수는 25세 선수보다 한 순위 뒤에 도착했다.
- 핀란드 선수는 빨간 모자를 썼고, 초록 모자를 쓴 선수보다 먼저 결승선을 통과했다.

- 자신의 나라에 속한 도시에 사는 선수는 없다.
- 캐나다 선수의 나이는 30 미만인 가장 큰 소수이다.
- 한 선수는 캐나다의 휘슬러에 살고 있으며, 5위를 차지한 선수는 핀란드의 헬싱키에 살고 있다.
- 노르웨이 선수는 가장 젊고, 핀란드 선수는 그보다 10살 더 많다.
- 노르웨이 선수는 빨간 모자를 쓴 선수보다 한 순위 뒤인 4위를 기록했다.
- 핀란드 선수와 노르웨이 선수의 나이 합계는 60세로, 스웨덴 선수와 오스트리아 선수의 나이 합계와 동일하다.
- 스웨덴 스톡홀름은 빨간 모자를 쓴 선수의 고향이다.
- 한 선수는 노르웨이의 오슬로에 거주하며, 다른 한 선수는 오스트리아의 인스브루크에 거주한다.
- 스웨덴 선수는 유럽에 거주하지 않는다.
- 1위 선수와 5위 선수의 나이 합계는 60세이다.
- 주황 모자를 쓴 선수는 초록 모자를 쓴 선수를 이겼지만 노란 모자를 쓴 선수는 이기지 못했다.

순위	1위	2위	3위	4위	5위
(a) 대표 나라					
(b) 나이					
(c) 모자 색깔					
(d) 거주 도시					
(e) 완주 시간					

Week 039

267 **오각형 둘레의 원** [Intermediate Mathematical Challenge 2014 Q20]

다음 그림에는 정오각형 1개와 원호 5개가 표시되어 있다. 오각형의 한 변의 길이는 4이다. 각 원호의 중심은 오각형의 꼭짓점이며, 원호의 끝점은 이웃한 두 변의 중점이다. 어두운 영역의 총 넓이는 얼마일까?

268 **정수 곱** [Intermediate Mathematical Challenge 1999 Q21]

정수 n에 대해 다음 곱의 값도 정수가 되는 n의 값은?

$$\left(1+\frac{1}{2}\right)\times\left(1+\frac{1}{3}\right)\times\left(1+\frac{1}{4}\right)\times\cdots\times\left(1+\frac{1}{n}\right)$$

 하트 여왕의 타르트 도난 사건　　　　[Intermediate Mathematical Challenge 1999 Q24]

하트 여왕이 타르트를 잃어버렸다! 여왕은 타르트를 먹지 않은 악당은 참말을 할 것이고, 타르트를 먹은 악당은 거짓말을 할 것이라고 확신한다. 질문을 받자 악당들은 다음과 같이 선언했다. 정직한 악당은 몇 명일까?

악당1: 우리 중 1명이 먹었습니다.
악당2: 우리 중 2명이 먹었습니다.
악당3: 우리 중 3명이 먹었습니다.
악당4: 우리 중 4명이 먹었습니다.
악당5: 우리 중 5명이 먹었습니다.

270　**수열의 여섯째 항**　　　　[Hamilton Olympiad 2010 Q3]

수열에서 첫째 항과 둘째 항을 더해 셋째 항을 만든다. 또한 서로 이웃한 홀수 번째 항들을 더해 다음 짝수 번째 항을 만든다.

예시: 첫째 항＋셋째 항 = 넷째 항
　　　셋째 항＋다섯째 항 = 여섯째 항

마찬가지로 서로 이웃한 짝수 번째 항들을 더해 다음 홀수 번째 항을 만든다.

예시: 둘째 항＋넷째 항 = 다섯째 항

일곱째 항이 여덟째 항과 같을 때 여섯째 항의 값은 얼마일까?

 현의 길이

다음 그림에서 어두운 영역의 넓이는 2π이다. PQ의 길이는?

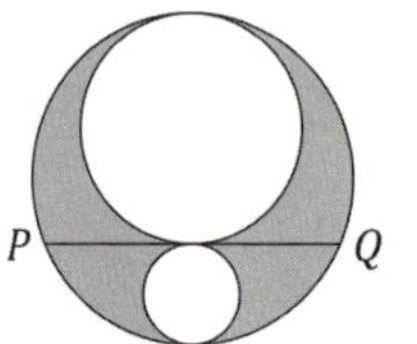

 삼각형 속의 삼각형

다음 그림에는 삼각형과 그 내각의 이등분선 2개가 표시되어 있다. x의 값은 얼마일까?

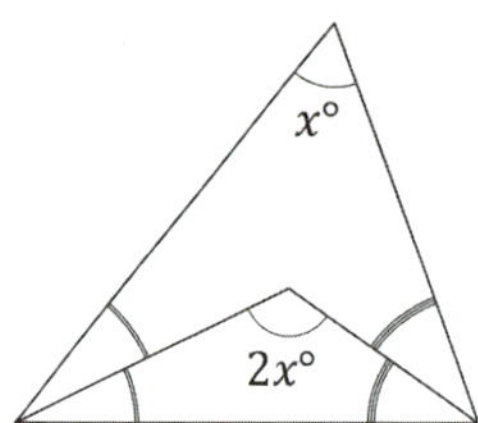

 미니 숫자 퍼즐

다음 숫자 퀴즈의 모든 칸에는 한 자리 숫자가 들어간다. 1부터 9까지의 모든 숫자가 한 번씩 사용된다면 퍼즐의 해가 정확히 1개임을 증명하라.

<table>
<tr><td>1</td><td>2</td><td>3</td></tr>
<tr><td>4</td><td></td><td></td></tr>
<tr><td>5</td><td></td><td></td></tr>
</table>

가로 열쇠	세로 열쇠
① 21의 배수	① 12의 배수
④ 21의 배수	② 12의 배수
⑤ 21의 배수	③ 12의 배수

274 $N \div M = ?$ [Cayley Olympiad 2008 Q4]

수 N은 1부터 99까지의 양의 정수를 모두 곱한 값이다. 수 M은 1부터 99 까지의 양의 정수의 각 자리 숫자를 역순으로 배열한 뒤, 그 수들을 모두 곱한 값이다. 예를 들어 8의 역순은 8이고, 17의 역순은 71이며, 20의 역 순은 02이다. $N \div M$의 정확한 값은?

275 **직사각형을 정사각형으로**   [Intermediate Mentoring Scheme 2016-17 Sheet 4 Q1]

한 직사각형이 다음 그림과 같이 정사각형 9개로 나뉘어져 있다. 가장 작 은 정사각형의 변의 길이는 1이다. 직사각형의 변의 길이는?

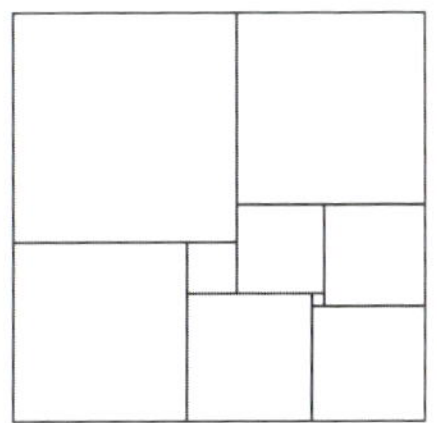

 겹치는 직사각형 [Hamilton Olympiad 2008 Q5]

다음 그림과 같이 서로 합동인 직사각형 2개가 공통된 꼭짓점을 가지고 겹쳐져 있다. 그림에 표시된 어두운 영역의 총 넓이는?

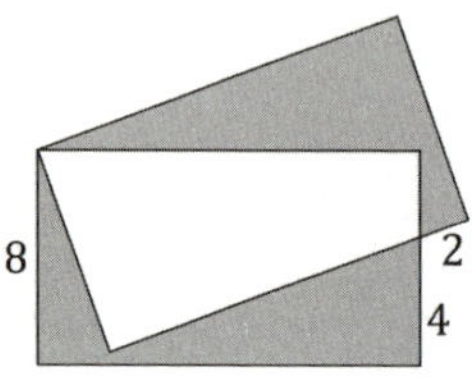

277 **숫자 맞추기** [Hamilton Olympiad 2014 Q6]

안나와 대니얼이 게임을 한다. 안나부터 시작해 번갈아 가며 31보다 작은 양의 정수를 하나씩 고르는데, 이미 선택된 적이 있는 수는 고를 수 없다. 이전에 선택된 숫자들 중에서 단 하나만이라도 1보다 큰 공약수를 가지는 수를 먼저 선택한 사람이 패배한다. 두 사람 중 승리 전략을 가진 사람이 있을까?

278 **각도의 크기** [Mentoring Scheme Mary Cartwright Sheet 6 Q9]

다음 그림에는 합동인 정사각형 5개가 표시되어 있다. 표시된 각도의 크기는 얼마일까?

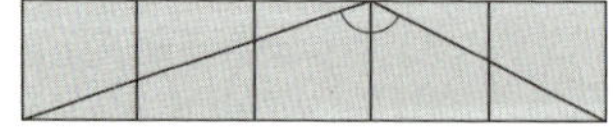

279 평균과 중간값이 같다

[Hamilton Olympiad 2016 Q5]

제임스는 8 이하인 서로 다른 양의 정수 5개를 선택한다. 이 수들의 평균
이 중간값과 같도록 할 수 있는 방법은 몇 가지일까?

280 불길한 수

[Hamilton Olympiad 2005 Q4]

'불길한 수'란 각 자리 숫자 합에 13을 곱했을 때 자신과 같아지는 양의 정
수를 말한다. '불길한 수'를 모두 찾아라.

숫자 퍼즐 ⑩

가로 열쇠

① 정수 n에 대한 n^n의 값 … (4)

④ 정수 n에 대한 n!이 값 … (2)

⑥ [세로 5]와 [가로 25] 사이의 차의 $\frac{2}{3}$를 가장 가까운 정수로 반올림한 값 … (3)

⑧ $3x + 2y$ = [세로 5]이고 $4x + 3y$ = [세로 12]일 때 $x + 600$의 값 … (4)

⑨ 한 내각이 [세로 23]인 칠각형의 나머지 내각의 합(도) … (3)

⑩ 세제곱수의 $\frac{1}{8}$인 제곱수 … (2)

⑪ [세로 14]의 가장 큰 소인수의 세제곱 … (3)

⑬ 정11각형의 내각을 가장 가까운 정수로 반올림한 값 … (3)

⑰ 세제곱수 … (2)

⑱ 8과 소수의 곱 … (3)

⑲ [세로 5]의 각 자리 숫자를 재배열한 수 … (4)

㉑ 회문수 … (3)

㉔ [세로 2]의 세제곱근의 제곱 … (2)

㉕ 제곱수와 가장 작은 세 자리 소수의 곱이자 [가로 1]보다 큰 수 … (4)

세로 열쇠

① [가로 25]를 가장 작은 세 자리 소수로 나눈 값 … (2)

② 세제곱수 … (3)

③ [가로 4]보다 12 더 큰 수 … (2)

⑤ $3x + 2y$ = [가로 9]이고 $4x + 3y$ = [가로 25]일 때 x의 값 … (4)

⑥ [가로 1]의 $\frac{1}{5}$ … (3)

⑦ $(x + [가로 1])(x + [가로 24])$의 값. 여기서 x는 [가로 10]과 [가로 25]의 평균 … (4)

⑧ 홀수 … (3)

⑫ [가로 25]의 $\frac{2}{3}$ … (4)

⑭ 사면체의 모든 면의 내각의 합(도) … (3)

⑮ [가로 19]와 [세로 5] 사이의 차에 3을 더한 수 … (4)

⑯ [세로 6]보다 큰 수로 [세로 3]과 [가로 4] 사이의 곱 … (3)

⑳ 한 내각이 [가로 10]과 같은 오각형의 나머지 모든 내각의 합(도) … (3)

㉒ [가로 1], [가로 9], [가로 24], [가로 25]의 각 자리 숫자의 합 … (2)

㉓ [가로 10]의 세제곱근의 제곱 … (2)

281 **할로윈은 언제였을까?** [Intermediate Mathematical Challenge 2008 Q8]

특정 연도의 10월에 화요일과 금요일이 정확히 4개씩 있었다. 그 해 10월 31일 할로윈은 무슨 요일이었을까?

282 **울란바토르 시장** [Senior Mathematical Challenge 2002 Q12]

어제 울란바토르 시장에서 흰 코끼리 1마리 혹은 야생 거위 99마리를 같은 액수의 투그릭(몽골 통화)으로 구매할 수 있었다. 오늘 흰 코끼리의 가격은 10% 하락했고, 야생 거위의 가격은 10% 상승했다. 현재 야생 거위 몇 마리가 흰 코끼리 1마리와 같은 가치를 가질까?

283 비슷한 특징을 갖는 해 [Senior Mathematical Challenge 2007 Q18]

프랑스 혁명이 시작된 해인 1789년에는 서로 이웃한 세 자리 숫자 7, 8, 9 가 오름차순으로 연속적으로 배열되어 있다. 1000년부터 9999년 사이의 연도 가운데 이러한 특징을 갖는 해는 모두 몇 개인가?

284 가장 작은 정수 [Senior Team Maths Challenge Regional Finals 2012, Group Round Q8]

2, 3, 4, 5, 6, 7, 8, 9, 10, 11, 12의 배수보다 1씩 더 큰 가장 작은 양의 정수 는 얼마일까?

285 어두운 영역의 넓이 [Senior Mathematical Challenge 2016 Q18]

반지름이 1인 원의 둘레를 동일한 호 4개로 나누었다. 그중 2개의 호는 다음 그림과 같이 '뒤집혀' 있다. 어두운 영역의 넓이는?

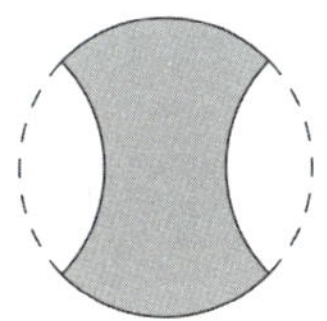

 원판 색칠　　　　　　　　　　　　　　　[Senior Mathematical Challenge 2006 Q13]

다음 그림에는 원판 5개가 선 5개로 연결되어 있다. 선으로 연결된 원판 끼리는 다른 색으로 색칠해야 한다. 색깔은 3가지 사용할 수 있다. 원판 5 개를 색칠하는 서로 다른 방법은 몇 가지일까?

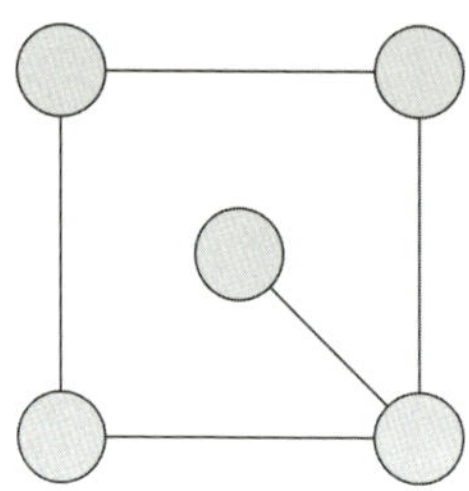

 소수의 소수　　　　　　　　　　　　　　　[Maclaurin Olympiad 2014 Q1]

각 자리 숫자가 서로 다른 소수인 가장 큰 세 자리 소수는?

288　**브로콜리 투표**　　[Senior Kangaroo 2011 Q12]

최근 허브빌에서 선거가 진행되었다. 브로콜리당에 투표한 모든 사람은 이미 브로콜리를 먹었다. 다른 당에 투표한 사람 중 90%는 브로콜리를 먹어본 적이 없다. 투표한 사람 중 46%는 브로콜리를 먹었다. 브로콜리당에 투표한 사람의 비율은 얼마일까?

289　**세제곱 방정식**　　[Senior Team Maths Challenge National Final 2018, Relay B4]

어떤 수의 3배가 그 수의 세제곱과 그 수의 제곱의 2배의 합과 같다는 조건을 만족하는 모든 수의 합은?

  어두운 영역의 둘레 [Senior Mathematical Challenge 2002 Q16]

다음 그림과 같이 원 3개가 서로 접하고 있다. 큰 원 2개는 반지름이 1이며, 작은 원은 반지름이 $\sqrt{2}-1$이다. 어두운 영역의 둘레는?

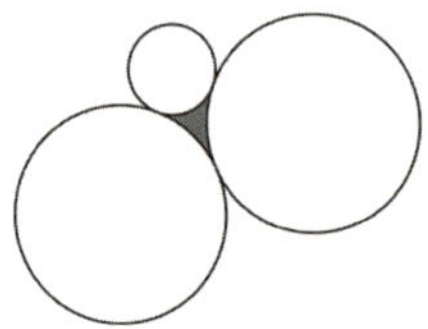

  정삼각형의 넓이 [Senior Mathematical Challenge 2003 Q21]

다음 그림에서 바깥 정삼각형의 넓이는 1이다. 점 A, B, C는 각 변의 $\frac{1}{4}$지점에 위치한다. 정삼각형 ABC의 넓이는 얼마일까?

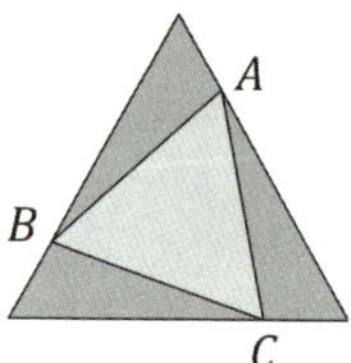

292 **하트 여왕의 타르트** [Senior Mathematical Challenge 2001 Q24]

하트 여왕은 타르트를 꽤 가지고 있었지만 누군가 다 먹어버렸다. 타르트, 클럽 잭, 다이아몬드 잭, 스페이드 잭에 대한 다음 문장 중 하나만 참이다. 어떤 것일까?

A. 3명의 잭 중 아무도 타르트를 먹지 않았다.
B. 클럽 잭이 일부 타르트를 먹었다.
C. 3명의 잭 중 1명만 타르트를 먹었다.
D. 다이아몬드 잭과 스페이드 잭 중 적어도 1명은 타르트를 먹지 않았다.
E. 3명의 잭 중 2명 이상이 타르트를 먹었다.

293 **N의 값** [Maclaurin Olympiad 2016 Q1]

양의 정수 N은 다섯 자리 숫자이다.
N의 앞자리에 2를 붙여 만든 여섯 자리 정수 P가 있다.
N의 뒤에 2를 붙여 만든 여섯 자리 정수 Q가 있다.
$Q = 3P$라는 조건 하에서 N의 가능한 값은?

294 **제곱수** [Maclaurin Olympiad 2008 Q1]

어떤 양의 세 자릿수가 있는데, 이 수의 모든 자릿수는 0이 아니다. 이 수의 자릿수를 거꾸로 배열하면 서로 다른 수가 된다. 두 수의 차이는 8로 나누어 떨어진다. 원래 수가 제곱수라고 할 때, 이 조건을 만족하는 가능한 값을 모두 구하라.

논리 문제 ⑥

팀 수학 챌린지에 참가한 다섯 팀에 대한 정보가 주어졌다. 챌린지는 4개의 문제로 이루어져 있으며 각각 '그룹 라운드', '숫자 퍼즐', '셔틀 문제', '릴레이 문제'가 있다. 각 문제에서 팀들은 순위에 따라 다음과 같은 점수를 얻는다.

1위: 10점, 2위: 7점, 3위: 4점, 4위: 2점, 5위: 1점

팀들의 전체 순위는 획득한 총점에 따라 결정된다. 다음 단서를 바탕으로 각 문제에서 각 팀의 순위와 전체 순위를 구하여 그 결과를 표에 입력하라.

단서

- 각 문제마다 다른 팀이 1위를 차지했다.
- 프레스턴 팀은 5위를 두 번, 4위를 한 번 차지했다.
- 럭비 팀은 전체 2위를 차지했다.
- 프레스턴 팀은 릴레이에서도 숫자 퍼즐에서도 미들즈브러 팀보다 한 계단 높은 순위를 차지했다.
- 카디프 팀은 어떤 문제에서도 4위를 차지하지 않았다.
- 전체 우승자는 그룹 라운드에서 1위를 차지했다.
- 럭비 팀은 두 문제에서 4위를 차지했지만 숫자 퍼즐에서는 아니었다.
- 토키 팀은 한 문제에서 4위를 차지했지만 숫자 퍼즐에서는 아니었다.
- 럭비 팀은 한 문제에서 2위를 차지했지만 숫자 퍼즐에서는 아니었다.
- 미들스브로 팀은 두 문제에서 2위를 차지했지만 숫자 퍼즐에서는 아니었다.
- 토키 팀은 릴레이와 셔틀에서 1위와 3위를 차지했지만 반드시 이 순서대로인 것은 아니다.
- 럭비 팀과 카디프 팀의 숫자 퍼즐 순위는 그룹에서 역전되었다.

- 토키 팀은 그룹 라운드에서도 릴레이에서도 미들스브로 팀보다 한 계단 낮은 순위였다.
- 미들스브로 팀은 어떤 문제에서도 우승하지 못했지만, 5위를 기록한 문제는 하나뿐이다.
- 카디프 팀은 프레스턴 팀보다 더 많은 점수를 획득했다.

순위	1위	2위	3위	4위	5위
그룹 라운드					
숫자 퍼즐					
셔틀 문제					
릴레이 문제					
전체 순위					

Week
043

295 **메그의 그림자** [Intermediate Mathematical Challenge 1999 Q9]

저녁 무렵, 키가 1m인 메그는 길이 3m의 그림자를 드리운다. 메그가 지면에서 1.5m 높이에 있는 오빠의 어깨 위에 올라선다면 메그와 오빠가 함께 드리우는 그림자의 길이는 얼마일까?

296 **기사와 사기꾼** [Pink Kangaroo 2014 Q25]

마법 섬에는 기사(항상 참말을 하는 사람)와 사기꾼(항상 거짓말을 하는 사람)만 살고 있다. 어느 날, 섬의 주민 2014명이 긴 줄을 서 있었다. 줄에 선 모든 사람은 "내 뒤에 있는 사기꾼이 내 앞에 있는 기사보다 많다."라고 말했다. 줄에 선 기사 수는 몇 명일까?

297. 원 안의 넓이

AB는 반지름 1cm인 원의 지름이다. 각각 A와 B를 중심으로 하고 반지름이 같은 원호 2개가 그려져 있다. 이 원호들은 다음 그림과 같이 원에서 만난다. 어두운 영역의 넓이는?

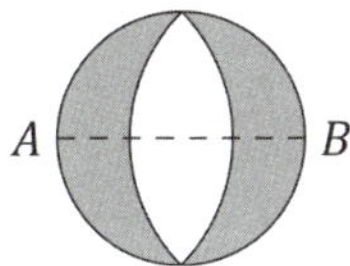

298. 무한 타일 붙이기

다음 그림은 8×6 직사각형 회색 타일과 정사각형 검은색 타일, 이렇게 두 종류로 구성된 타일 붙이기 패턴의 일부다. 이 패턴이 평면을 무한히 덮도록 확장되었다. 평면의 몇 분의 몇이 검은색으로 칠해져 있을까?

299. p와 q의 값

다섯 자릿수 ‘$p543q$’가 36의 배수일 때, p와 q가 될 수 있는 값을 구하라.

 방에 있는 사람 [Hamilton Olympiad 2013 Q5]

앤이 방에 들어갔을 때 방의 평균 연령이 4세 증가했다. 베스가 방에 들어 갔을 때 평균 연령이 추가로 3세 증가했다. 앤과 베스는 같은 나이다. 앤 이 방에 들어가기 전에 방에 있던 사람은 몇 명이었을까?

 가방 속 구슬 [Canadian Invitational Intermediate Mathematical Challenge 2002 Q3]

가방에는 빨간 구슬 100개와 초록 구슬 99개가 들어 있다. 구슬을 한 번 에 2개씩 가방에서 꺼낸다.

- 꺼낸 두 구슬이 모두 초록이면 빨간 구슬 하나를 가방에 넣는다.
- 꺼낸 두 구슬이 모두 빨간색이라면 그중 하나를 가방에 다시 넣는다.
- 꺼낸 두 구슬이 서로 다른 색이라면 초록 구슬을 가방에 다시 넣는다.

가방에 마지막으로 남는 구슬은 무슨 색일까?

302　소인수

[Hamilton Olympiad 2016 Q1]

양의 정수 N의 각 자리 숫자는 모두 소수가 아니다. 그러나 N은 모든 한 자리 소수로 나누어 떨어진다. 이런 정수 N의 최솟값은?

303　파티에서 악수를!

[Mentoring Scheme Mary Cartwright Sheet 2 Q6]

존스 부부를 포함한 5쌍의 부부가 파티에 참석했다. 모두 도착했을 때, 부부 중 몇몇이 서로 악수를 했다. 단, 어떤 부부끼리도 두 번 이상 악수를 하지 않았고 자신의 배우자와도 악수를 하지 않았다. 존스 씨가 파티에 참석한 모든 사람과 이야기를 나눈 결과, 그들이 각각 0, 1, 2, 3, 4, 5, 6, 7, 8명과 악수를 했음을 알게 되었다. 존스 부인은 몇 명과 악수를 했을까?

도넛 속의 반원

[Cayley Olympiad 2013 Q6]

다음 그림은 동심원 2개 사이의 영역인 도넛 모양의 도형을 보여 준다. 도넛 모양의 안쪽에 서로 접하는 반원 12개가 배치되어 있다. 반원들의 지름은 바깥 원의 지름에 따라 놓여 있다. 도넛 모양의 영역 중에서 어두운 영역은 몇 분의 몇일까?

N은 얼마일까?

[Hamilton Olympiad 2011 Q3]

어떤 네 자릿수 N이 다음 두 조건을 만족한다. N은 어떤 수일까?

- N과 74의 합은 제곱수이다.
- N과 15의 차도 제곱수이다.

빈 칸 채우기

샘은 1부터 10까지 모든 숫자를 원에 하나씩 배치하여 원 3개로 이루어진 각 줄의 합이 모두 같도록 하고 싶다. 샘의 작업이 불가능함을 증명하라.

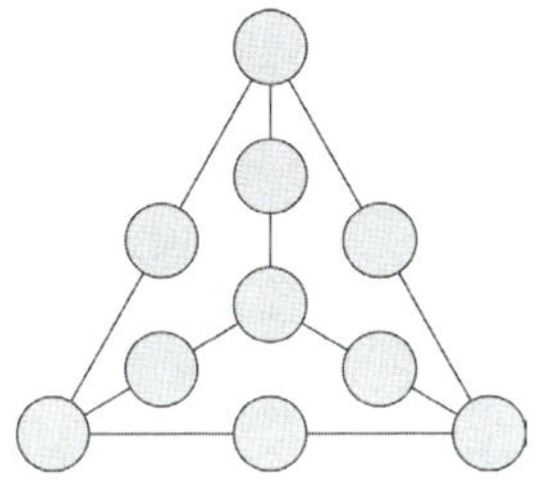

q 소수

'q 소수'란 서로 다른 소수 단 2개의 곱으로 표현되는 양의 정수이다. 즉, $q \times p$의 형태이며, 여기서 q와 p는 소수이고 $q \neq p$이다. 연속된 정수가 모두 q 소수인 수열의 길이는 최대 얼마일까?

토니가 곱한 정수

토니가 2개 이상의 연속된 양의 정수를 곱했다. 그 결과 여섯 자릿수 N을 얻었다. N의 맨 왼쪽 자리 숫자는 47이며, N의 맨 오른쪽 자리 숫자는 74이다. 토니가 곱한 정수는 무엇일까?

진행 방식은 40쪽 참고
정답 및 해설 352쪽

숫자 퍼즐 ⑪

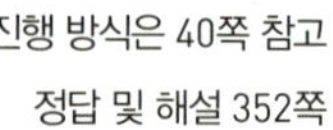

가로 열쇠

① 5^7의 값 … (5)

④ 7의 거듭제곱보다 1 큰 수 … (3)

⑥ 방정식 $11x + 7y = 3786$과 $5x + 3y = 1658$의 해에서 y의 값 … (3)

⑧ 제곱수 … (2)

⑪ 피보나치 수의 2배 … (2)

⑫ 3, 7, 37, [세로 2], [세로 19]의 배수 … (6)

⑬ [가로 16]보다 1 작은 수 … (2)

⑭ 제곱수 … (2)

⑮ 1001에 [세로 9], [세로 3], [세로 4]의 합계를 곱한 수 … (6)

⑯ [가로 13]보다 1 큰 수 … (2)

⑰ a와 b가 소수인 ab^2 … (2)

⑲ $x^2 - 194x + 2013 = 0$의 해 … (3)

㉒ [세로 5]의 $\frac{1}{4}$의 제곱근보다 큰 가장 작은 소수 … (3)

㉓ 빗변이 [가로 19]이고 가장 짧은 변이 [세로 9]인 직각삼각형의 나머지 변의 제곱 … (5)

세로 열쇠

① [세로 14]의 배수 … (3)

② [세로 18]의 약수 … (2)

③ 소수 … (2)

④ 제곱수 … (2)

⑤ [세로 9]와 [가로 19]를 변으로 하는 직각삼각형의 빗변의 제곱 … (5)

⑦ [가로 14]와 [세로 23]의 곱 … (6)

⑨ 방정식 $11x + 7y = 3786$과 $5x + 3y = 1658$의 해에서 x의 값 … (3)

⑩ 세제곱수보다 10,200 작은 수 … (6)

⑬ [가로 1]과 [세로 5] 사이의 차에 1을 더한 수 … (5)

⑭ [세로 1]의 약수 … (3)

⑱ 각 자리 숫자가 삼각수인 제곱수보다 2 더 큰 수 … (3)

⑲ [세로 19]와 65 합계의 $\frac{1}{6}$ … (2)

⑳ 홀수 … (2)

㉑ 10으로 나누었을 때 나머지가 1인 가장 큰 두 자리 소수 … (2)

Week 045

309 곱이 같은 두 집합　　[Senior Mathematical Challenge 2013 Q18]

2, 3, 12, 14, 15, 20, 21을 두 집합으로 나눴을 때 각 집합을 구성하는 수의 곱이 같도록 구성할 수 있다. 이 곱은 얼마일까?

310 원의 접선　　[Senior Team Maths Challenge National Final 2017, Relay A9]

다음 그림에서 중심이 A이고 반지름이 12인 원의 지름이 BC이다. 지름이 AC인 두 번째 원도 그려져 있다. B에서 이 원에 접하는 접선은 중심이 A인 원과 점 D에서 만난다. BD의 길이는?

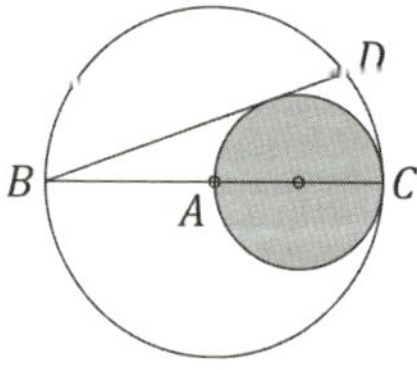

바깥쪽 넓이

[Senior Mathematical Challenge 2008 Q20]

다음 그림에는 두 원 사이에 대칭으로 배치된 반원 4개가 있다. 안쪽 원의 넓이는 4이며, 각 반원의 넓이는 18이다. 바깥 원의 넓이는?

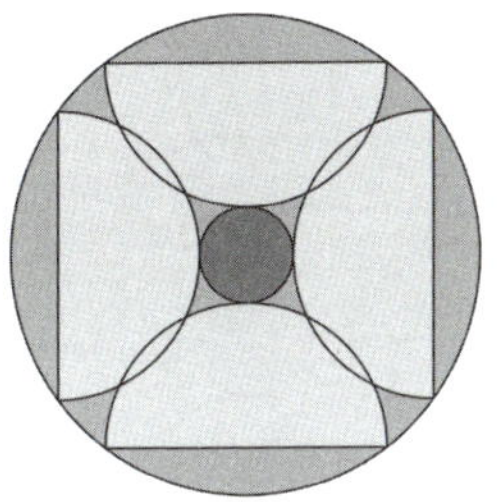

312

온통 5

[Maclaurin Olympiad 2015 Q1]

수열 5, 55, 555, 5555, 55555, …를 생각해 보자. 이 수열에 495로 나누어지는 수가 있을까? 있다면 가장 작은 수는 얼마일까?

313

미코의 PIN번호

[Maclaurin Olympiad 2009 Q2]

미코는 자신의 PIN 번호 네 자릿수를 항상 기억한다. 그 이유가 다음과 같을 때 미코의 PIN 번호는 무엇일까?

- 그 수는 완전제곱수이다.
- 그 수를 2, 3, 4, 5, 6, 7, 8, 9 중 어느 것으로 나누어도 항상 나머지가 1이 된다.

 가장 큰 수　　　　　　　　　　　　　　　　[Maclaurin Olympiad 2009 Q1]

수 5개가 오름차순으로 배열되어 있다. 수가 커질 때마다 이웃한 두 수의 차이는 2배씩 증가한다. 수 5개의 평균은 중간 수보다 11 더 크다. 두 번째와 네 번째 수의 합은 가장 큰 수와 같다. 가장 큰 수는 얼마일까?

 쌍둥이가 없는 팀　　　　　　[British Mathematical Olympiad Round 1 Nov 2005 Q2]

에이드리언은 쌍둥이 6쌍으로 구성된 학급을 가르치고 있다. 그는 퀴즈 대회 참가를 위한 팀을 구성하고 싶지만 어떤 쌍둥이도 같은 팀에 넣지 않으려 한다. 이 조건을 충족시키면서 6명씩 두 팀으로 나누는 방법과 4명씩 세 팀으로 나누는 방법은 각각 몇 가지일까?

Week
046

316 **샘과 조의 나이** [Senior Mathematical Challenge 2017 Q11]

10대인 샘과 조는 자신의 나이에 대해 다음과 같은 사실을 발견했다. 둘 중 나이가 더 많은 사람은 몇 살일까?

- 두 사람 나이의 제곱 차는 나이 합계의 4배이다.
- 두 사람 나이의 합계는 나이 차이의 8배이다.

317 **구 안의 정육면체** [Senior Mathematical Challenge 2016 Q23]

변의 길이가 22, 2, 10인 직육면체가 들어가는 구 중 반지름이 가장 작은 구가 있다. 이때 구 안에 들어갈 수 있는 가장 큰 정육면체 한 변의 길이는 얼마일까?

318　창립 600주년 기념일

[Senior Mentoring Scheme 2016-17 Sheet 5 Q1]

2012년 가을, 한 학교는 창립 600주년을 기념하기 위해 모금 활동을 시작했다. 기념일의 실제 날짜는 2013년부터 2099년 사이의 기간에 해당한다. 기념 연도는 어떤 소수의 제곱과 다른 소수의 곱이다. 두 소수는 일의 자리 숫자가 같으며, 그 일의 자리 숫자는 기념 연도의 각 자리 숫자의 합과 같다. 이 학교는 몇 년에 설립되었을까?

319　아이작의 체스 말

[British Mathematical Olympiad Round 1 2012 Q1]

아이작이 8×8 체스 판의 각 칸에 말을 배치하는데, 각 칸에는 말이 최대 1개만 들어가도록 한다. 행, 열, 두 대각선 중 어느 줄에도 말이 5개 이상 있지 못하게 하는 말의 최대 개수를 구하고 그 이유를 설명하라.

320　정수 제거

[British Mathematical Olympiad Round 1 2010 Q1]

1부터 n까지의 정수 집합에서 정수 하나를 제거했다. 남은 정수의 평균은 $40\frac{3}{4}$이다. 어떤 정수가 제거되었을까?

321 출렁이는 양의 정수

[Mathematical Olympiad for Girls 2017 Q2]

어떤 양의 정수가 다음 조건을 만족하면 '출렁이는 정수'라고 한다. 그 수는 네 자릿수이며, 모든 자릿수가 0이 아니고, 각 자리 숫자의 순서를 어떻게 바꾸어도 항상 12의 배수가 된다. '출렁이는 양의 정수'는 모두 몇 개인가?

322 수영하는 날

[British Mathematical Olympiad Round 1 2017 Q2]

100일 동안 친구 6명이 각자 정확히 75일 동안 수영을 하러 간다. 친구 중 최소 5명이 수영하러 가는 날은 n일이다. n의 최댓값과 최솟값은 얼마일까?

숫자 퍼즐 ⑫

가로 열쇠

① $\sqrt{4949}$를 $k\sqrt{a}$로 썼을 때 k가 정수일 수 있는 a의 값 … (3)

④ [가로 9]의 $\frac{1}{6}$보다 크면서, 어떤 소수의 2배인 수 … (3)

⑥ 4의 거듭제곱 … (5)

⑦ $n = \dfrac{[세로 10]}{[세로 8]}$일 때 $n^2(n-1)+2n$의 값 … (3)

⑨ 61의 배수 … (3)

⑪ $(6+x)^4$의 전개식에서 x^2의 계수와 [세로 5]의 제곱근보다 5 더 큰 수의 곱 … (4)

⑫ $([세로 4])^{\frac{2}{3}} + ([가로 6])^{\frac{1}{4}}$ … (4)

⑭ [세로 8]의 6제곱근에 111을 곱한 값 … (3)

⑯ [가로 16], [세로 16], [세로 17], [가로 20]의 평균을 제곱수보다 1 작게 하는 수 … (3)

⑱ [가로 6]의 $\frac{1}{4}$ … (5)

⑲ 제곱수 … (3)

⑳ [가로 14], [세로 15], [세로 14], [가로 19]의 평균보다 1 더 큰 수 … (3)

세로 열쇠

① $a = \dfrac{[가로 14] - 111}{111}$ 일 때 $20 + 3^a$의 값 … (3)

② 5의 5제곱 … (3)

③ $(5 + ([가로 1])x)^3$의 전개식에서 x의 계수 … (4)

④ 제곱수 … (3)

⑤ $n = \dfrac{[가로 6]}{[가로 18]}$ 일 때, $n(n^2 - n + 1)^2$의 값 … (3)

⑧ [세로 10]의 $\frac{1}{5}$ … (5)

⑩ 5의 거듭제곱 … (5)

⑬ 연립 방정식 $3x + 4y = 754$와 $4x + 5y = 970$의 해가 되는 x와 y의 곱의 절반 … (4)

⑭ [세로 3]의 $\frac{1}{15}$ … (3)

⑮ 43의 배수 … (3)

⑯ [가로 16], [세로 16], [세로 17], [가로 20]의 평균값을 제곱수보다 1 작게 하는 수 … (3)

⑰ $a = ([세로 8])^{\frac{1}{3}}$이고 $b = ([가로 18] \div 4)^{\frac{1}{3}}$일 때 $(a - 1)(b - 1)$보다 1 작은 수 … (3)

Week
047

---

323 **어두운 영역** [Senior Team Maths Challenge National Final 2017, Group Round Q8]

다음은 n이 3, 5, 8일 때 정사각형의 이웃한 두 변을 n등분하는 점들 사이에 선을 그은 그림이다.

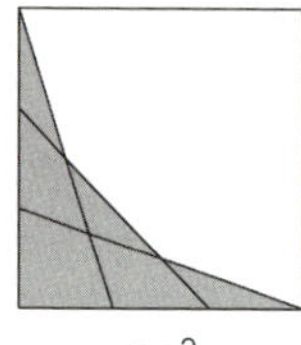

$n = 3$

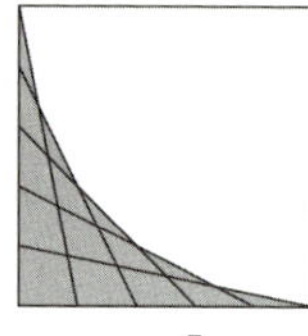

$n = 5$

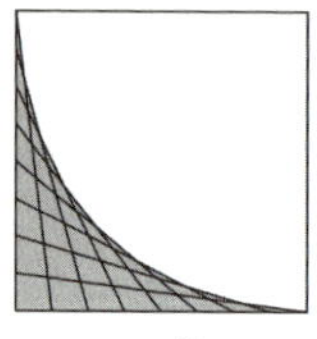

$n = 8$

Q. 01) $n = 3$일 때 어두운 영역은 정사각형의 몇 분의 몇일까?

Q. 02) 어두운 영역이 정사각형 넓이의 $\frac{1}{5}$과 같을 때 n의 값은?

---

324 **체스 시합** [Maclaurin Olympiad 2014 Q5]

킴과 올리는 체스 9판을 흰색 말과 검은색 말을 번갈아 쥐고 시합했다. 검은색 말로 시합한 사람이 정확히 5판을 이겼고, 킴은 정확히 6판을 이겼으며, 무승부는 없었다. 첫 번째 게임에서 킴의 말은 어떤 색이었을까?

누가 유죄일까?

[Senior Mathematical Challenge 2017 Q13]

유죄인 사람 1명만 거짓말을 하고, 나머지는 모두 참말을 한다. 누가 유죄일까?

이조벨: 조시는 무죄이다.
제노탄: 티건은 유죄이다.
조시: 제노탄은 유죄이다.
티건: 이조벨은 무죄이다.

경계선의 길이

[Senior Mathematical Challenge 2013 Q21]

다음 그림에 표시된 어두운 무늬는 동일한 반지름을 가진 원호 8개로 그려져 있다. 호 4개의 중심은 정사각형의 꼭짓점이며, 서로 접하는 호 4개의 중심은 정사각형 변의 중점이다. 정사각형의 대각선 길이는 1이다. 그림에서 어두운 영역 경계선의 총 길이는?

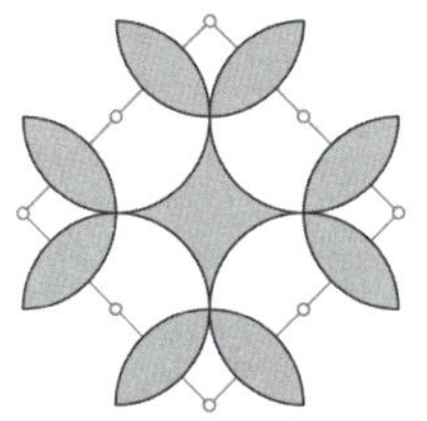

327 스웨터 가격

[Senior Kangaroo 2011 Q13]

어느 매장 지배인이 스웨터 가격을 결정해야 한다. 시장 조사 결과 다음과 같은 데이터가 제공되었다.

- 가격이 75유로일 때 청소년 100명이 스웨터를 구매한다.
- 가격을 5유로 인상할 때마다 청소년 구매자가 20명씩 감소한다.
- 그러나 가격을 5유로 인하할 때마다 스웨터 판매량이 20장씩 증가한다.

스웨터 한 벌의 원가는 30유로이다. 이익을 최대화하는 판매 가격은 얼마일까?

328 시계 위의 거미

[Maclaurin Olympiad 2006 Q5]

6시 정각에 거미가 시계판 가장자리를 따라 시침에서 시계 반대 방향으로 일정한 속도로 걷기 시작한다. 분침에 도달하면 거미는 방향을 바꾸어 (반대 방향으로) 같은 속도로 걸어가며, 20분 후 다시 분침에 도달한다. 거미가 분침에 두 번째로 도달할 때 시계는 몇 시를 가리킬까?

329 지그재그 경로

[British Mathematical Olympiad Round 1 2009 Q1]

표준 8×8 체스 판을 생각해 보자. 평범하게 64개의 작은 정사각형으로 구성되어 있으며 32칸은 검정색, 32칸은 흰색으로 칠해져 있다. 지그재그 경로란 서로 모서리가 맞닿은 흰색 칸을 한 행에 하나씩 지나가는 경로를 말한다. 지그재그 경로는 몇 개나 있을까?

Week
048

330 소녀들의 사탕

[Senior Mathematical Challenge 2017 Q17]

에이미, 베스, 클레어는 각각 사탕을 가지고 있다. 에이미가 자기 사탕의 $\frac{1}{3}$을 베스에게 준다. 베스는 자신이 가진 사탕의 $\frac{1}{3}$을 클레어에게 준다. 그 다음 클레어는 자신이 가진 사탕의 $\frac{1}{3}$을 에이미에게 준다. 모든 소녀들은 결국 서로 같은 수의 사탕을 갖게 된다. 클레어가 처음에 사탕을 40개 가지고 있었다면 베스는 처음에 몇 개 가지고 있었을까?

331 데이비드가 제거한 수

[Senior Kangaroo 2012 Q17]

데이비드가 연속된 양의 정수 10개 중에서 1개를 제거했다. 남은 수의 합계는 2012이다. 어떤 수를 제거했을까?

[Senior Kangaroo 2012 Q19]

332 정사각형 빼기 직사각형

변의 길이가 정수이고 넓이가 36인 직사각형을 한 변의 길이가 20인 정사각형에서 잘라냈다. 이때 직사각형의 한 변이 정사각형의 한 변과 맞닿도록 잘라냈다. 남은 모양의 최대 둘레는 얼마일까?

[British Mathematical Olympiad Round 1 2014 Q3]

333 객실 예약

복도 양쪽에 객실이 10개씩 있는 호텔이 있다. 올림픽 팀 지도자가 한 복도에 있는 객실 7개를 예약하고 싶어한다. 이때 같은 쪽에 예약된 두 객실이 서로 이웃하지 않도록 하려 한다. 이 조건을 충족하는 방법은 몇 가지일까?

[British Mathematical Olympiad Round 1 Dec 2006 Q1]

334 소인수

$3^{32} - 2^{32}$의 인수이고 100보다 작은 소수 4개를 찾으시오.

335 **숫자 순서** [British Mathematical Olympiad Round 1 Dec 2006 Q3]

916238457은 1부터 9까지의 모든 숫자가 한 번씩만 포함되는 아홉 자리 숫자의 예시이다. 또한 이 숫자는 1부터 5까지의 숫자가 자연스러운 순서대로 나타나지만 1부터 6까지의 숫자는 그렇지 않다. 이런 수는 몇 개나 있을까?

336 **시험 점수** [British Mathematical Olympiad Round 2 Jan 2006 Q4]

어린이 2006명이 6개 문제로 구성된 시험을 치렀다. 각 문제는 정답이면 1점, 오답이면 0점으로 채점된다. 어린이 3명으로 구성된 각 그룹마다 문제 중 최소 5개의 정답을 맞혔다. 모든 어린이가 얻은 점수의 최소 합은 얼마일까?

준결승 문제

영국 수학 올림피아드 1차 시험BM01은 시니어 수학 챌린지SMC에서 우수한 성적을 거둔 학생들을 대상으로 하는 난이도가 높은 대회다. 이 시험은 일반적으로 어려운 문제 6개로 구성되며, 제한 시간은 3시간 30분이다. 1차 시험에서 우수한 성적을 거둔 학생들은 2차 시험BM02에 진출하며, 잠정적으로 국제 수학 올림피아드IMO의 팀 멤버로 선발될 자격을 얻는다. 어떤 해에는 1차 시험 문제 중 두 문제에 대해서만 좋은 답을 제출해도 2차 시험에 진출할 수 있다.

이 책의 준결승 문제로 1998년 1월에 출제된 1차 시험 문제를 선정했다. 여러분은 다음 문제 중 하나라도 해결할 수 있을까?

Q. 01

5×5 정사각형을 단위 정사각형 25개로 나눈다. 각 단위 정사각형에 1, 2, 3, 4, 5 중 하나의 수를 배치하되 각 행, 각 열, 두 개의 대각선에는 각각의 수가 한 번씩만 들어가도록 한다. 왼쪽 위에서 오른쪽 아래로 내려가는 대각선 바로 아래에 위치한 4개 수의 합을 '점수'라고 한다. 이 점수가 20이 되는 것은 불가능함을 증명하라. 그리고 가능한 점수의 최댓값은 얼마일까?

Q. 02

$a_1 = 19$, $a_2 = 98$이라고 하자. $n \geq 1$일 때 $a_n + a_{n+1}$을 100으로 나눈 나머지를 a_{n+2}라고 정의한다. $a_1^2 + a_2^2 + \cdots + a_{98}^2$을 8로 나눈 나머지는 얼마일까?

ABP는 $AB = AP$인 이등변삼각형이며 $\angle PAB$는 예각이다. PC는 P를 지나고 BP에 수직인 직선이며 C는 이 직선상에서 A와 같은 쪽에 있는 점이다. (C가 직선 AB상에 있지는 않다고 가정한다.) D는 $ABCD$가 평행사변형이 되도록 하는 점이다. PC는 DA와 M에서 만난다. 이때 M이 DA의 중점임을 증명하라.

다음 조건을 만족하는 양의 정수열 (a_n)이 유일함을 증명하라.

$a_1 = 1$, $a_2 = 2$, $a_4 = 12$이고

$n = 2, 3, 4, \cdots$에 대해 $a_{n+1} a_{n-1} = a_n^2 \pm 1$이 성립한다.

삼각형 ABC에서 D는 AB의 중점이고 E는 BC의 삼등분점 중 C에 가까운 점이다. $\angle ADC = \angle BAE$일 때 $\angle BAC$를 구하라.

Week 049

337 크리스마스 카드 구매 비용 [Senior Mathematical Challenge 1997 Q13]

지난해 노엘은 동일한 가격의 크리스마스 카드를 여러 장 구매했다. 총 비용은 15.60파운드였다. 명절 분위기에 맞춰 상점 주인은 노엘에게 덤으로 1장을 무료로 주었고, 이로 인해 카드당 평균 비용이 딱 1펜스 감소했었다. 원래 가격이라면 노엘은 5파운드로 카드를 몇 장이나 구매할 수 있었을까? (1파운드 = 100펜스)

338 임의의 각도 [Senior Mathematical Challenge 2009 Q20]

정사각형 $QRST$ 내부에 임의의 점 P를 선택하다. $\angle RPQ$가 예각일 확률은 얼마일까?

339 **피터의 카드**

피터는 1부터 25까지의 서로 다른 정수가 인쇄된 카드 25장을 가지고 있다. N장의 카드를 한 줄로 배치하되 이웃한 두 카드의 수가 공통된 소인수를 가지도록 하고 싶다. 이 조건을 충족하는 N의 최댓값은?

340 **번잡한 분수**

양의 정수 a, b, c, d가 다음 조건을 만족한다. a, b, c, d의 값은 얼마일까?

$$a + \cfrac{1}{b + \cfrac{1}{c + \cfrac{1}{d}}} = \frac{20}{13}$$

341 **넓이의 차**

다음 그림은 반지름 2인 원과 정사각형이다. 원은 정사각형의 두 변과 접하며, 정사각형의 한 꼭짓점을 지나간다. 검은색으로 채워진 영역(정사각형 내부이고 원 외부인 부분)의 넓이는 X이며, 회색으로 채워진 영역(원 내부이고 정사각형 외부인 부분)의 넓이는 Y이다. $Y - X$의 값은?

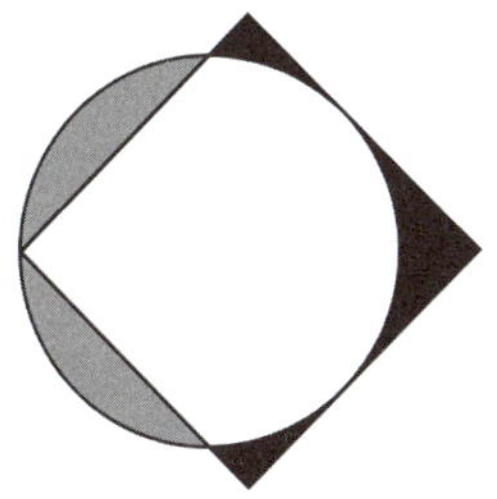

 세 정수　　　　　　　　　　　　　　　　　　[Maclaurin Olympiad 2018 Q3]

양의 정수 3개의 합계가 25이고 곱은 360이다. 이 조건을 만족하는 정수 3개의 집합을 모두 구하라.

343　**안나의 서재**　　　　　　　　[British Mathematical Olympiad Round 1 2015 Q1]

2015년 1월 1일 목요일, 안나는 책 1권과 책장 1개를 구매했다. 그 이후 2년 동안 안나는 매일 책 1권을 사고, 격주 목요일마다 책장 1개를 샀다. 따라서 다음으로 책장을 사는 날은 2015년 1월 15일이다. 2015년 1월 1일 목요일부터 2016년 12월 31일 토요일까지(이 날을 포함하여)의 기간 동안 모든 책을 모든 책장에 나누어 꽂아 각 책장마다 책의 수가 같아지게 할 수 있는 날은 모두 며칠일까?

344 **70번째 수** [Senior Kangaroo 2013 Q19]

증가 수열 1, 3, 4, 9, 10, 12, 13, … 에는 3의 모든 제곱수와 3의 서로 다른 제곱수 둘 이상의 합으로 표현될 수 있는 모든 수가 포함된다. 이 수열의 70번째 수는 얼마일까?

345 **트랙의 길이** [Senior Kangaroo 2013 Q20]

레이첼과 니키는 직선 트랙의 양 끝에 서 있다. 그들은 서로 다르지만 일정한 속도로 트랙의 반대쪽 끝까지 달리고 돌아서서 같은 속도로 원래 위치로 돌아간다. 첫 번째 구간에서 그들은 트랙의 한쪽 끝에서 20m 떨어진 지점에서 서로를 지나간다. 두 사람이 돌아오는 구간에서는 트랙의 다른 쪽 끝에서 10m 떨어진 지점에서 두 번째로 서로를 지나간다. 트랙의 길이는 몇 m일까?

346 제니와 폴

[British Mathematical Olympiad Round 1 Dec 2004 Q1]

제니와 폴은 각각 정수 액수의 파운드를 가지고 있다.

폴이 제니에게 말한다.

"네가 나에게 3파운드를 주면, 나는 너보다 n배 돈이 많아질 거야."

제니가 폴에게 말한다.

"네가 나에게 n파운드를 주면, 나는 너보다 3배 돈이 많아질 거야."

n은 양의 정수이며, 위 대화는 모두 참이다. 가능한 n의 값은 얼마일까?

347 12인용 테이블

[British Mathematical Olympiad Round 1 Dec 2001 Q4]

12명이 테이블에 둘러앉아 있다. 이 중 6쌍이 서로 손을 잡을 때 팔이 교차하지 않는 방법은 몇 가지일까? (한 번에 한 사람과만 손을 잡을 수 있다.)

348 나오미와 폴

[British Mathematical Olympiad Round 1 2016 Q4]

나오미와 폴이 게임을 한다. 나오미가 먼저 시작한다. 1부터 100까지의 정수 중 하나를 번갈아 선택하는데, 매번 선택하는 정수는 이전에 선택된 적이 없는 정수여야 한다. 어느 플레이어의 차례 후에 게임 시작부터 현재까지 선택된 모든 정수의 합이 두 제곱수의 차로 표현될 수 없으면 그 플레이어가 패배한다. 두 플레이어 중 한 명이 승리 전략을 가질 수 있을까? 있다면 어떤 전략인지 설명하라.

349 **아이작의 휴가** [British Mathematical Olympiad Round 1 2013 Q4]

아이작은 9일간의 휴가를 계획 중이다. 매일 서핑을 하거나 수상스키를 타거나 휴식을 취한다. 어떤 날이든 3가지 중 하나만 한다. 연이은 날 동안 서로 다른 수상 스포츠를 하지 않는다. 휴가 일정표는 몇 가지가 가능할까?

350 **6으로 나누어 떨어지는 수** [British Mathematical Olympiad Round 2 Feb 2000 Q4]

서로 다른 6개 원소의 합이 6으로 나누어 떨어지는 경우가 없는 양의 정수 10개의 집합을 찾아라. 같은 성질을 갖는 양의 정수 11개의 집합을 찾는 것이 가능할까?

진행 방식은 40쪽 참고

정답 및 해설 352쪽

숫자 퍼즐 ⑬

가로 열쇠

① [세로 9]와 $x^2 - 57x - $ [가로 25] $= 0$의 해를 더한 값 … (3)

③ $3^3 + 4^4 + 3^3 + 5^5$ … (4)

⑥ [세로 4]의 소인수 … (3)

⑧ $ab = 100,000$이지만 a도 b도 10의 배수가 아닐 때 $a + b$ … (4)

⑩ [가로 11] : [세로 12] $= 252 : x$인 x … (3)

⑪ 단어 'CIRCLE'의 알파벳을 서로 다르게 배열할 수 있는 경우의 수 … (3)

⑬ $\dfrac{([가로19] - 800) - ([가로22] - 1900)\sqrt{3}}{2 - \sqrt{3}}$ 을 $a + b\sqrt{3}$ 형태로 표현할 때, $100b + a$ … (4)

⑯ 이 수의 각 자리 숫자의 합계는 5 … (4)

⑲ 0부터 시작하는 첫 7개의 팩토리얼의 합계 … (3)

㉑ [세로 7]과 [가로 11]의 평균값 … (3)

㉒ 제곱수에서 5를 뺀 수 … (4)

㉓ [가로 1] + [가로 21] … (3)

㉔ 세제곱수 … (4)

㉕ [세로 7]의 배수 … (3)

세로 열쇠

② ([세로 4])^2 – ([가로 8])^{2}의 가장 큰 소인수보다 6 큰 수 … (3)

③ [세로 15] – [가로 8] (5)

④ 19의 배수 … (4)

⑤ $\dfrac{([세로19]-820)-([가로22]-1900)\sqrt{5}}{2-\sqrt{5}}$ 를 $a+b\sqrt{5}$ 형태로 표현할 때, $100b+a$ … (4)

⑦ 소수가 아닌 연속된 양의 정수의 5개의 합으로 표현될 수 있는 가장 작은 수 … (3)

⑨ 회문 삼각수 … (3)

⑫ 피보나치 수 … (3)

⑭ [가로 8]을 [세로 11]로 나눈 나머지 … (3)

⑮ 4! + 0! + 5! + 8! + 5! … (3)

⑰ [가로 3]의 소인수 … (3)

⑱ 1 + (2 × 3 + 4 + 5 + 6 + 7) × 8 × 9 … (4)

⑲ [가로 25]에 방정식 $x^2 + 44x - [가로 2] = 0$의 해를 더한 수 … (3)

⑳ 11의 배수 … (4)

㉒ 면의 개수가 [가로 11]인 정다각형의 내각(도) … (3)

Week
051

351 **크리스마스 카드**   [Junior Mathematical Challenge 2003 Q11]

니콜라스는 세 여동생 캐롤, 홀리, 아이비 각각에게 크리스마스 카드를
쓴 다음 각 카드를 별도의 봉투에 넣었다. 모든 여동생이 자기가 수취인
인 카드를 받지 못하도록 카드를 보내는 방법은 몇 가지가 있을까?

352 **맥도널드 할아버지의 농장**   [Senior Kangaroo 2014 Q12]

맥도널드 할아버지의 농장에서 말과 소의 수는 6:5 비율, 돼지와 양의 수
는 4:3 비율, 소와 돼지의 수는 2:1 비율이다. 농장에 있는 동물은 최소 몇
마리일까?

353 숫자 이동

[Senior Mathematical Challenge 2002 Q25]

1부터 102002까지의 정수 중 맨 끝에 숫자 1을 배치했을 때 얻는 수가 숫자 1을 맨 앞에 배치했을 때 얻는 수의 3배가 되는 정수는 몇 개일까?

예시: 42857은 그런 정수 중 하나이다. 428571 = 3 × 142857

354 그레이엄의 카드

[Senior Kangaroo 2014 Q15]

상자에 301부터 307까지 번호가 매겨진 7장의 카드가 있다. 그레이엄이 상자에서 카드 3장을 뽑고, 그 다음 조이가 남은 카드 중에서 2장을 뽑는다. 그레이엄은 자신의 카드를 본 후 "네 카드에 적힌 수의 합이 짝수임을 알고 있다"라고 말한다. 그레이엄의 카드에 적힌 숫자의 합은 얼마일까?

355 3개의 수

[Maclaurin Olympiad 2012 Q6]

서로 다른 양의 정수 3개는 모두 다른 두 수의 합을 나누었을 때 나머지가 0인 성질을 가진다. 이런 세 수의 집합을 모두 찾아라.

  타일 몇 개? [Maclaurin Olympiad 2017 Q6]

다음 그림은 10×9 크기의 판에 2×1 타일이 이미 7개 배치된 상태를 보여준다. 이 판에 추가로 배치할 수 있는 2×1 타일의 최대 개수는 얼마일까? 각 타일은 보드의 1×1 칸을 정확히 2개씩 덮어야 하며 타일끼리 겹치지 않아야 한다.

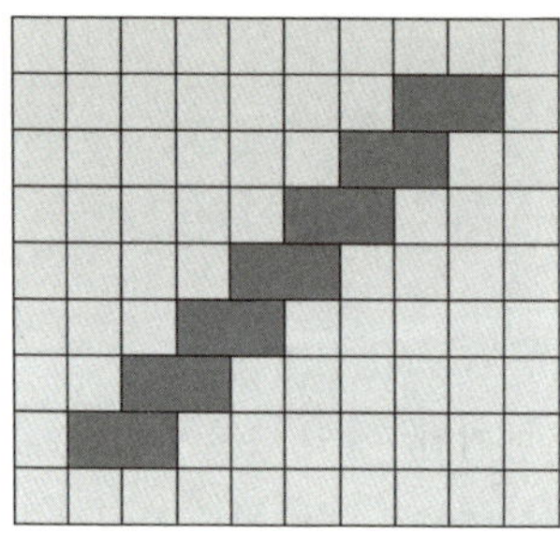

  34! [British Mathematical Olympiad Round 1 Dec 2002 Q1]

다음 조건을 충족하는 숫자 a, b, c, d를 구하라.

$34! = $ '$295{,}232{,}799{,}cd9{,}604{,}140{,}847{,}618{,}609{,}643{,}5ab{,}000{,}000$'

$34!$는 1부터 34까지의 모든 정수의 곱이다.
즉, $34! = 1 \times 2 \times 3 \times \cdots \times 32 \times 33 \times 34$이다.

358 빈 칸 채우기

[Maclaurin Olympiad 2011 Q6]

1부터 9까지의 숫자가 3×3 정사각형 격자의 칸마다 하나씩 배치되어 있다. 그림에서 어둡게 보이는 부분처럼 이웃한 4칸으로 된 2×2 블록의 네 수의 합은 모두 같은 T이다. T는 최대로 얼마까지 가능할까?

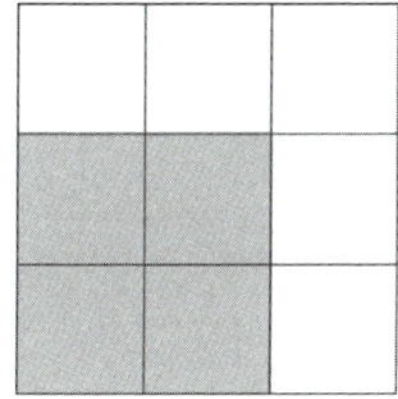

359 정다각형의 각도

[Maclaurin Olympiad 2010 Q2]

다음 그림에는 공통된 변을 가진 정칠각형, 정십각형, 정15각형이 표시되어 있다. $\angle XYZ$의 크기를 구하라.

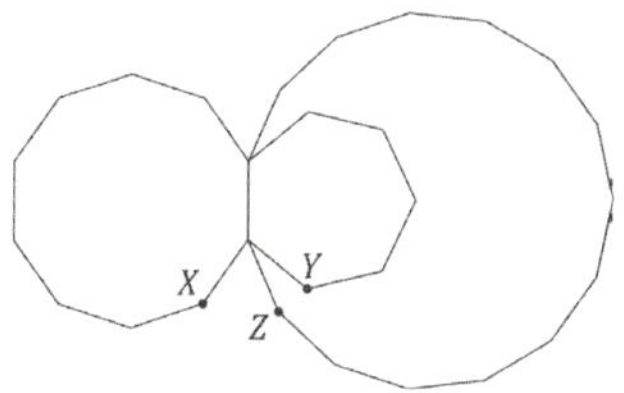

 아이들의 나이　　　　　[British Mathematical Olympiad Round 1 Jan 1999 Q1]

나에게는 아이가 4명 있다. 각 아이의 나이는 2부터 16까지의 양의 정수이며, 모든 나이는 서로 다르다. 1년 전 가장 나이 많은 아이의 나이를 제곱한 값이 다른 세 아이의 나이를 각각 제곱한 값의 합과 같았다. 1년 후 가장 나이 많은 아이와 가장 어린 아이의 나이를 각각 제곱한 값의 합은 다른 두 아이의 나이를 각각 제곱한 값의 합과 같아진다. 아이들의 나이가 될 수 있는 경우로 어떤 것이 있을까?

 소수들의 등차수열　　　　　[British Mathematical Olympiad Round 1 Dec 2004 Q4]

소수 7개로 구성된 등차수열에서 가장 큰 소수의 최솟값을 구하라.

- 수열 a, b, c, d, e, f, g가 등차수열인 경우
  모든 공차 $b-a, c-b, d-c, e-d, f-e, g-f$가 서로 같다.

 수 색칠　　　　　[British Mathematical Olympiad Round 1 Dec 2004 Q3]

다음 조건을 만족하는 가장 작은 자연수 n을 구하라.

- 1부터 n까지의 모든 정수를 빨간색 또는 파란색으로 색칠할 때,
  어떻게 색칠하든 모두 같은 색이다.
- $x+y+z=w$를 만족하는 정수 x, y, z, w가 존재한다.
- 이 정수들이 모두 다를 필요는 없다.

363 사악한 집합
[British Mathematical Olympiad Round 1 Dec 2003 Q4]

양의 정수 집합이 '사악하다'고 하려면 그 집합에는 연속된 세 정수가 포함되지 않아야 한다. 정수가 전혀 포함되지 않은 공집합도 사악한 집합으로 간주된다. 다음 집합의 사악한 부분집합의 개수를 구하라.

$\{1, 2, 3, 4, 5, 6, 7, 8, 9, 10\}$

364 백설공주와 일곱 난쟁이
[British Mathematical Olympiad Round 1 Jan 2000 Q5]

일곱 난쟁이가 밀레니엄 퀴즈에 참가하기 위해 4팀을 구성하기로 결정했다. 팀의 크기가 다 같지는 않을 수 있다. 예를 들어 한 팀은 닥 혼자, 한 팀은 도피 혼자, 한 팀은 슬리피, 해피, 그럼피 이렇게 3명, 한 팀은 배시풀과 스니즈 이렇게 2명으로 구성될 수 있다.

Q. 01) 4팀을 구성할 수 있는 서로 다른 방법은 몇 가지일까? (팀의 순서나 팀 내 난쟁이의 순서는 중요하지 않지만, 각 난쟁이는 반드시 한 팀에만 속해야 한다.)

Q. 02) 백설공주도 참여한다면 4팀을 구성할 수 있는 방법은 몇 가지일까?

결승 문제

UKMT가 주최하는 가장 어려운 대회는 영국 수학 올림피아드 2차 시험BMO2이다. 이 대회는 보통 극히 어려운 문제 4개로 구성되며 학생들은 3시간 30분 동안 문제를 풀어야 한다. 2차 시험에서 좋은 성적을 거둔 학생은 국제 수학 올림피아드IMO 팀 후보로 선발된다. 어떤 해에는 2차 시험 문제 중 중 2개를 잘 풀면 이 팀에 가입할 자격을 얻는다. 이 책의 결승 문제로 2002년 2월 2차 시험지에 출제된 문제를 선정했다. 여러분은 다음 문제 중 하나라도 풀 수 있을까?

Q. 01

예각 삼각형 ABC의 한 꼭짓점에서 내린 높이는 D에서 대변과 만난다. D에서 다른 두 변에 수선 DE와 DF를 그린다. 어떤 꼭짓점을 선택하더라도 EF의 길이가 같음을 증명하라.

Q. 02

어느 회의실에 원탁 하나와 n개의 의자가 있다. 회의 참석자는 n명이다. 첫 번째 참석자는 임의로 의자를 선택한다. 그 후 $1 \leq k \leq n-1$인 경우, $k+1$번째 참석자는 k번째 참석자의 오른쪽 k번째 의자에 앉는다. 한 의자에 2명 이상의 참석자가 앉을 수 없다. 이 조건이 성립하는 n의 값의 집합을 구하라.

Q. 03

다음 수열이 정수만으로 구성됨을 증명하라.

$y_0 = 1$이고 $n \geq 0$에 대하여 $y_{n+1} = \dfrac{1}{2}\left(3y_n + \sqrt{5y_n^2 - 4}\right)$로 정의된다.

Q. 04

B_1, B_2, $\cdots$, B_n은 단위 반지름을 가진 n개의 구로, 각 구가 정확히 다른 2개의 구와 외접하도록 배열되어 있다. 두 구면이 접하는 n개의 점을 C_1, C_2, $\cdots$, C_n이라고 하자. P는 모든 구면 밖에 있는 점이며 $1 \leq i \leq n$인 i에 대해 t_i는 P에서 B_i로 향하는 접선의 길이라고 하자. 모든 t_i의 곱이 모든 거리 PC_i의 곱보다 크지 않음을 증명하라.

**Last
Week**

365 헬렌과 필의 나머지 목록   [British Mathematical Olympiad Round 1 2017 Q1]

헬렌은 365를 1, 2, 3, …, 365로 차례로 나누어 365개의 나머지 목록을 작성한다. 그 다음 필은 366을 1, 2, 3, …, 366으로 차례로 나누어 366개의 나머지 목록을 작성한다. 누구의 나머지 목록의 합이 더 크며, 그 차이는 얼마일까?

366 보비의 부비트랩 금고   [British Mathematical Olympiad Round 2 2017 Q4]

보비의 부비트랩 금고는 세 자리 숫자 암호로 잠금을 해제해야 한다. 알렉스는 금고에 암호를 입력하지 않고 조합을 테스트할 수 있는 장치를 가지고 있다. 장치는 각 자리 숫자가 모두 틀리면 '틀림'이라고 답하고, 하나라도 맞거나 모든 숫자가 맞을 때도 '비슷함'이라고 응답한다. 예를 들어 정답이 014라면 099와 014에 대한 응답은 모두 '비슷함'이지만 140에 대한 응답은 '틀림'이다. 알렉스가 최적의 전략을 따르고 있다면 어떤 암호든 알아낼 수 있는 최소 시도 횟수는 얼마일까?

정답 및 해설

001 정답) 12

한 트럭에 상자를 2개까지만 실을 수 있으므로 필요한 트럭은 12대이다.

002 정답) 5

다음 그림을 보면 보드에 ㄴ자 모양의 조각을 5개까지 배치가 가능하다. 한편 보드에는 16칸 밖에 없는데 ㄴ자 모양의 조각이 6개라면 $6 \times 3 = 18$칸을 덮어야 하므로 ㄴ자 모양의 조각을 6개 이상 놓을 수 없다.

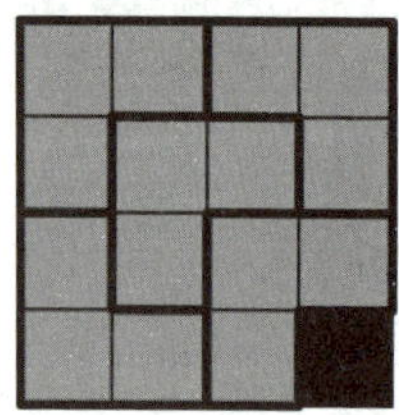

003 정답) 14

다음번에 숫자가 모두 달라질 때는 계량기 수치가 098671이 될 경우이다.

004 정답) 모두 가능

직접 해 보자!

005 정답) 35

어떤 종류의 삼각형이 있는지 파악한 다음 각각 몇 개인지 세면 된다.

$5 + 10 + 5 + 5 + 5 + 5 = 35$

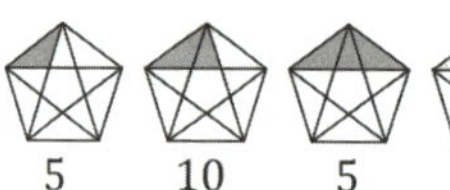
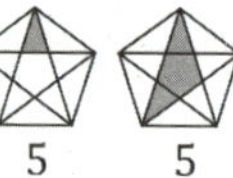
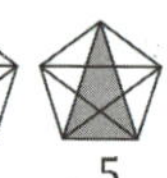

006   정답) 5

입체의 오른쪽 끝 면에 숫자 4가 보이므로 해당 주사위의 왼쪽 뒷면에는 3이 쓰여 있고, 따라서 뒤쪽 주사위의 오른쪽 앞면에는 3, 왼쪽 뒷면에는 4가 있다. 마찬가지로 입체의 왼쪽 끝 면에는 1이 보이므로 뒤쪽 주사위의 왼쪽 앞면에는 6, 오른쪽 뒷면에는 1이 있다. 그러므로 뒷면 주사위의 윗면과 아랫면에 적혀 있을 숫자는 2나 5가 된다. 주사위 4개가 동일하므로 입체의 앞쪽 주사위와 마찬가지라고 하면 왼쪽 앞면에 6이 있고 오른쪽 앞면에 3이 있는 주사위는 아랫면에 2가 있을 것이다. 따라서 윗면에는 5가 적혀 있음을 알 수 있다.

007   정답) 12

타란이 원래 생각한 숫자가 x라고 가정하고, 여기에 5 또는 6을 곱하면 $5x$ 또는 $6x$가 나온다. 다시 크리슈나가 5 또는 6을 더했을 경우 그 답은 $5x+5, 5x+6, 6x+5, 6x+6$ 중 하나이다. 마지막으로 에샨이 5 또는 6을 빼면 결과는 $5x-1, 5x, 5x+1, 6x-1, 6x, 6x+1$ 중 하나가 된다. 최종 결과인 73은 5나 6의 배수도 아니고, 5나 6의 배수보다 1 작은 수도 아니고, 5의 배수보다 1 큰 수도 아니기 때문에 이 답에 적합한 유일한 수식은 $6x+1$이다. 방정식 $6x+1=73$의 해는 $x=12$이므로 타란이 선택한 숫자는 12이다.

Week 002

008   정답) 2.50

아침 6시는 하루의 $\frac{1}{4}$이 지나간 시간이다. '십진법 시간'에서 10.00의 $\frac{1}{4}$은 2.50이다.

009   정답) 5

양말이 4개라면 색상별로 하나씩 있을 가능성이 있다. 하지만 5개라면 적어도 2개는 같은 색상일 수밖에 없다.

010   정답) 24

그림에는 줄 58개로 연결된 매듭이 35개 있다. 매듭 35개를 연결하는 데 필요한 최소 연결 수는 34이다. (일반적으로 n개의 매듭에는 $n-1$개의 연결이 필요하다. 여러분은 이를 증명할 수 있을까?) 따라서 최대 절단 수는 58 - 34 = 24이다. 다음 그림은 그물을 둘로 나누지 않고 24번 자르는 방법 중 하나를 보여준다.

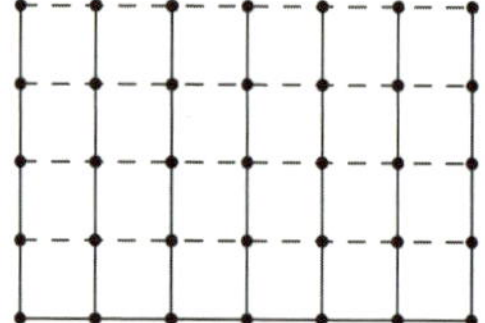

011 정답) 3

이런 경우는 시계가 09:59 59에서 10:00 00으로, 19:59 59에서 20:00 00으로, 그리고 23:59 59에서 00:00 00으로 바뀌는 경우에만 발생한다.

012 정답) 899 + 899 = 1798

먼저 두 수를 더할 때 받아올림으로 넘어갈 수 있는 숫자는 1뿐이다. 그런데 합계의 십의 자리를 보면 $E + E$인데 E가 남는다. E는 0이 아니므로 이렇게 될 가능성은 일의 자리에서 1이 올려지는 경우뿐이다. 따라서 E는 9이다. 일의 자리를 보면 $E + E = 18$이므로 $S = 8$이고 십의 자리로 1이 올려진다. 따라서 합은 899 + 899 = 1798이다.

013 정답) 9

각 차량을 1, 2, 3, 4로 표시하고 차량들이 진입한 출입구를 각각 P, Q, R, S로 표시하자. 차량 1은 어떤 출입구로든 나갈 수 있고, 나머지 세 차량 중 하나는 P 출입구로 나갈 수 있다. 차량 1이 나가는 출입구와 P 출입구로 나가는 차량의 원래 교차로를 정했다면, 나머지 두 차량과 두 교차로를 생각할 차례다. 그러나 남은 출입구 중 적어도 하나는 이 두 차량 중 하나의 원래 출입구이다. 그러므로 남은 두 차량이 남은 두 출입구를 통해 나갈 수 있는 방법은 딱 하나뿐이다. 따라서 차량 1은 세 교차점 중 하나를 통해 나갈 수 있으며, 그 각각에 대해 남은 차량들이 각 교차점을 통해 나가는 방법은 3가지다. 그러므로 차량들이 회전 교차로를 나갈 수 있는 방법은 총 9가지이다.

014 정답) 1

기껏해야 한 문장만 참이다(상호 모순되기 때문이다). 실제로 두 번째 문장이 참이므로 참인 문장은 딱 하나이다.

Week 003

015 정답) 75m

가로등이 4개 있으므로 간격은 3개 있으며, 따라서 거리는 3×25이므로 75m이다.

016 정답) 6

$25 = 9 + 9 + 7 = 9 + 8 + 8$이므로 25를 합하는 세 자릿수의 조합은 7, 9, 9와 8, 8, 9뿐이다. 7, 7, 9로 구성된 세 자릿수는 $799, 979, 997$이며 8, 8, 9일 때는 $988, 898, 889$를 얻을 수 있다.

017 정답) 12

하루는 24시간이며 1시간은 3600초로 구성되어 있다. 약분을 하면 $\frac{1000000}{24 \times 3600} = \frac{625}{6 \times 9} = \frac{625}{54} = 11\frac{31}{54}$과 같은 값을 얻을 수 있다. 이와 가장 가까운 정수는 12이다.

018 정답) 55

합에 포함되는 정수 중 하나를 최대한 크게 만들려면 나머지 9개는 최대한 작아야 한다. 서로 다른 양의 정수 9개의 최소 합은 45이다. 따라서 합에 포함될 수 있는 가장 큰 정수는 55이다.

019 정답) 7

x를 대체하는 수는 행과 열 양쪽에 나타난다. 행과 열의 수를 더하면 $2 + 3 + 4 + 5 + 6 + 7 + 8 + x = 2 \times 21 = 42$이다. 즉 $35 + x = 42$이므로 $x = 7$이다. 이 문제를 푸는 방법은 그 밖에도 여러 가지가 있다.

020 정답) 30일

어떤 달에 수요일이 다섯 번이 있으려면 첫 번째 수요일이 첫 번째 토요일 전에 발생해야 한다. 따라서 마지막 수요일은 네 번째 토요일 다음의 수요일이 된다. 세 번째 토요일이 19

일이므로 네 번째 토요일은 26일이며, 그 다음 수요일은 해당 달의 30일이 된다.

021 정답) 25

남동생의 지금 나이가 b세이라고 가정하자. 여성이 b세였던 때는 지금으로부터 $40-b$년 전이었다. $40-b$년 전 남동생의 나이는 $b-(40-b)=2b-40$이다. 따라서 $2b-40=10$이다. 그러므로 $b=25$이다.

022 정답) 2

핑의 값이 a이고 퐁의 값이 b라고 가정한다. 그러면 $5a+5b=2b+11a$이다. B를 좌변에 놓고 변형하면 $b=2a$가 된다. 따라서 퐁 1개는 핑 2개와 가치가 같다.

023 정답) 16

다각형 변의 수는 모서리 수와 같다. 한 점이 2개 이상의 모서리에 동시에 존재할 수 없으므로 최대 모서리 수는 16개이다. 따라서 16변 다면체를 그릴 수 있다면 최대 변의 수는 16개이다. 다음 그림은 이를 달성할 수 있는 여러 방법 중 하나다.

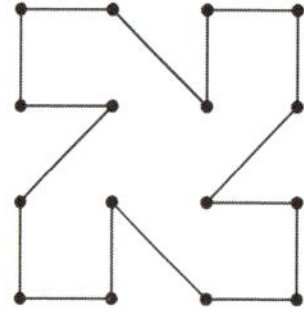

024 정답) 3:1

남자 수는 여자 수의 3배이므로 비율은 3:1이다.

025 정답) 32cm^2

작은 직사각형의 가로 변과 세로 변을 각각 x cm와 y cm라고 가정한다. 정사각형 안의 작은 직사각형이 배치된 형태를 보면 가로 방향으로 $x+y+x+y+x=24$, 세로 방향으로

$y + x + x + y = 24$임을 알 수 있다. 이 방정식을 풀면 $x = 8$이고 $y = 4$이다. 따라서 작은 직사각형 하나의 넓이는 32 cm^2이다.

026   정답) 대니얼

다음 표는 선물을 숨긴 아이가 누군지에 따라 누가 참말을 했는지 보여준다. 정확히 1명만 거짓말을 했다면 선물을 숨긴 아이는 대니얼임을 알 수 있다.

	선물을 숨긴 아이			
	알프레드	벤자민	크리스천	대니얼
알프레드	거짓	진실	진실	진실
벤자민	진실	거짓	진실	진실
크리스천	거짓	거짓	거짓	진실
대니얼	거짓	진실	거짓	거짓

027   정답) 45

시계가 12시간 더 늦어지면 정확한 시간을 가리킬 것이다. 12시간은 720분이다.
$720 \div 16 = 45$.

028   정답) 296과 305

두 자릿수와 그 수의 각 자리 숫자의 합이 가장 큰 수는 $99 + 9 + 9 = 117$이므로 n은 세 자릿수 이상이다. 한편 n은 313 이하이다. 세 자릿수의 각 자리 숫자의 합은 최대 27이므로 n은 $313 - 27 = 286$ 이상이다. 따라서 n은 '$28d$', '$29d$', '$30d$', '$31d$' 중 하나이다. 여기서 d는 일의 자리 숫자이다. 만약 $n = $ '$28d$'라면 n과 각 자리 숫자의 합은 $280 + 10 + 2d$이며, 이는 짝수이므로 313일 수 없다. 만약 $n = $ '$29d$'라면 n과 그 자릿수의 합은 $290 + 11 + 2d$이며 $d = 6$일 때 313과 같다. 따라서 296은 n이 될 수 있다. 마찬가지 방법으로 다른 가능한 값은 305뿐임을 알 수 있다.

029   정답) 40m

우사인이 100m를 달렸을 때, 엄마는 50m를 달렸고 거북이 터보는 10m를 달렸다. 따라서 엄마와 터보 사이의 거리는 40m이다.

030   정답) 1과 6

031   정답) 3

요금을 금액 그대로 지불한다면 사용할 수 있는 가장 작은 동전 수는 4개이다(20펜스 2개 +2펜스 2개). 거스름돈을 받는 경우 동전 2개만 주고받는 것은 불가능하다. 운전기사에게 50펜스, 1파운드, 2파운드 동전 중 하나를 주어도 거스름돈을 동전 하나로 받을 수 없기 때문이다. 운전기사에게 50펜스 동전을 주고 잔돈으로 5펜스 동전과 1펜스 동전을 받는 경우, 동전을 3개만 주고받을 수 있다. 따라서 동전의 최소 개수는 3개이다.

032   정답) 88

정수 n의 소인수 분해가 $p^a q^b r^c \cdots$라면 n의 약수의 개수는 $(a+1)(b+1)(c+1)$개이다. 따라서 약수가 8개인 양의 정수는 p^7, $p^3 q$, pqr 중 하나의 형태여야 하며 여기서 p, q, r은 서로 다른 소수이다(참고로 $78 = 2 \times 3 \times 13$이므로 pqr 형태이다). 이러한 형태 중에서 78보다 큰 가장 작은 정수는 88이며, 이는 $2^3 \times 11$이다.

033   정답) 610

백의 자리 숫자가 가장 큰 영향을 미치므로 $TAP + BAT + MAN$을 가능한 한 작게 만들기 위해 먼저 T, B, M을 가능한 한 작은 숫자로 선택해야 한다. 이들은 서로 다른 0이 아닌 숫자여야 하므로 일의 자리에도 쓰인 T에는 1, B와 M에는 2, 3을 순서에 상관없이 배치한다. 다음 자리의 수인 A는 0이 될 수 있으므로 A를 이 값으로 선택한다. P와 N으로는 아직 사용하지 않은 가장 작은 두 수를 선택한다. 이때도 4와 5를 임의로 집어넣는다. $104 + 201 + 305 = 610$.

034 정답) 8

다음 그림에 표시된 대로 점 8개까지 통과할 수 있다.

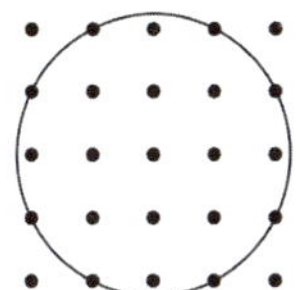

035 정답) 2

5개의 정수에는 단 1가지 조건이 있다. 이 정수들은 원 주위에 배치되어 연속된 2개 또는 3개의 정수의 합이 3의 배수가 되지 않도록 해야 한다. 따라서 5개의 정수를 3으로 나눴을 때 남는 나머지로 상황을 줄일 수 있으므로 {0, 1, 2} 집합에서 정수를 선택할 수 있다. 0이 인접할 수 없기 때문에 원 주위에는 최대 2개의 0이 있을 수 있다. 만약 1과 2가 각각 하나 이상 있다면 1과 2가 인접하거나 0으로 분리된 경우를 찾을 수 있으며, 두 경우 모두 합이 3이 된다. 1이 하나 이상 있다고 가정하면(2가 하나 이상인 경우에도 유사한 논리가 적용된다). 이웃한 1은 연속해서 3개 이상 나올 수 없으므로 최대 2개, 0은 최소 2개이다. 따라서 0은 2개가 되고 그 결과 원래 문제에서 3의 배수인 정수는 2개이다.

Week 006

036 정답) $\overset{\text{222번 반복}}{\overline{3\,999\cdots999}}$

각 자리 숫자의 합이 2001이 되는 가장 작은 양의 정수를 구하려면 자릿수가 가능한 한 적은 수를 찾아야 한다. 이를 위해 9를 가능한 한 많이 사용한다. $2001 = 9 \times 222 + 3$이므로 요구하는 정수는 3에 9를 222개 붙인 수이다. 이는 $\overset{\text{222번 반복}}{\overline{3\,999\cdots999}}$ 과 같이 쓰거나 더 간결하게 $4 \times 10^{222} - 1$이라고 표기할 수 있다.

037 정답) $22\pi\,\text{cm}$

반원의 길이는 반지름 r의 길이의 πr이므로, 전체 둘레는 $\{2 \times (1 + 2 + 4) + 8\}\,\pi = 22\pi\,\text{cm}$이다.

도미노를 3회 움직여서 올바르게 배열할 수 있다. 2회의 이동으로는 부족하다는 것을 이해하려면 어떤 일이 일어나더라도 2개의 1이 반드시 나란히 놓여야 한다는 점에 주목해야 한다. 이를 위해서는 1이 있는 도미노 하나를 회전시킨 다음, 2개의 1이 나란히 놓이도록 한 쌍의 도미노를 교환해야 한다. 3이 있는 도미노 2개에 대해서도 같은 논리가 적용된다. 그러나 이 또한 움직임 2회로 두 조건을 모두 만족시키기는 불가능하다. 따라서 도미노의 최소 이동 횟수는 3회이다. 이동 3회만으로 도미노를 올바르게 배열할 다른 방법을 찾아 보자.

039   정답) 존

로스 씨는 이틀 연속으로 같은 이름을 답한 적이 없기 때문에 목요일과 금요일이 동시에 포함될 수 없다. 그러나 6일 중 하루는 목요일이나 금요일이어야 한다. 6일이 토요일부터 목요일까지라면, 화요일과 목요일에 같은 답을 할 수 없다(하지만 로스 씨는 그렇게 했다). 따라서 6일은 금요일부터 수요일까지일 수밖에 없다. 금요일에 답한 진실은 '존'이며, 다음 목요일에 참말을 할 때도 같은 답을 했을 것이다.

040   정답) 85cm

정사각형 한 변의 길이를 $5x$ cm라고 가정한다. 그러면 그 안에 들어가는 직사각형 하나의 가로는 $5x$ cm이고 세로는 x cm이므로 둘레는 $12x$ cm이다. 따라서 $12x = 51$, 즉 $x = 4\frac{1}{4}$ 이다. 정사각형의 둘레는 $20x$ cm이며 이는 85cm이다.

041   정답) 6

다음 그림과 같이 -4와 이웃한 네 영역의 숫자가 a, b, c, d라고 가정한다. 문제에서 $a + b + c + d = -4$이고 $a + b + c + d + * = 2$임을 알 수 있다. 따라서 $* = 6$이다.

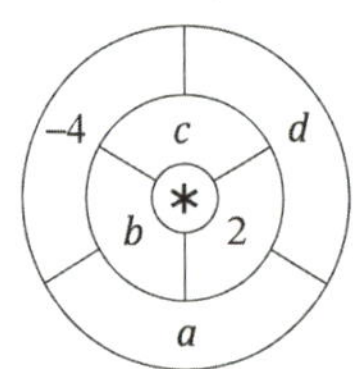

042   정답) 2

각 행의 합이 3의 배수인지 여부에만 관심이 있으므로 각 수를 3으로 나눈 나머지로 간략히 하면 다음과 같은 그림을 얻을 수 있다. 모든 행은 합이 4, 4, 4이므로 한 번의 교환으로는 세 행의 합이 모두 3의 배수가 되지 않는다. 그러나 위쪽 두 행의 2를 각각 마지막 행의 1과 교환하면 퍼즐을 완성할 수 있다.

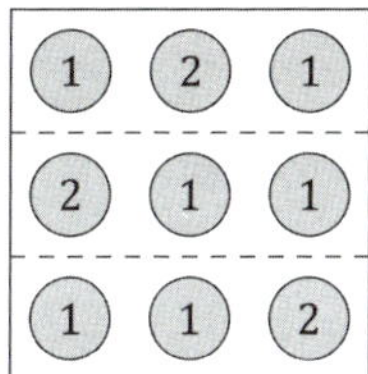

이때 최종 구성은 다음과 같다.

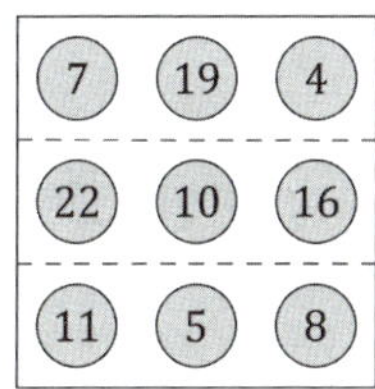

Week 007

Week 007

043   정답) 56

8명이 각각 7개의 달걀을 샀다. 따라서 달걀의 총 개수는 $8 \times 7 = 56$개이다.

044   정답) 6

두 자릿수 1개와 한 자릿수 2개를 더해 얻을 수 있는 최댓값은 $99 + 9 + 9 = 117$이다. 따라서 삼각형은 1을 나타내며, 세 수의 합은 111이다. 이 합이 나오려면 원은 9가 되어야 한다. 왜냐하면 $88 + 9 + 9$는 111보다 작기 때문이다. 따라서 두 사각형의 합은 $111 - 99 = 12$이므로 사각형은 숫자 6을 뜻한다.

045 정답) 9, 27, 28

36쪽이 되려면 신문은 종이 9장으로 구성되어야 한다. 신문의 가운데를 펴면 18쪽과 19쪽이 보인다. 종이를 역순으로 추적하면 16쪽과 21쪽, 14쪽과 23쪽, 12쪽과 25쪽, 그리고 마침내 10쪽과 27쪽이 된다. 이 종이의 반대 면에는 9쪽과 28쪽이 있다.

046 정답) 12,343

12,345는 홀수이므로 두 소수의 합이라면 이 소수 중 하나는 홀수이고 다른 하나는 짝수여야 한다. 짝수 소수는 2뿐이므로 $12,345 = 12,343 + 2$가 12,345를 두 소수의 합으로 표현할 수 있는 유일한 방법이다. 물론 컴퓨터가 없다면 12,343이 소수인지 확인하기는 어렵다. 하지만 출제자를 믿으시라!

047 정답) $10 + 10\pi$

세 원의 중심은 정삼각형을 이룬다. 어두운 영역의 둘레는 원 둘레의 $\frac{1}{6}$에 해당하는 호 3개, 원 둘레의 $\frac{1}{4}$에 해당하는 호 2개, 원의 반지름의 2배 길이의 선분으로 이루어져 있다. 이 길이를 모두 더하면 원 1개의 전체 둘레(10π)와 선분의 길이(10)를 합한 값이다. 반지름 r인 원의 둘레는 $2\pi r$임을 기억하자.

048 정답) 480

나무의 나이가 각각 a, b, c이며 $a < b < c$ 라고 가정한다. 가장 어린 나무는 $b-a$년 후에 중간 나무의 나이에 도달한다. 이때 중간 나무는 $b+(b-a)=2b-a$세가 된다. 따라서 $2b-a=c=4a$이다. 이 방정식에서 $b=\frac{5}{2}a$이다. $a+b+c=900$이므로 $a+\frac{5}{2}a+4a=900$이 되고, 이는 $\frac{15}{2}a=900$이므로 $a=120$이다. 따라서 가장 오래된 나무의 현재 나이는 $4a=480$세이다.

049 정답) 1

모든 학생이 질문에 다른 답을 했으므로 참말을 하는 학생은 최대 1명뿐이다. 모든 학생이 거짓말을 한다고 가정하면 대니얼이 참말을 하고 있어 모순이 발생한다. 따라서 정확히 1명의 학생, 즉 엘렌이 참말을 하고 있다. 그러므로 숙제를 한 학생은 1명뿐이다.

Week 008

050 정답) 118

아래층의 정수들이 다음 순서대로라고 가정한다.

$a\ b\ c$
$d\ e\ f$
$g\ h\ i$

그러면 중간층은 다음과 같다.

$a+b+d+e\quad b+c+e+f$
$d+e+g+h\quad e+f+h+i$

그리고 꼭대기층 정육면체에 쓰여진 수는 $(a+b+c+d+e+f+g+h+i)+(b+d+f+h)+3e$이다. 아래층 수의 합이 50이므로 꼭대기층 정육면체에 쓰여진 정수는 $50+(b+d+f+h)+3e$이다. 이를 최대화하기 위해서는 e를 가능한 한 크게 만들어야 하며, 이는 다른 8개의 정수가 가능한 한 작을 때 얻을 수 있다. 따라서 $e=50-(1+2+3+4+5+6+7+8)=14$이다. 두 번째로 $(b+d+f+h)$를 가능한 한 크게 만들어야 하므로 b, d, h, f는 5, 6, 7, 8 중 어떤 순서로나 가능하다. 따라서 $(b+d+f+h)=26$이다. 그러므로 케이티가 꼭대기층 정육면체에 쓸 수 있는 가장 큰 정수는 $50+26+3\times14=118$이다.

051 정답) 671

2015를 양의 정수 d로 나눴을 때 나머지 r을 얻는다고 가정한다. 그러면 $r\le d-1$이다. 또한 $d\le1000$이므로 몫은 최소 2 이상이어야 한다. 따라서 가장 큰 나머지를 얻기 위해서는 2015를 $2d+(d-1)$의 형태로 표현하는 편이 좋다. 방정식 $2d+(d-1)=2015$의 해는 $d=672$이다. 따라서 2015를 672로 나누면 나머지 671을 얻는다. 만약 2015를 정수 $d_1<672$로 나누면 나머지는 최대 d_1-1이 되며, 따라서 671보다 작다. 2015를 정수 d_2 ($672<d_2\le1000$)로 나누고 나머지 r_2를 구하면 $r_2=2015-2d_2<2015-2\times672=671$이 된다. 따라서 얻을 수 있는 가장 큰 나머지는 671이다.

 정답) 23 + 23 + 23 + 23 = 92

일의 자리에서 $4N = 10 + O$ 또는 $4N = O$이다. 이는 십의 자리로 받아올림이 있는지 여부에 따라 결정된다. 어느 경우든 O는 짝수이다. 총합이 두 자릿수이므로 $O \leq 2$이다. 그러므로 $O = 2$이다. 따라서 $4N = 10 + 2$이므로 $N = 3$이다. 따라서 $GO = 92$이다.

053   정답) 41

먼저 2, 4, 5는 두 자리 소수의 마지막 자릿수로 나올 수 없다. 또한 21과 51은 3으로 나누어지므로 소수가 아니다. 따라서 앨리스의 목록에 나올 수 있는 소수는 2, 3, 5, 13, 23, 31, 41, 43, 53이다. 1과 4는 소수가 아니므로 목록에 두 자리 소수의 자릿수로 반드시 포함되어야 한다. 그런데 만일 41이 사용되지 않는다면 4와 1을 사용할 수 있는 두 자리 소수는 43이 반드시 들어가고 나머지는 31이나 13 중 하나여야 한다. 그러나 이 경우 숫자 3이 반복된다. 따라서 41은 목록에 반드시 들어가야 한다. 목록의 나머지 숫자들은 (2, 3, 5), (2, 53), (5, 23) 이 세 그룹 중 하나가 된다.

054   정답) 92

n번째 패턴은 $(n+4) \times (n+4)$ 크기의 어두운 정사각형을 만들고, 가운데에서 $n \times n$ 크기의 정사각형을 제거한 다음 모서리의 어두운 정사각형 4개를 제거하여 만들 수 있다. 따라서 열 번째 패턴에는 $14 \times 14 - 10 \times 10 - 4 = 92$개의 어두운 정사각형이 있다.

055   정답) 541

암호 안의 모든 숫자는 서로 다르기 때문에 두 번째 숫자를 세 번째 숫자로 나눈 결과는 1일 수 없다. 첫 번째 숫자는 제곱수이며, 1일 수 없으므로 4 또는 9이다. 가능한 암호 중 가장 큰 것은 첫 번째 숫자가 9로 시작하고 두 번째 숫자 ÷ 세 번째 숫자 = 3이므로 962다. 가장 작은 암호는 4로 시작하고 두 번째 숫자 ÷ 세 번째 숫자가 2가 되므로 421이다. 따라서 가장 큰 암호와 가장 작은 암호의 차이는 541이다.

056   정답) 13

세 자릿수 RRR은 $111 \times R$과 같다. 따라서 $PQPQ \times R = 639027 \div 111 = 5757$이다. 여기서 $PQPQ = PQ \times 101$이므로 $PQ \times R = 5757 \div 101 = 57$이다. 57을 두 자릿

수와 한 자릿수의 곱으로 표현할 수 있는 방법은 57×1과 19×3뿐이다. 두 경우 모두 $P+Q+R=13$이다.

Week 009

057 정답) 일요일

어느 달에 세 번의 화요일이 짝수 날이라면, 그 달에는 화요일이 다섯 번 있는 것이고 2일, 9일, 16일, 23일, 30일에 해당한다. 16일이 화요일이었기 때문에 21일은 일요일이다.

058 정답) 3337333

일곱 자리 숫자를 '$abcdefg$'라고 가정한다. $b+c+d+e=16$이고 $a+b+c+d+e=19$이므로 $a=3$임을 알 수 있다. 마찬가지 논리를 적용하면 $b=c=e=f=g=3$임을 알 수 있다. 그렇다면 $d=7$이며, 따라서 암호는 3337333이다.

059 정답) 81펜스

사과 4개, 오렌지 4개, 바나나 4개의 총 가격은 $1.54 + 1.70 = 3.24$ 파운드이다. 따라서 미스터 빈이 사과 1개, 오렌지 1개, 바나나 1개를 사기 위해 지불해야 할 금액은 $3.24 \div 4 = 0.81$파운드이다.

060 정답) 30

알리가 책의 절반을 맨 아래 선반에 두고 남은 책 $\frac{2}{3}$를 두 번째 선반에 두었다. 따라서 알리는 전체 책의 $\frac{2}{3} \times \frac{1}{2} = \frac{1}{3}$을 두 번째 선반에 놓는 셈이다. 그러면 위쪽 두 선반에 놓을 책은 $1 - \frac{1}{2} - \frac{1}{3} = \frac{1}{6}$이 남는다. 맨 위 선반에는 3권 있고, 세 번째 선반에는 4권 더 많으니 7권이 있다. 그러므로 10권이 책장 전체 책의 $\frac{1}{6}$에 해당한다. 따라서 책장에는 60권의 책이 있으며, 이 중 절반인 30권이 맨 아래 선반에 있다.

061 정답) $\frac{11}{100}$ 또는 0.11

주사위를 던졌을 때 6이 나올 확률이 $\frac{1}{2}$이고 나머지 숫자는 모두 동일한 확률로 나온다면 다른 다섯 숫자의 확률은 각각 $\frac{1}{2}$의 $\frac{1}{5}$, 즉 $\frac{1}{10}$이다. 두 번 던져서 총점 10점이 나올 경우는 3가지로 6-4, 5-5, 4-6이며 확률은 각각 $\frac{1}{2} \times \frac{1}{10}, \frac{1}{10} \times \frac{1}{10}, \frac{1}{10} \times \frac{1}{2}$이다. 따라서 총점이 10이 될 확률은 $\frac{1}{20} + \frac{1}{100} + \frac{1}{20} = \frac{11}{100}$이다.

062 정답) 4; 2

말하는 사람들이 각각 X, Y, Z라고 가정한다. 여기서 X는 기사일 수 없다. 왜냐하면 X의 두 번째 문장이 거짓이 되기 때문이다. 이는 모순이다. 따라서 X는 거짓말쟁이이며 X의 두 문장 모두 거짓이다. 즉, 방에 있는 사람은 3명이 넘으며 모두가 거짓말쟁이인 것은 아니다. 이는 Y의 두 번째 문장이 참임을 뜻하므로 Y는 기사이다. 그러니 방에 있는 사람은 4명 이하이다. 따라서 방에 있는 사람은 정확히 4명이다. 이제 Z는 거짓말쟁이이며 Z의 두 번째 문장도 거짓이다. 현재 거짓말쟁이 2명과 기사 1명이 있으며 '3명이 거짓말쟁이다'라는 말이 거짓일 수 있는 유일한 경우는 네 번째 사람이 기사일 경우이다.

063 정답) 3407과 529

이 문제는 학생들에게 무제한 시간이 주어진 'UKMT의 멘토링 제도' 문제였다. 짧은 풀이법이 없기 때문에 오히려 알맞다고 할 수 있다. 그래도 바로 추론할 수 있는 부분이 몇 가지 있다. '$FOUR$'와 '$RUOF$'가 모두 소수이므로 F와 R은 5가 아닌 홀수이다. '$SEVEN$'에서 '$THREE$'를 빼면 '$FOUR$'이므로 $E < N$일 때 U는 0이고, 그렇지 않다면 9이다. 376쪽 표를 참조하면 ('$FOUR$', '$RUOF$') 쌍은 $(1097, 9701)$, $(1409, 9041)$, $(1597, 9751)$, $(3109, 9013)$, $(3407, 7043)$ 중 하나임을 알 수 있다. 'TEN'이 제곱수라는 점을 고려하면 결국 '$FOUR$'는 3407, 'TEN'은 529이다. 또한 '$SEVEN$'은 62129이고 '$THREE$'는 58722이다.

Week 010

064 정답) 105

21과 35가 어떤 수의 약수라면 3, 5, 7 모두 그 수의 소인수여야 한다. 이는 해당 수가 105의 배수여야 함을 뜻하며, 105의 모든 약수는 1, 3, 5, 7, 15, 21, 35, 105이므로 답은 105이다.

065   정답) 60

정구각형의 한 내각은 $140°$이고 외각은 $40°$이다. 따라서 X의 예각은 $360° - 220° - 2 \times 40° = 60°$이다.

066   정답) 0

첫 두 자리 중 하나를 변경하더라도 일의 자리는 여전히 0이 된다. 그러므로 새로 만들어진 수는 000이거나 10의 배수가 되며, 따라서 소수가 아니다. 일의 자리를 변경하면 가능한 결과는 $201, 202, 203, 204, 205, 206, 207, 208, 209$이다. 짝수들은 소수가 아니며 $201(3 \times 67)$, $203(7 \times 29)$, $205(5 \times 41)$, $207(3 \times 69)$, $209(11 \times 19)$도 소수가 아니다. 따라서 피터의 목록에 있는 숫자 중 어느 것도 소수가 아니다.

067   정답) 20

먼저 한 자리 양의 정수의 합은 45이다. 그러므로 세 줄의 숫자 4개씩을 모두 더하면 총합은 45에 모서리 원 3개의 숫자 합을 더한 값이 된다. 각 모서리 원은 두 줄의 합계에 적용되기 때문이다. 따라서 상단 원의 숫자를 x라고 하면 세 줄의 총합은 $45 + 2 + 5 + x = 52 + x$이다. 세 줄의 원은 모두 같은 합을 가져야 하므로 $52 + x$는 3의 배수여야 한다. x의 가능한 값은 $2, 5, 8$이지만 2와 5는 이미 할당되었다. 따라서 $x = 8$이며 각 줄의 합은 $60 \div 3 = 20$이다. 이 문제를 해결하는 방법은 그 밖에도 많다.

068   정답) 31

승리와 무승부에 부여되는 점수가 각각 w와 d라고 가정한다. 그러면 $7w + 3d = 44$이다. 이 방정식의 양의 정수 해는 $w = 2$, $d = 10$과 $w = 5$, $d = 3$이다. 그러나 승리에 더 많은 점수가 주어지기 때문에 승리에 5점, 무승부에 3점이 주어진다고 추론할 수 있다. 따라서 여동생 팀이 얻은 점수는 $5 \times 5 + 2 \times 3 = 31$이다.

069   정답) 19

초록 지폐의 가치와 파란 지폐의 가치를 각각 g 조그와 b 조그라고 가정한다. 그러면 $3g + 8b = 46$이고 $8g + 3b = 31$이다. 이 연립 방정식을 풀면 $b = 5$이고 $g = 2$이다. 따라서 $2g + 3b = 19$이다.

070 정답) 285

가장 작은 'V수'는 101이고 가장 큰 'V수'는 989이다. 먼저 십의 자리 숫자를 고려한다. 가장 작은 십의 자리 숫자는 0이고 가장 큰 십의 자리 숫자는 8이다. 십의 자리가 0일 때, 백의 자리와 일의 자리는 각각 1부터 9까지 가능하므로 이에 해당하는 'V수'는 9×9개 있다. 십의 자리가 1일 때, 백의 자리와 일의 자리는 각각 2부터 9까지 가능하므로 이에 해당하는 'V수'는 8×8개가 있다. 즉 십의 자리가 d일 때, d는 0부터 8까지의 어떤 숫자일 수 있으며, 백의 자리와 일의 자리는 각각 $(d+1)$부터 9까지일 수 있다. 이 경우 가능한 'V수'의 수는 $(9-d) \times (9-d)$이다. 한편 d가 최댓값인 8일 경우 백의 자리와 일의 자리는 9일 수밖에 없으므로, 이에 해당하는 'V수'는 1×1개밖에 없다. 따라서 가능한 'V수'의 총 개수는 $9 \times 9 + 8 \times 8 + \cdots + 1 \times 1 = 285$개이다.

071 정답) 21

대각선 숫자의 합은 58이며, 이는 각 행과 열의 합과 같다. 그러므로 10의 왼쪽에 있는 숫자는 20이고 그 아래 숫자는 7이다. 따라서 $N = 58 - (16 + 14 + 7) = 21$이다.

072 정답) 875 + 875 + 875 = 2625

$y = 5$임에 주목하자. 세 번 곱했을 때 일의 자리가 자신과 같고 0이 아닌 유일한 숫자가 5이기 때문이다. 따라서 십의 자리로 1이 넘어간다. 또한 $a = 1$ 또는 $a = 2$임을 알 수 있는데, $fly < 1000$이며 따라서 $3 \times fly < 3000$이기 때문이다. 이제 $3 \times l + 1$이 1 또는 2로 끝나야 하는데 유일한 가능성은 $l = 7$로, 이때 $a = 2$가 되고 백의 자리에 2가 올라간다. 한편 $a = 2$이므로 f는 최소 6이어야 한다. 그러나 $f = 6$이면 $w = 0$이 되며, 이는 허용되지 않는다. 또한 각 알파벳은 서로 다른 숫자를 나타내므로 $f \neq 7$이며 $f = 9$라면 $w = 9$가 되므로 $f \neq 9$라는 것도 알 수 있다. 따라서 $f = 8$이며, 이때 $w = 6$이 되므로 알파벳에 각 숫자를 대입하면 $875 + 875 + 875 = 2625$이다.

073 정답) 8

n이 양의 정수일 때 66^n의 일의 자리 숫자는 6이다. 그러므로 66의 거듭제곱을 2로 나눈 결과값의 일의 자리 숫자는 3 또는 8이다. 66^{66}은 명백히 4의 배수이므로 $\frac{1}{2}(66^{66})$은 짝수이다. 따라서 일의 자리 숫자는 3이 아닌 8이다.

074 정답) 20%

미니의 올해 평균 속도는 작년 속도의 $\frac{5}{4}$이다. 따라서 올해 시간 기록은 작년 기록의 $\frac{4}{5}$, 즉 80%가 된다. 그러므로 시간 기록은 20% 감소했다.

075 정답) D

A, B, E는 하트 여왕이 참말을 하는 날이든 거짓말을 하는 날이든 말할 수 있다. 만일 참말을 하고 있다면 C도 말할 수 있다. 그러나 여왕이 특정 날에 참말을 한다면 D를 말할 수는 없다. 왜냐하면 그 문장은 거짓말이 되기 때문이다. 또한 거짓말을 하는 날에도 D를 말할 수 없다. 왜냐하면 그 경우 D는 참말이 되기 때문이다. 따라서 여왕은 D를 말할 수 없다.

076 정답) 8

도형을 재배열하면 흰 부분의 넓이는 한 변이 1인 정사각형 8개와 동일하므로 흰 부분의 넓이도 8이다.

077 정답) 36초

에스컬레이터 바닥에서 정상까지의 거리를 d라고 가정한다. 에이미가 가만히 서 있을 때는 초당 $\frac{d}{60}$를 이동한다. 걸을 때는 초당 $\frac{d}{90}$를 이동한다. 따라서 에이미가 작동 중인 에스컬레이터를 올라갈 때, 초당 이동 거리는 $\frac{d}{60}+\frac{d}{90}=\frac{d}{36}$이다. 따라서 36초 걸린다.

Week 012

078 정답) 320

1쪽부터 9쪽까지는 숫자가 9개 필요하며, 10쪽부터 99쪽까지는 숫자가 180개 필요하다.

따라서 세 자리 100번째 페이지 이전의 모든 페이지에 쪽 번호를 매기는 데 총 189개의 숫자가 필요하다. 남은 숫자는 663개이므로 책의 마지막 페이지는 세 자리 번호 중 221번째인 320쪽이다.

079 정답) 658 + 659 + 689

'백'과 '천' 열에서 $3K$가 18과 20 사이임을 알 수 있으므로 $K=6$이다. '일' 열에서 N은 짝수이다. 다만 $N=6$인 경우는 $K=6$이기 때문에 배제한다. $N=0, 2, 4$의 경우 각각 모순을 일으키지만 $N=8$은 $658+659+689$라는 답으로 이어진다.

080 정답) 5

외계인들은 각각 8, 7, 5개의 귀를 봤다고 말하지만 각 귀는 2명의 외계인에 의해 보였기 때문에 두 번씩 계산된다. 따라서 귀의 총 수는 10이다. 각 외계인은 10개 중 자신의 귀를 제외한 모든 귀를 볼 수 있다. 티미는 귀를 5개 보았으므로 자신의 귀는 5개이다.

081 정답) A

X를 놓아야 할 올바른 위치는 상단 왼쪽 칸이다. X를 놓은 다음에 O를 γ나 δ에 놓으면 X는 그 반대편 위치에 놓아야 하며, 이러면 다음 수에 O가 X의 열을 차단할 수밖에 없다. O를 a나 b에 놓는다면 X의 열은 이미 차단된 상태다.

A		B
X	O	γ
C		D
α	X	δ
E		
β	X	O

082 정답) 136

한 수를 최대한 크게 만들기 위해서는 다른 15개 수가 최대한 작아야 한다. 가장 큰 수를 x라고 하면 $(1+2+3+\cdots+15+x)\div16=16$이므로 $(120+x)\div16=16$이다. 즉, $120+x=256$이므로 $x=136$이다.

083 정답) 30

각 색깔마다 면이 하나씩 있다. 첫 번째 색깔로 한 면을 칠하고 그 면을 아래로 향하게 하여 테이블에 놓는다. 이제 상단 면은 5가지 색깔 중 하나를 선택하여 칠할 수 있으므로 5가지 방법이 있다. 남은 색깔 중 하나를 선택하여 남은 면 중 하나를 해당 색깔로 칠하고 해당 면을 앞쪽으로 놓는다. 남은 3개의 면을 칠하는 방법은 $3 \times 2 \times 1 = 6$가지이다. 따라서 전체적으로 $5 \times 6 = 30$가지 방법이 있다.

084 정답) 2

중앙 칸의 숫자가 5이며, 왼쪽 위와 오른쪽 아래에 4와 7이 배치되어야 함을 증명할 수 있다. 왼쪽 위 칸에 4가 들어가는 경우 해가 없으므로 왼쪽 위 숫자는 7이고, 오른쪽 아래 숫자는 4이다. 그러면 가능한 해는 2가지이다. 여러분이 직접 찾아보기 바란다.

Week 013

085 정답) 11

아빠 빈은 전체 콩의 절반 이상을 먹지 않기 때문에 최대 11개의 콩을 먹는다. 엄마 빈은 두 아이가 함께 먹는 콩의 수와 같은 수의 콩을 먹기 때문에 짝수 개의 콩을 먹으며, 이는 전체 먹은 콩 수의 최소 $\frac{1}{4}$이다. 따라서 엄마 빈은 콩을 적어도 6개 먹는다. 만약 엄마 빈이 콩을 6개 먹었다면 아빠 빈은 콩을 11개 먹게 되며, 이는 주어진 정보와 일치한다. 그러나 엄마 빈이 콩을 8개 이상 먹었다면 아빠 빈은 콩을 많아야 7개까지만 먹게 되는데, 이는 불가능하다. 왜냐하면 아빠 빈은 엄마 빈보다 콩을 더 많이 먹기 때문이다. 따라서 아빠 빈은 콩을 11개 먹었다.

086 정답) 없음

같은 세기에 속하려면 백의 자리에 0이 있어야 하므로 십의 자리도 마찬가지이다. 그런데 마지막 자리는 첫 번째 자리와 동일해야 한다. (다음 회문수 연도는 2112년이다.)

087　정답) 700만

주어진 정보에 따르면 인간은 잠자는 동안 약 9년에 한 번씩 거미를 삼킨다. 따라서 영국에서 한 해 동안 인간에게 섭취되는 거미의 수는 6000만 명의 약 $\frac{1}{9}$, 즉 약 700만 마리이다.

088　정답) 43 × 29 = 1247

뒷부분 덧셈에서 일의 자리에서 십의 자리로 받아올림이 발생하지 않으며, 이로 인해 네 번째 줄이 860임을 알 수 있다. 이 수가 나오려면 20부터 29까지 중 하나의 수를 43에 곱해야 한다. 43과 곱했을 때 중간 자리가 8인 세 자릿수를 만드는 유일한 한 자릿수는 9이다.

089　정답) 210분, 즉 $3\frac{1}{2}$시간

전체 시간의 절반을 놀고, $\frac{1}{3}$을 자고 남은 부분은 $1 - \frac{1}{2} - \frac{1}{3} = \frac{1}{6}$이다. 35분이 전체 시간의 $\frac{1}{6}$이기 때문에 피파가 머문 시간은 $6 \times 35 = 210$분(3시간 30분, 다시 말해 $3\frac{1}{2}$시간)이다.

090　정답) 4와 9

먼저 45의 모든 배수는 5와 9의 배수이며 p와 q는 한 자리 정수임을 주목한다. 5와 9로 나누었을 때 나눗셈의 일반적인 규칙을 '$ppppqqqq$'에 적용하면 $q=0$ 또는 $q=5$이며, $4p+4q$는 9의 배수임을 알 수 있다. $q=0$인 경우 $4p$는 9의 배수이므로 $p=9$이다. $q=5$인 경우 $4p+20=4(p+5)$는 9의 배수이다. 그러므로 $p+5$는 9의 배수이다. 따라서 $p=4$이므로 가능한 수는 '99990,000'과 '44445555' 2가지이다.

091　정답) $\frac{6}{7}$

왼쪽 위 칸의 수를 a라고 하면, 다른 수들은 a를 사용하여 $2a, 4a, 3a, 6a, 12a, 9a, 18a, 36a$로 나타낼 수 있다. 9개 수의 합은 $91a$이다. 그런데 합이 13이므로 $91a=13$, 따라서 $a=\frac{1}{7}$이다. 그러므로 중앙 칸의 수는 $6a=\frac{6}{7}$이다.

Week 014

092 정답) 6.05파운드

4의 배수 위치에 있는 동전은 모두 2펜스 동전이다. 3의 배수지만 4의 배수가 아닌 위치의 동전은 5펜스 동전이다. 2의 배수이지만 3이나 4의 배수 위치가 아닌 동전은 10펜스 동전이다. 다른 모든 위치에 있는 동전은 20펜스 동전이다.

093 정답) 8

이 모양들을 자르고 재배열하면 4×2 직사각형을 만들 수 있다. 따라서 어두운 부분의 넓이는 8이다.

094 정답) 3

$1664 = 13 \times 128$. 만약 13이 가장 큰 아이 나이의 약수라면 가장 어린 아이의 나이 약수이기도 하며, 그 반대도 마찬가지이다. 둘 중 어느 경우든 아이들의 나이 곱은 132을 약수로 가지게 된다. 따라서 가장 큰 아이와 가장 어린 아이의 나이는 128의 약수여야 하며, 이 중 하나는 13보다 작고 다른 하나는 13보다 커야 한다. 따라서 유일한 가능성은 8과 16이다. $8 \times 13 \times 16 = 1664$이므로 이 가족의 자녀는 모두 3명이며 각각의 나이는 8, 13, 16이다.

095 정답) 361

홀이 가득 찼다면 모인 금액은 600파운드에 성인 1명당 2파운드를 더한 금액이 된다. 이때 표 판매로 1320파운드를 벌려면 성인 360명과 어린이 240명이 있어야 한다. 빈 좌석이 있어야 하므로 어린이 3명을 빼고 성인 1명을 더 추가한다. $361 \times 3 + 237 \times 1 = 1083 + 237 = 1320$이므로 이 답은 유효하다.

096 정답)

¹7	²8
³5	1

[세로 1]은 25 또는 75이다. [세로 1]이 25라면 [가로 1] 조건을 충족시키기 위해 가능한 [세로 2]는 16과 49밖에 없다. [세로 2]가 16 또는 49라면 [가로 3]은 56 또는 59가 되지

만 둘 다 3의 배수가 아니다. 따라서 [세로 1]은 75이다. 그러면 [세로 2]는 25 또는 81 중 하나이지만 여기서 [세로 2]가 25라면 [가로 3]과 모순된다. 따라서 [세로 1]은 75이고 [세로 2]는 81이다. 그러면 [가로 1]은 3의 배수가 되며, [가로 3]은 3과 소수 17의 곱이다.

097 정답) 675

문제에 따르면 '$abcba$'는 8의 배수이다. 따라서 1000은 8의 배수이며, 1000의 배수는 모두 8의 배수이므로 'cba' 역시 8의 배수이다. 또한 문제에 따르면 'abc'는 3의 배수이다. 그런데 'abc'와 'cba'는 각 자리 숫자의 합이 같기 때문에 'cba'도 3의 배수이다. 따라서 'cba'는 24의 배수이다. 마지막으로 '$cbabc$'가 15의 배수라는 조건이 주어졌다. $c \neq 0$이므로 $c = 5$이며 $c + b$는 3의 배수이다. 5로 시작하는 세 자릿수 중 24의 배수인 'cba'의 가능한 값은 504, 528, 552, 576이며, 이 중 $c + b$가 3의 배수인 것은 576뿐이다. 따라서 정수 'abc'는 675이다.

098 정답) 631

첫 두 항이 각각 a와 b라고 가정한다. 그러면 수열의 첫 아홉 항 $a, b, a+b, a+2b, 2a+3b, 3a+5b, 5a+8b, 8a+13b, 13a+21b$이다. 여덟 번째 항이 390이므로 $8a+13b = 390$이고, 따라서 $8a = 13(30-b)$이다. 즉 $8a$는 13의 배수이며, 따라서 a 자체도 13의 배수이다. $8a = 390-13b$이므로 $a \geq 26$이라면 $390-13b \geq 8 \times 26$이다. 즉, $13b \leq 390-208 = 182$이며, 이는 $b \leq 14 < a$임을 뜻하므로 수열이 증가한다는 조건에 모순된다. 그러므로 $a = 13$이고 $13b = 390-13 \times 8$이므로 $b = 22$이다. 따라서 아홉 번째 항은 631이다.

Week 015

099 정답) B

B가 가능하려면 직사각형의 대각선이 대칭축이 되어야 하지만 그렇지 않다.

100 정답) 21:00

x 시간 후 첫 번째 시계는 $2x$ 시간 앞으로 가고 두 번째 시계는 x 시간 뒤로 간다. 따라서 두

시계가 다시 일치하는 시점은 $2x + x = 24$일 때, 즉 $x = 8$일 때이다. 따라서 정확한 시각은 21:00이다.

101 정답) $2 + \pi$

어두운 영역은 2×1인 직사각형과 반원 1개, 사분원 2개로 나눌 수 있다. 따라서 총 넓이는 직사각형의 넓이와 반지름 1인 원의 넓이의 합이며, 이는 $2 + \pi$이다.

102 정답) 4

한 주에 있는 분의 수는 $7 \times 24 \times 60$이며, 이는 $(7 \times 6 \times 5 \times 4 \times 3 \times 2) \times 2$로 표현할 수 있다. 따라서 $8 \times 7 \times 6 \times 5 \times 4 \times 3 \times 2 \times 1$분에 해당하는 주 수는 $8 \div 2 = 4$이다.

103 정답) 집

백금 1kg의 부피는 $1000/21.45 \text{cm}^3$이며, 이는 약 50cm^3이다. 따라서 백금 1톤의 부피는 약 $50,000 \text{cm}^3$이며, 이는 약 $1/20 \text{m}^3$이다. 그러므로 연간 생산되는 백금의 부피는 약 5m^3이며, 지금까지 생산된 백금의 총 부피는 약 250m^3이다. 이는 크기가 $10\text{m} \times 5\text{m} \times 5\text{m}$인 직육면체의 부피와 유사하며 대략 집과 비교될 만한 크기이다.

104 정답) 2

2개의 숫자에 밑줄을 그을 수 있다. $1, -1, -2, \frac{1}{2}, 3, \frac{1}{3}, 4, \frac{1}{4}, 5, \frac{1}{5}$과 같이 수 목록을 만들면 1과 −1은 다른 아홉 숫자의 곱과 같다. 3개의 숫자에 밑줄을 그을 수는 없다. 증명은 여러분의 몫으로 남겨둔다.

105 정답) 5

한 행과 한 열에는 말이 없기 때문에 나머지 행과 열만 고려하면 된다. 만일 오른쪽 아래 2×2칸에 말이 2개 이상 있다면, 이는 각 행과 열에 1개씩 2개 있음을 뜻한다. 따라서 이 두 열의 상단과 두 행의 왼쪽에는 말이 없다. 그러므로 그 밖에 다른 말이 있을 수 있는 유일한 위치는 맨 왼쪽 위 모서리이다. 하지만 맨 위 행에는 말이 2개 필요하다. 따라서 하단 오른쪽 2×2칸에는 말이 최대 1개 있을 수 있다. 만약 오른쪽 아래 2×2칸에 말이 하나도 없다면 수가 1로 표시된 각 열의 상단에 하나씩, 수가 1로 표시된 각 행의 시작 부분에 하나씩 말이 있어야 한다. 그렇지 않다면 오른쪽 아래 2×2칸 중 어느 한 칸에 말이 있을 수 있으며, 그 각각은 남은 말의 위치를 강제한다. 따라서 5가지 가능성이 있다.

106   정답) 3

이 숫자들은 $\sqrt{99}, \sqrt{112}, \sqrt{125}, \sqrt{108}, \sqrt{98}$로 고쳐 쓸 수 있다. 따라서 $4\sqrt{7}$, $5\sqrt{5}$, $6\sqrt{3}$은 10보다 크다.

107   정답) 9

각 점이 가질 수 있는 최소 연결 수를 n이라고 하면 모든 점에서 나온 연결선의 총 수는 $7n$이 된다. 각 연결선은 두 끝점을 가지므로 점을 기준으로 하면 연결선을 두 번씩 세게 된다. 따라서 $7n$은 짝수여야 하며, 이에 따라 n도 짝수이다. 그림에서 한 점은 이미 연결선을 3개 가지고 있으므로 각 점에서 나올 수 있는 최소 연결 수는 4개이다. 총 연결 수는 $7 \times 4 = 28$이 되며, 이는 14개의 연결선이 필요하다. 이미 있는 5개를 빼면 9개를 더 추가해야 한다. 직접 그려보면 이것이 가능함을 알 수 있다.

108   정답) 112번째

먼저 U, K, M, I, C의 알파벳 조합은 120(=5!)가지가 있다. 사전 순서대로 늘어놓을 때 UKIMC 다음에 오는 조합은 UKMCI, UKMIC, UMCIK, UMCKI, UMICK, UMIKC, UMKCI, UMKIC이다. 이렇게 8개가 있으므로 UKIMC는 목록에서 112번째이다.

109   정답) 스피드 스케이팅

앤드리아를 테이블의 맨 위에 배치한다. 이바와 필립이 서로 옆에 있으므로 벤은 앤드리아 옆에 있어야 한다. 만약 벤이 앤드리아 오른쪽에 있다면 스키 선수와 마주보고 있을 텐데, 스키 선수는 앤드리아의 왼쪽에 있기 때문이다. 하지만 벤은 스피드 스케이팅 선수와 마주 보고 있다. 따라서 벤은 앤드리아의 왼쪽에 있으며 스키 선수이다. 하키 선수는 벤의 맞은편에 있지 않으며, 왼쪽에 여자가 있다. 따라서 하키 선수는 테이블 가장 아래에 있으며, 이바는 테이블에서 왼쪽에 있다. 따라서 이바가 스피드 스케이팅 선수이다.

110 정답) 24

페드로가 선택한 수 6개를 생각해 보자. 단 1쌍만 큰 숫자가 작은 숫자로 나눠지지 않는 특성을 가지고 있다. 그 쌍에서 작은 숫자를 y라고 하면 y는 N과 같지 않다. 이제 다른 수 5개를 작은 수부터 나열해 보자. 그렇다면 각 수는 N을 비롯해 그 이후에 배치된 모든 수를 나눌 수 있어 한다. 그러므로 가장 큰 수 N은 1보다 큰 4개 수의 곱이어야 한다. 가장 작은 후보부터 생각하면 $2 \times 2 \times 2 \times 2 = 16$과 $2 \times 2 \times 2 \times 3 = 24$ 등이 있다. y가 존재하려면 N이 16일 수는 없다. 다만 24일 수는 있다. 이때 페드로는 1, 2, 3, 6, 12, 24(또는 대안으로 1, 2, 4, 8, 16, 24)로 된 집합을 선택할 수 있다.

111 정답) 25m/s

기차의 길이가 x m라고 가정해 보자. 기차가 터널을 완전히 통과할 때, 터널의 길이와 기차의 길이를 더한 거리를 이동한다. 따라서 첫 번째 사실은 기차가 5초 동안 $85 + x$ m를 이동함을 알려 주고, 두 번째 사실은 기차가 8초 동안 $160 + x$ m를 이동함을 알려 준다. 차이를 계산하면 기차는 $8 - 5$초 동안 $(160 + x) - (85 + x)$ m를 이동한다. 즉, 3초 동안 75m를 이동하며, 이는 초당 25m의 속도에 해당한다.

112 정답) 12360

모든 다섯 자리 정수는 1로 나누어 떨어진다. 다음으로 2와 5로 나누어지는 수는 10으로도 나누어지므로 마지막 자리는 0이다. 모든 자리 숫자가 서로 다르기 때문에 나머지 자리는 모두 0이 아니다. 다섯 자릿수 중에서 첫 번째 자리가 1인 수는 첫 번째 자리가 1이 아닌 수보다 작다. 따라서 첫 번째 자리가 1이면서 요구 조건을 충족하는 수를 찾을 수 있다면, 그런 수 중에 가장 작은 수가 있을 것이다. 마찬가지로 첫 두 자리가 '12'인 수는 그 밖의 서로 다른 0이 아닌 각 자리 숫자를 가진 수보다 작다. 그런 식으로 해서 실제로 첫 세 자리가 '123'인 수는 해당하는 자리 숫자가 다르고 요구 조건에 맞는 모든 수보다 작다. 이제 '123s0' 형태의 수를 찾아보자. 어떤 마지막 두 자리가 4의 배수인 수만 4의 배수이다. 따라서 s가 짝수인 경우만 고려하면 된다. 마찬가지로 각 숫자의 합이 3의 배수인 수만 3의 배수이다. 따라서 s가 3의 배수인 경우만 고려하면 된다. 12360은 앞자리가 '123'인

수 중에 1, 2, 3, 4, 5로 나누어지는 유일한 숫자이며, 이 요구 조건을 만족하는 가장 작은
숫자이다.

113   정답) 18

S에서 U로 가는 경로는 3개, U에서 V로 가는 경로는 2개이다. 따라서 S에서 V로 가는 서
로 다른 경로의 수는 $3 \times 2 = 6$이다. 각 경로는 V에서 T로 가는 서로 다른 경로 3개 중 하
나를 따라갈 수 있으므로 전체 경로의 수는 $6 \times 3 = 18$개이다.

114   정답) 450ml

로스가 x ml를 마신다고 가정하면 레이첼은 $\frac{3}{2}x$ ml를 마셨으므로 $x + \frac{3}{2}x = 750$이 된다. x를
구해 보면 로스가 300ml를 마셨고, 따라서 레이첼은 450ml를 마셨다.

115   정답)

2	$\frac{1}{6}$	3
$\frac{3}{2}$	1	$\frac{2}{3}$
$\frac{1}{3}$	6	$\frac{1}{2}$

이 그림에 표시된 해를 회전하거나 뒤집으면 7가지 다른 해를 찾을 수 있다. 이 문제를 이
론적으로 해결한다면 1이 중앙 칸에 있어야 함을 보여주는 것부터 시작할 수 있지만 시행
착오를 거쳐 해결하는 편이 더 빠를 것이다.

116   정답) 45°

정삼각형, 정사각형, 정육각형의 내각은 각각 $60°$, $90°$, $120°$이다. 한 점의 각도 합은 $360°$
이므로 $\angle TUV = 360° - 60° - 90° - 120° = 90°$이다. 그런데 $UV = UT$이다. 왜냐하면 둘
다 UW와 길이가 같기 때문이다. 따라서 삼각형 UTV는 이등변삼각형이다. 그러므로
$\angle TVU = 45°$이다.

117   정답) 66660

1, 2, 3, 4의 각 자리 숫자를 사용하여 네 자릿수를 만드는 방법은 $4 \times 3 \times 2 \times 1 = 24$가지이다. 각 자리 숫자는 단위, 십의 자리, 백의 자리에 각각 여섯 번씩 나타난다. 따라서 목록에 있는 모든 수의 합은 $(6 \times 1 + 6 \times 2 + 6 \times 3 + 6 \times 4) \times (1000 + 100 + 10 + 1) = 6 \times (1 + 2 + 3 + 4) \times 1111 = 6 \times 10 \times 1111 = 66660$이다.

118   정답) 5

기사 k명과 농노 s명이 있으며, 첫 번째 질문에 거짓말을 한 아가씨 d명이 있다고 가정한다. 첫 번째 질문에 '예'라고 답한 사람들은 기사들(참), 농노들(거짓), 그리고 첫 번째 질문에 거짓말을 한 아가씨들이다. 이로써 방정식 $k + s + d = 17$이 성립한다. 두 번째 질문에 '예'라고 답한 사람은 농노들(거짓)과 첫 번째 질문에 거짓말을 했지만 두 번째 질문에는 참말을 한 아가씨들이다. 이로써 방정식은 $s + d = 12$가 된다. 두 번째 방정식을 첫 번째 방정식에서 빼면 $k = 5$가 된다. 따라서 이 집단의 기사 수는 5명이다.

119   정답) 9

성인이 맞은편 강변으로 건너가려면 그곳에 어린이가 기다리고 있어야 한다(안 그러면 성인이 다시 배를 되돌려 보내야 하는데, 이는 왕복 횟수를 낭비할 뿐이다). 이는 첫 두 번의 건너기에서 두 어린이가 모두 맞은편 강변으로 건너가고 그중 1명은 그곳에 머무르며 다른 1명이 배를 되돌려 보내는 경우에만 가능하다. 세 번째 건너기는 첫 번째 성인이 맞은편 강변으로 건너가고, 네 번째 건너기에서는 맞은편 강변에 기다리고 있던 어린이가 배를 출발 지점 강변으로 가져온다. 따라서 네 번의 건너기 후 성인 중 1명은 맞은편 강변에 있고 나머지 일행은 출발 지점 강변에 있다. 이 절차를 반복하면 여덟 번의 건너기 후 두 성인 모두 맞은편 강변에 있고 두 어린이 모두 출발 지점 강변에 있다. 아홉 번째이자 마지막 건너기에서 두 아이가 모두 맞은편 강변으로 건너간다.

120   정답) 384

큰 정육면체의 변의 길이를 n이라고 하자. 큰 정육면체의 각 변마다 정확히 4개의 다른 정육면체와 붙어 있는 정육면체가 $n-2$개 있다. 그리고 총 $12(n-2)$개의 정육면체가 정확히 4개의 다른 정육면체에 붙어 있다. 따라서 $12(n-2)=96$이므로 $n=10$이다. 큰 정육면체의 각 면에는 정확히 5개의 다른 정육면체에 붙어 있는 정육면체가 8^2개 있다. 따라서 총 $6\times 64=384$개의 정육면체가 정확히 5개의 다른 단위 정육면체에 붙어 있다.

121   정답) 1,440,000파운드

처음에 작은 마구간 속 조랑말 3마리의 가치를 $s+250{,}000$로, 큰 마구간 속 다른 조랑말 3마리의 가치를 x로 가정한다. 그러면 작은 마구간의 평균 가치 변화는 $\frac{s}{2}-\frac{s+250\,000}{3}$ $=10{,}000$이므로 $s=560{,}000$이다. 마찬가지로 $\frac{x+250{,}000}{4}-\frac{x}{3}=10{,}000$이므로 $x=630{,}000$이다. 따라서 조랑말 6마리의 총 가치는 $(s+x+250{,}000)=1{,}440{,}000$이다.

122   정답) 10cm×10cm

1cm 타일은 넓이가 1cm^2이며, 2cm 타일은 넓이가 4cm^2이다. 각 유형의 타일이 n개 있다고 가정한다. 그러면 조합된 정사각형의 넓이는 $5n\ \text{cm}^2$가 되는데 $5n$은 제곱수여야 한다. 가장 작은 n은 5일 수 있다. 이 경우 타일들이 $5\text{cm}\times 5\text{cm}$ 정사각형을 형성하도록 맞추어져야 한다. 2cm 타일 4개를 5cm 정사각형에 배치하고 나면, 다섯 번째 2cm 타일은 남은 공간에 배치할 수 없다. 따라서 n은 5일 수 없다. $5n$을 제곱수로 만드는 그 다음으로 작은 n은 20이다. 이 경우는 타일들이 $10\text{cm}\times 10\text{cm}$ 정사각형을 형성하도록 맞춰야 한다. 이 배열은 가능하다.

123   정답) 6

15의 소인수 분해는 3×5이므로 '$p869q$'는 3과 5의 배수여야 한다. 따라서 각 자리 숫자의 합은 3의 배수여야 하고, q는 0 또는 5여야 한다. $q=0$일 때 각 자리 숫자의 합은 $23+p$이며 $p=1,4,7$일 때 3의 배수이다. $q=5$일 때, 각 자리 숫자의 합은 $28+p$이며 $p=2,5,8$일 때 3의 배수가 된다. 따라서 가능한 쌍은 $(1,0),(4,0),(7,0),(2,5),(5,5),(8,5)$이며 총

6개이다.

124   정답) 8

6개의 수는 모두 2, 3, 2×2, 5, 2×3, 2×5와 같이 소수의 곱으로 표현할 수 있다. 목록에 3이 두 번만 나타나기 때문에 3과 6은 삼각형의 같은 변에 있을 수 없다. 5와 10도 마찬가지이다. 목록에 5가 두 번만 나타나기 때문이다. 이를 고려하고 대칭성을 생각할 때 가능한 배열은 다음과 같다.

각 배열에서 2와 4는 2가지 방법으로 배치할 수 있으므로 총 8가지 배열이 가능하다.

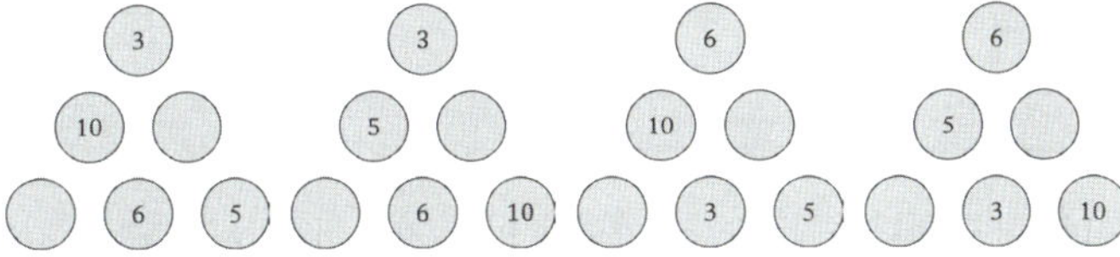

125   정답) 세 번

초록 팀은 분홍 팀에 승리했고, 파랑 팀과 무승부를 기록했으며, 노랑 팀과 빨강 팀에 패배했다. 승리한 경기 수를 w, 무승부로 끝난 경기 수를 d라고 하자. 5개 팀이 서로 한 번씩 경기를 했을 때 경기의 총 수는 $\frac{1}{2}(5 \times 4) = 10$이다. 따라서 $w + d = 10$이다. 점수표에서 총 27점이 기록되었음을 알 수 있다. 따라서 $3w + 2d = 27$이다. 이 두 방정식에서 $w = 7$이고 $d = 3$임을 알 수 있다. 그러므로 무승부는 세 번 발생했다. 따라서 초록 팀이 무승부를 네 번 해서 해당 점수를 얻을 수는 없다. 그러므로 1승, 1무, 2패를 기록했다. 그런데 노랑 팀은 3승 1무, 빨강 팀은 3승 1패를 기록할 수밖에 없다. 이것으로 모든 승리 횟수가 확인되었다. 따라서 파랑 팀은 3무 1패, 분홍 팀은 1무 3패를 기록했다. 이에 따라 파랑 팀은 빨강 팀에게 패배했고 다른 모든 팀과 무승부를 기록했다. 한편 노랑 팀은 파랑 팀과 무승부를 기록했고 다른 모든 팀을 이겼으며, 빨강 팀은 노랑 팀에게 졌고 다른 모든 팀을 이겼다. 따라서 초록 팀은 노랑 팀과 빨강 팀에게 졌고, 파랑 팀과 무승부를 기록했으며 분홍 팀을 이겼다. 이 결과를 표로 정리하면 다음(266쪽)과 같다.

	노랑	빨강	초록	파랑	분홍	승	무	패	점수
노랑	X	승	승	무	패	3	1	0	10
빨강	패	X	승	승	승	3	0	1	9
초록	패	패	X	무	승	1	1	2	4
파랑	무	패	무	X	무	0	3	1	3
분홍	패	패	패	무	X	0	1	3	1

126 정답) 3

두 자릿수의 삼각수와 제곱수 목록을 고려하자. [세로 2]는 5의 배수이므로 0 또는 5로 끝난다. 따라서 [가로 3]도 0 또는 5로 끝나며, 이와 같은 삼각수는 10, 15, 45, 55로 4개이다. 각 경우에 [세로 1]에는 단 하나의 제곱수가 존재한다. 이제 [가로 1], 즉 삼각수를 고려하자. 숫자 퍼즐을 완성하는 방법은 다음 3가지뿐이다.

<table>
<tr><td>¹6</td><td>²6</td></tr>
<tr><td>³4</td><td>5</td></tr>
</table>

<table>
<tr><td>¹2</td><td>²1</td></tr>
<tr><td>³5</td><td>5</td></tr>
</table>

<table>
<tr><td>¹2</td><td>²8</td></tr>
<tr><td>³5</td><td>5</td></tr>
</table>

127 정답) 4

맞닿은 동전 2개는 제거할 수 없다. 그렇게 하면 동전 2개와 삼각형을 이루던 세 번째 동전이 이동 가능해지기 때문이다. 또한 프레임의 모서리에 있는 동전과 중앙의 동전은 제거해도 남은 동전 중 어느 것도 이동하지 않는다. 그러나 남은 동전 중 적어도 하나는 제거된 동전 중 하나와 접촉하고 있으므로 추가로 동전을 제거할 수는 없다. 만약 4개 중 하나가 아닌 다른 동전을 먼저 제거한다면, 그 동전은 변의 중간에 있는 2개 중 하나가 될 것이다. 이 동전에는 동전 4개가 접촉하고 있으므로, 다음에 제거할 수 있는 동전은 나머지 5개가 된다. 5개 중 4개는 프레임의 변에 위치하며, 이 중 2개는 나머지 5번째 동전과 삼각형을 이룬다. 명백히 삼각형을 이루는 세 동전 중 하나만 제거할 수 있으며, 남은 두 동전

은 서로 닿아 있으므로 하나만 제거할 수 있다. 따라서 제거할 수 있는 최대 동전 수는 4개
이다.

128 정답) 9시간

치타가 시속 90km로 1시간 동안 달린다면 90km를 이동한다. 1분 동안은 1.5km 즉,
1500m를 이동한다. 18초는 0.3분이기 때문에 치타가 이동하는 거리는 450m이다. 달팽
이는 20시간에 1km를 이동하므로 1시간에 50m를 이동하며, 따라서 치타가 18초에 이동
한 거리를 달팽이가 이동하는 데 9시간이 필요하다.

129 정답) 280

3만 사용하면 333333이라는 1가지 숫자가 가능하다. 두 번째 숫자를 x라고 가정해 보자.
맨 첫 자리 숫자 3 이후에는 3 또는 x를 넣을 수 있는 위치가 5개 있다. 5개의 위치 각각에
2개의 선택지가 있으므로 $2^5 = 32$개의 선택지가 가능하다. 단, 이 중 하나는 3이 5개 연속될
것이므로 사실은 31개의 선택지가 된다. x가 될 수 있는 값은 0, 1, 2, 4, 5, 6, 7, 8, 9의 9개
이다. 따라서 9 × 31개의 숫자가 된다. 이를 번호 333333과 합치면 280개가 된다.

130 정답) 10

W는 승리 횟수이고 L은 패배 횟수라고 가정하자. 승리 횟수마다 1점이므로 승리로 얻은
점수는 W점이다. 무승부는 $40 - W - L$이므로 무승부에는 $\dfrac{W + (40 - W - L)}{2}$의 점수가 부여
된다. 총 점수는 25점이니 $\dfrac{W + (40 - W - L)}{2} = 25$가 된다. 따라서 승리한 수와 패배한 수의 차
이는 10이다.

131 정답) 14

4행과 4열이 있으므로 서로 다른 합계가 8개 필요하다. 가장 작은 8개의 합은 (이것이 가
능하다면) 0, 1, 2, 3, …, 7이다. 각 말은 행의 합과 열의 합에 모두 계산되므로 $\frac{1}{2}(0 + 1 + 2 +$
$\cdots + 7) = 14$개의 말이 필요하다. 다음 그림(268쪽)은 말 14개를 말판에 배치하여 가장 작은
8개의 합을 만들 수 있음을 보여준다(칸 안의 수는 그 칸에 있는 말의 수를 나타내며, 열과 행의
합은 표시되어 있다).

				0
1	1			2
	1	4		5
	1		6	7
1	3	4	6	

132 정답) 40

각 열차는 한 도시에서 출발해 다른 도시에 도착하므로 총 80개의 출발·도착점이 있다. 40개는 이미 언급되었으므로 남은 40개는 예나에서 출발·도착해야 한다.

133 정답) 15

나눗셈의 나머지는 항상 나누는 수보다 작기 때문에 가장 큰 나머지를 찾기 위해 먼저 가장 큰 나누는 수, 즉 두 자리 숫자의 합계가 가장 큰 경우부터 살펴보자. 가장 큰 합계는 18이다. 이때 99를 18로 나누면 나머지는 9이다. 다음으로 큰 합계는 17로, 89나 98에서 나올 수 있다. 나눗셈을 해보면 89를 17으로 나눴을 때 4가 남고, 98를 17으로 나누면 13이 남는다. 다음으로 큰 각 자리 숫자 합계는 16으로 88, 97, 79에서 나올 수 있다. 나누기를 해보면 88을 16으로 나눌 때 나머지가 8이고, 97을 16으로 나누면 나머지가 1이며, 79를 16으로 나누면 나머지가 15(현재까지 가장 큰 나머지)이다. 각 자리 숫자의 합이 16 미만인 경우는 모두 나머지가 15 미만이기 때문에 15가 가능한 가장 큰 나머지이다.

134 정답) 13과 16

이 수열의 항들은 6, 3, 14, 7, 34, 17, 84, 42, 21, 104, 52, 26, 13, 64, 32, 16, 8, 4, 2, 1, 4, 2, 1, ⋯ 이다. 이후로는 4, 2, 1 이외의 다른 항은 존재하지 않는다. 따라서 n의 값 중 n번째 항이 n과 일치하는 값은 13과 16뿐임을 알 수 있다.

135   정답) 168

첫 번째 자리의 숫자가 다른 네 자리 숫자의 합과 같기 때문에 뒤쪽 네 자리 숫자의 합은 10보다 작아야 한다. 합이 10보다 작고 서로 다른 한 자리 숫자의 집합은 $\{0,1,2,3\}$, $\{0,1,2,4\}$, $\{0,1,2,5\}$, $\{0,1,2,6\}$, $\{0,1,3,4\}$, $\{0,1,3,5\}$, $\{0,2,3,4\}$으로 7개이다. 4개의 숫자를 선택한 후에는 24가지 방법으로 배열할 수 있다. 따라서 가능한 수는 $7 \times 24 = 168$개이다.

136   정답) $\frac{1}{2}$

정팔각형 각 변의 길이를 $4x$라고 하자. 다음 그림은 도형의 일부를 보여준다. 이 그림에 표시된 4개의 삼각형은 모두 직각이등변삼각형이다. 삼각형에서 빗변 길이와 짧은 변 길이의 비율은 $\sqrt{2}:1$이다. 따라서 빗변 길이가 $4x$인 큰 삼각형에서는 짧은 변의 길이가 $\sqrt{2}x$이며, 빗변 길이가 $2x$인 작은 삼각형에서는 짧은 변의 길이가 $\sqrt{2}x$이다. 따라서 문제에 표시된 어두운 정사각형의 변의 길이는 $(4 + 2\sqrt{2})x$이다. 한편 바깥 정사각형의 변의 길이는 $(4\sqrt{2} + 4)x = \sqrt{2}(4 + 2\sqrt{2})x$이다. 그러므로 두 정사각형의 변의 비율은 $\sqrt{2}:1$이며, 이는 넓이의 비율이 $1:2$임을 뜻한다. 따라서 어두운 부분은 바깥쪽 정사각형의 $\frac{1}{2}$이다.

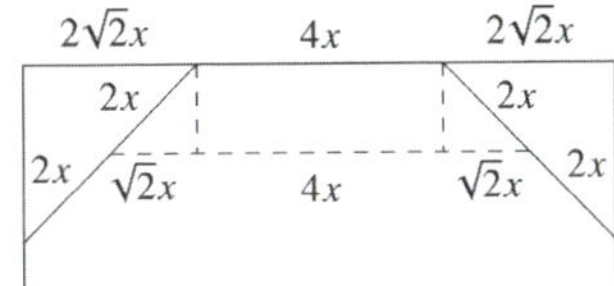

137   정답) $655 + 655 = 1310$과 $855 + 855 = 1710$ 둘 다 정답

먼저 세 자릿수 ODD는 100과 999 사이에 있다. 따라서 $EVEN = 2 \times ODD$이므로 $200 < EVEN < 1998$이다. 따라서 $EVEN$은 네 자릿수이므로 첫 번째 자리 숫자 E는 1이다. 남은 문제는 $ODD + ODD = 1V1N$이다. 여기서 십의 자리와 일의 자리는 같은 숫자가 더해지지만 $N \neq 1$이어야 한다. 그렇지 않으면 N과 E가 같아지기 때문이다. 두 열에서 합이 달라지려면 십의 자리로 받아올림이 일어나야 하는데, 덧셈의 받아올림은 가장 커도 1이므로 $N = 0$이 된다. $N = 0$을 만족하는 D는 0과 5로 2가지이다. 하지만 0은 이미 N의 값으로 사용되었기 때문에 $D = 5$이다. 따라서 문제는 이제 $O55 + O55 = 1V10$이 된다. 여기서 숫자 O는 받아올림을 일으킬 만큼 충분히 커야 하지만 D의 값으로 이미 사용된 5는 될 수 없다. 따라서 가능성은 $6, 7, 8, 9$이다. 이 중 가능한 경우는 6과 8로, $655 + 655 = 1310$과

855 + 855 = 1710이라는 2가지 해가 있다.

138 　정답) 11

정수는 각 자리 숫자의 합이 9의 배수일 때 9의 배수이며, 그렇지 않을 때는 9의 배수가 아니다. 이런 성질을 가진 세 자리 정수를 검토한다. 각 자리 숫자는 0과 9 사이이며, 0이 아니므로 각 자리 숫자의 합은 1과 27 사이이다. 정수가 9의 배수여야 하므로 각 자리 숫자의 합은 9, 18 또는 27이 된다. 그러나 18은 3개의 홀수 합으로 나타낼 수 없으며, 각 자리 숫자의 합이 27이 되는 유일한 방법은 999인데, 이는 가능한 정수 중 하나이다. 이제 남은 질문은 '각 자리 숫자의 합을 9로 만들 수 있는 방법은 무엇인가?'이다. 한 자리가 1이라면 남은 8은 2가지 방법으로 만들 수 있다. 1+7일 때 117, 171, 711이거나 3+5일 때 135, 153, 315, 351, 513, 531이다. 1을 사용하지 않는다면 유일한 정수는 333이다. 따라서 이런 수는 11개이다.

139 　정답) 15

x가 지금까지의 시험 점수 합계이고 n이 총 시험 횟수라고 가정한다. 주어진 정보로부터 $\frac{x+17}{n}=80$ 이며 $\frac{x+92}{n}=85$ 이다. 이 방정식을 재배열하면 $x+17=80n$과 $x+92=85n$이 되며, 두 방정식의 차를 구하면 $75=5n$이 된다. 따라서 시험의 총 횟수는 15이다.

140 　정답) 3

$p, p+8, p+16$은 3으로 나누었을 때 나머지가 서로 다르다. 따라서 이 중 하나는 3으로 나누었을 때 나머지가 0이어야 한다. 즉, 이 중 하나는 3의 배수이다. 3의 배수인 유일한 소수는 3 자체이다. 따라서 세 수 모두 소수라면 그중 하나는 3이며, 이는 p일 수밖에 없다. 이로써 3개의 소수 3, 11, 19를 얻을 수 있다.

Week 021

141 　정답) 3

조이의 두 수는 99와 12이며, 합은 111이다. 조아의 두 수는 98과 10이며, 합은 108이다.

따라서 이 둘의 답의 차이는 3이다.

142   정답) 60

2, 3, 4, 5, 6의 최소공배수를 구한다. 이 중 2, 3, 5는 소수이며 $4 = 2 \times 2$이고 $6 = 2 \times 3$이다. 따라서 최소공배수는 $2 \times 2 \times 3 \times 5 = 60$, 즉 60일 뒤에 열린다.

143   정답) 9

'$1234d678$' $= 12340678 + 1000d = (11 \times 1121879 + 9) + 11 \times 90d + 10d$. 따라서 이 수는 $10d + 9$가 11의 배수일 때만 11의 배수이다. 이는 $d = 9$임을 뜻한다.

144   정답) 9 : 8

편의상 정사각형 $ABCD$ 변의 길이를 2 단위라고 가정한다. AB가 정사각형 Q와 만나는 점을 E라고 하자. 정사각형 P의 변 길이는 1이며 따라서 넓이는 1이다. Q의 변 길이를 s라고 하자. 그러면 $AE = \sqrt{2}s$이고 $EB = \frac{\sqrt{2}}{2}s$이다. AB의 길이는 2이므로 $\sqrt{2}s + \frac{\sqrt{2}}{2}s = 2$이다. 그러므로 $\frac{3\sqrt{2}}{2}s = 2$이다. 따라서 $s = \frac{2\sqrt{2}}{3}$ 이다. 이때 Q의 넓이는 $s^2 = \frac{8}{9}$이다. 따라서 P의 넓이와 Q의 넓이의 비율은 $1 : \frac{8}{9}$이다. 이 비율은 9 : 8로 나타낼 수 있다.

145   정답) 6, 8, 10, 14, 15, 21

1보다 큰 양의 정수가 진약수의 곱으로 표현하려면 소수의 세제곱이거나 서로 다른 두 소수의 곱이어야 한다. 그에 따라 처음 나오는 6개의 정수는 6, 8, 10, 14, 15, 21이다.

146   정답) 2

표현식은 $\frac{K \times N \times A \times R \times O \times O}{M \times E}$로 약분할 수 있다. 이 값은 분모가 가장 크고 분자가 가장 작을 때 가장 작다. 그러므로 $M \times E = 9 \times 8 = 2^3 \times 3^2$을 시도해 보자. 분자는 최소화되어야 하지만 $M \times E$로 나누어 떨어지기는 해야 한다. 5개의 서로 다른 양의 정수의 곱의 최솟값은 $1 \times 2 \times 3 \times 4 \times 5 = 120$이므로, 이 분수의 최솟값은 2이다. 또한 3의 배수 2개가 필요하므로 3과 6을 선택지에 포함해야 한다. 다른 숫자를 가능한 한 작게 유지하기 위해 1, 2, 4를 시도하고 반복되는 문자 O를 1로 선택한다. K, N, A, R을 2, 3, 4, 6 중 임의의 순서로 배치하면 최솟값 2를 얻는다.

패배하는 플레이어는 테이블에 사탕이 1개 남는 사람이다. 왜냐하면 그 사탕을 가져가면 남은 사탕의 절반 이상을 가져가게 되기 때문이다. 첫 번째 플레이어는 연속되는 차례 동안 15, 7, 3, 1개의 사탕을 남기면 두 번째 플레이어를 패배로 이끌 수 있다.

Week 022

148 정답) 741

남은 숫자의 개수를 최대한 적게 만들기 위해서는 8(가장 높은 숫자)이 최대한 많이 남아야 한다. 또한 $2018 = 252 \times 8 + 2$인데, 1000자리 숫자에는 8이 250개만 있으므로 2(다음으로 높은 숫자)도 일부 필요하다. 따라서 $2018 - 250 \times 8 = 18$이고 $18 = 9 \times 2$이므로 남은 숫자의 합이 2018이 되기 위해 남기는 숫자 개수의 최솟값은 259이다. 따라서 지울 수 있는 최대 개수는 $1000 - 259 = 741$이다.

149 정답) 9

$4 \times \pi 2^2$ 제곱미터, 즉 16π 제곱미터를 파는데 정원사 1명이 16시간 걸린다. 지름 6m인 원형 꽃밭 6개는 총 넓이가 $6 \times \pi 3^2$ 제곱미터, 즉 54π 제곱미터이다. 꽃밭을 파는 데에는 정원사 10명의 작업 시간으로 54시간이 필요하다. 따라서 6명의 정원사가 이 꽃밭을 파는 데는 $54 \div 6 = 9$ 시간이 필요하다.

150 정답) 64cm²

회색과 흰색 영역을 합치면 변의 길이가 11인 정사각형과 변의 길이가 7인 정사각형을 형성하며, 총 넓이는 170이다. 마찬가지로 사선과 흰색 영역을 합치면 변의 길이가 9인 정사각형과 변의 길이가 5인 정사각형을 형성하며, 총 넓이는 106이다. 흰색 영역은 두 총합에 모두 포함되어 있으므로 총합의 차이는 회색 영역과 사선 영역의 차이이다. 따라서 정답은 $170 - 106 = 64$이다.

151   정답) 16

4와 10 사이의 원 안에 있는 수를 a라고 하자. 그러면 각 줄의 합인 T는 $a+14$이므로 3과 4 사이의 원 안에 있는 수는 $a+7$이다. 그런데 이 수는 1과 10 사이여야 하며, 7이나 10일 수는 없다. 따라서 $a=1$ 또는 $a=2$이다. $a=1$을 대입하면 $T=15$가 되지만 10을 포함한 다른 줄을 완성하려면 3이나 4를 재사용해야 한다. $a=2$를 시도하면 $T=16$이 되고 해가 된다. 따라서 $T=16$이 유일한 가능성이다.

152   정답) 두 자릿수: 12, 24, 36, 48 / 세 자릿수: 132, 264, 396

75% 증가는 그 수에 $\frac{7}{4}$를 곱하는 것과 같다. 두 자릿수 'ab'는 $10a+b$로 표현된다. 이 수의 각 자리 숫자를 바꿔서 $10b+a=\frac{7}{4}(10a+b)$이 성립하면 75% 증가한 것이다. 이 방정식은 $33b=66a$로 재배열될 수 있으며, 이는 $b=2a$와 동일하다. a와 b는 한 자리 숫자이므로 (a,b)의 해는 $(1,2),(2,4),(3,6),(4,8)$이다. 따라서 두 자릿수를 역순으로 바꿨을 때 75% 증가하는 두 자릿수는 12, 24, 36, 48이다. 마찬가지로 세 자릿수 'abc'의 각 자리 숫자를 바꿨을 때 75% 증가하는 조건은 $100c+10b+a=\frac{7}{4}(100a+10b+c)$이며, 이는 $131c=10b+232a$와 동등하다. 따라서 $131c$는 짝수이므로 c도 짝수이다. $c=2$일 때 방정식은 $262=10b+232a$가 된다. $10b \le 90$이므로 $172 \le 232a \le 262$이며, 따라서 $a=1$이고 $b=3$이다. 따라서 132는 각 자리 숫자를 역순으로 바꿨을 때 75% 증가하는 세 자릿수이다. 이와 같은 방법으로 다른 세 자릿수는 264와 396임을 알 수 있다.

153   정답) 1보다 큰 모든 값

$n=1$일 때 정수 1, 2, 3을 합이 같은 세 그룹으로 나누는 것은 불가능하다. $n=2$일 때 정수 1, 2, 3, 4, 5, 6을 합이 같은 세 그룹으로 나누는 것은 가능하고 $(1,6),(2,5),(3,4)$로 나누면 된다. $n=3$일 때, 정수 1, 2, 3, 4, 5, 6, 7, 8, 9는 $(1,2,3,4,5),(6,9),(7,8)$의 세 그룹으로 나누면 합이 같아진다. 첫 $3n$개의 정수를 합이 같은 세 그룹으로 나눌 수 있다고 가정하고, 다음 6개의 양의 정수 $3n+1, 3n+2, 3n+3, 3n+4, 3n+5, 3n+6$을 추가한다고 생각하자. 이 새로운 정수들을 $(3n+1, 3n+6),(3n+2, 3n+5),(3n+3, 3n+4)$로 짝을 지어 각 쌍의 합이 같도록 한다. 이제 기존의 세 그룹에 방금 짝을 지은 쌍을 하나씩 추가한다. 그러면 첫 $3(n+2)$개의 정수도 합이 같은 세 그룹으로 나눌 수 있음을 알 수 있다.

154 정답) X는 $n=2, 3, 4, 6, 7, 8$일 때 이기고 Y는 $n=5$일 때 이긴다

첫 번째 플레이어 X는 n이 2와 3일 때 승리한다. Y가 두 번째 말을 말판에 놓을 수 없기 때문이다. $n=4$일 때 X가 첫 번째 움직임을 그림에 표시된 대로 수행하면 Y가 두 번째 말을 말판에 놓을 수 없다. n이 5일 때 X가 첫 번째 말을 어디에 놓더라도 Y는 항상 두 번째 말을 말판에 놓을 수 있으며, 세 번째 말을 놓을 공간은 없다. 따라서 Y가 게임에서 승리한다. n이 6, 7, 8일 때 X가 그림에 표시된 대로 첫 번째 말을 배치하면 승리할 수 있다.

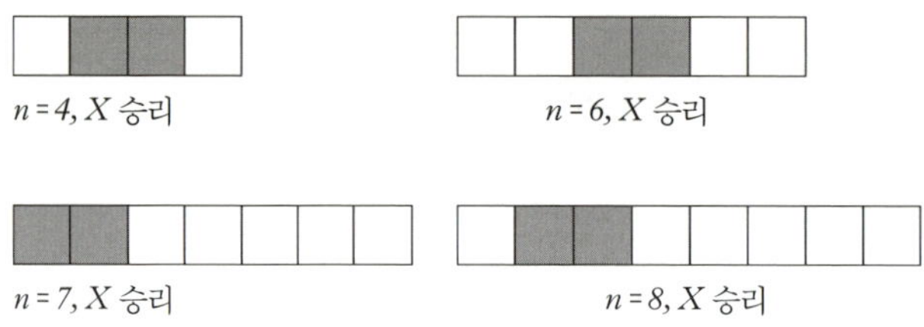

$n=4, X$ 승리 $n=6, X$ 승리

$n=7, X$ 승리 $n=8, X$ 승리

Week 023

155 정답) 720

$a°, c°, e°$로 표시된 각도는 삼각형의 외각으로 간주될 수 있으므로 합이 $360°$이다. 따라서 $a+b+c+d+e+f=720$이다. 왜냐하면 $b°, d°, f°$는 $a°, c°, e°$와 맞꼭지각이기 때문이다.

156 정답) $\frac{2}{3}$

두 시계는 매분 40초 동안 같은 시간을 표시한다. 그러므로 두 시계는 하루 중 $\frac{40}{60} = \frac{2}{3}$ 동안 같은 시간을 표시한다.

157 정답) 10cm

점선 원의 반지름을 r cm라고 하자. 그러면 2개의 동일한 넓이 중 하나는 반지름이 각각 14cm와 r cm인 원들에 의해 둘러싸여 있으며, 다른 하나는 반지름이 각각 r cm와 2cm인 원들에 의해 둘러싸여 있다. 따라서 $\pi \times 14^2 - \pi r^2 = \pi r^2 - \pi \times 2^2$이다. r^2를 중심으로 정리해 보면 $r^2 = 100$이 된다. 그러므로 $r=10$이다. 왜냐하면 $r>0$이기 때문이다.

158 정답) 1

먼저 b가 0일 수 없다는 점에 주의하자. 왜냐하면 0으로 나누기는 불가능하기 때문이다. 또한 $a = 0$이라면 $ab = 0$이 되고, 합은 $b + 0 = 0$이 되어 $b \neq 0$과 모순된다. 따라서 a와 b는 0이 아니다. 이제 $ab = \frac{a}{b}$이므로 $ab^2 = a$가 되고, 이는 $b^2 = 1$을 뜻한다. 따라서 $b = 1$ 또는 $b = -1$이다. 만약 $b = 1$이라면 $a + 1 = a$이지만 ($a + b = ab$이기 때문에) 이는 불가능하다. 만약 $b = -1$이라면 $a - 1 = -a$이므로 $2a = 1$이고, 이때 $a = \frac{1}{2}$이다. 즉, 가능한 쌍은 $a = \frac{1}{2}$, $b = -1$이 유일하다.

159 정답) 24

현재 아비의 나이가 a이고 베키의 나이가 b라고 가정한다면 $a + b = 44$이다. 베키가 현재 아비 나이의 절반일 때 나이는 $\frac{1}{2}a$이다. 그때는 $b - \frac{1}{2}a$년 전이었다. 그때 아비의 나이는 $a - (b - \frac{1}{2}a) = \frac{3}{2}a - b$였다. 베키가 이 나이일 때는 $b - (\frac{3}{2}a - b) = 2b - \frac{3}{2}a$년 전이었다. 그때 아비의 나이는 $a - (2b - \frac{3}{2}a) = \frac{5}{2}a - 2b$였다. 이것이 현재 베키의 나이이다. 따라서 $\frac{5}{2}a - 2b = b$이다. 그러므로 $b = 5$이며, 이 값을 방정식 $a + b = 44$에 대입하면 $\frac{11}{6}a = 44$이다. 따라서 $a = 24$이다.

160 정답) 21

수영과 배드민턴을 모두 하는 학생이 x명 있다고 가정한다. 여름에는 180명이 테니스를 하고 120명이 배드민턴을 한다. 따라서 배드민턴과 하키를 하는 학생 수는 $120 - x$명이다. 테니스 선수 중 30%가 겨울에 수영을 하기 때문에 여름에 테니스를 하고 겨울에 수영을 하는 학생 수는 54명이다. 그러므로 여름에 테니스를 하고 겨울에 하키를 하는 학생은 $180 - 54 = 126$명이다. 따라서 하키를 하는 학생은 모두 $(120 - x) + 126 = 246 - x$명이다. 하키 선수 중 56%가 테니스도 하기 때문에 $\frac{56}{100} \times (246 - x) = 126$이다. 이 방정식을 정리하면 $246 - x = 225$가 된다. 따라서 $x = 21$이다.

161 정답) 2

편의상 합계의 각 자리 열을 그림과 같이 $1, 2, 3, 4, 5, 6$으로 지정한다.

```
  1 2 3 4 5 6
    M A T H S
+   M A T H S
  ───────────
  C A Y L E Y
```

6열에서 Y가 짝수임을 알 수 있다. 따라서 3열에서 4열로 받아올림이 없으므로 $T < 5$이다. 3열과 6열을 비교하면 A와 S는 5 차이이다. 따라서 둘 중 하나는 5일 수 없다. 1열과 2열에서 $M \geq 5$이며 $C = 1$이다. 왜냐하면 3열에서 2열로 받아올림이 발생한다 해도 최대 1이기 때문이다. 3열에서 $A > 5$라면 3열에서 2열로 받아올림 1이 발생하므로 2열에서 A는 홀수이다. 따라서 A는 7 또는 9이다. $A < 5$라면 받아올림이 없으므로 A는 짝수이다. 그러므로 A는 2 또는 4이다. 이제 A가 2, 4, 7, 9인 경우를 각각 따로 살펴봐야 한다. 이 과정을 체계적으로 진행하면 A가 4일 때는 다음과 같은 해가 존재하지만 A가 다른 값일 때는 해가 없다는 결론에 도달하게 된다.

$$
\begin{array}{r}
7\ 4\ 2\ 6\ 9 \\
+\ 7\ 4\ 2\ 6\ 9 \\
\hline
1\ 4\ 8\ 5\ 3\ 8
\end{array}
$$

$$
\begin{array}{r}
7\ 4\ 3\ 2\ 9 \\
+\ 7\ 4\ 3\ 2\ 9 \\
\hline
1\ 4\ 8\ 6\ 5\ 8
\end{array}
$$

Week 024

162   정답) 45°

그림에는 이등변삼각형이 여러 개 포함된 것처럼 보이며, 이것이 사실임을 증명하여 문제를 해결한다. 예를 들어, 정사각형과 정삼각형은 변 AB를 공유하므로 모든 변의 길이가 같다. 따라서 삼각형 BCE는 이등변삼각형이다. 여기서 $\angle EBC$는 $90° - 60° = 30°$이다(정사각형의 내각과 정삼각형의 내각의 차이기 때문이다). 그러므로 $\angle BCE$와 $\angle CEB$는 각각 $75°$이다. 왜냐하면 이들은 이등변삼각형의 밑각이기 때문이다. 또한 삼각형 CEF가 이등변삼각형이라는 것도 구어졌다. $\angle FCE$가 $75°$임을 계산했기 때문에 $\angle CEF$는 $30°$이다. 마지막으로 $\angle BEF$는 $45°$이다.

163   정답) 1 : 1

사분원의 반지름을 $2r$이라고 하면 각 반원의 반지름은 r이다. 도형은 다음 그림과 같이 네 영역으로 나뉘는데, 그 넓이를 각각 X, Y, Z, T라고 표시한다.

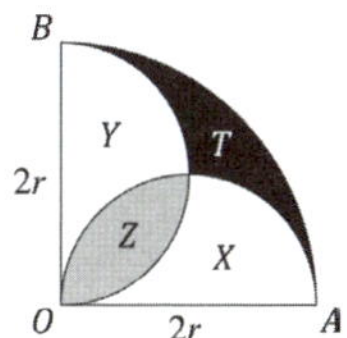

사분원의 넓이는 πr^2이다. 각 반원의 넓이는 $\frac{1}{2}\pi r^2$이다. 따라서 $X+Z=\frac{1}{2}\pi r^2$이다. 그런데 사분원 내부에 있지만 한 반원의 밖에 있는 넓이도 $\pi r^2-\frac{1}{2}\pi r^2=\frac{1}{2}\pi r^2$이다. 이는 $X+T=\frac{1}{2}\pi r^2$임을 뜻한다. 따라서 $X+T=X+Z$이다. 결론적으로 $T=Z$이므로 회색과 검정색 영역의 넓이는 같으며, 그 비율은 $1:1$이다.

164 정답) 460

반복되는 숫자의 개수에 따라 다양한 가능성을 고려한다. d, e, f가 서로 다른 숫자라면 이들이 만들 수 있는 내선 번호 형태는 'def', 'dfe', 'edf', 'efd', 'fde', 'fed'으로 6가지이다. 그러나 이 숫자들을 사용하여 만들 수 있는 서로 다른 내선 번호는 3가지뿐이다. 예를 들어 'def', 'efd', 'fde'가 서로 다른 내선 번호이다. 이 번호끼리는 숫자 2개만 서로 교환해서는 다른 번호를 얻을 수 없기 때문이다. 0부터 9까지의 숫자 10개 중에서 3개 숫자를 선택하는 방법은 $\binom{10}{3}$가지이다. 따라서 3개 숫자로 구성된 내선 번호의 가능한 조합은 $3\times120=360$가지이다. 만약 한 숫자, 예를 들어 d가 두 번 반복되고 다른 숫자가 e라면 'dde', 'ded', 'edd'로 3가지 확장 가능성이 있지만, 이 중 하나만 사용할 수 있다. 왜냐하면 서로 다른 2개 숫자를 교환함으로써 얻을 수 있기 때문이다. 따라서 이 유형으로 가능한 내선 번호 수는 먼저 반복되는 숫자를 선택한 다음 단일 숫자를 선택하는 방법의 수이다. 그러므로 이 유형의 내선 번호 수는 $10\times9=90$이다. 마지막으로 모든 숫자가 동일한 내선 번호인 'ddd' 형태가 10개 있다. 따라서 가능한 최대 내선 번호 개수는 $360+90+10=460$이다.

165 정답) 1, 2, 3

먼저 6번 공은 삼각형의 아랫줄에 있어야 함에 주목한다. 두 수의 차이가 6 이상인 경우가 없기 때문이다(가장 멀리 떨어진 숫자는 1과 6 자신이며, 이들의 차이는 5이다). 이는 6이 맨 윗줄에 있을 수 없음을 알려 주는 동시에 5도 있을 수 없음을 뜻한다. 실제로 5가 맨 윗줄에 있다면 중간줄은 1과 6이 놓여야 하며, 이는 6이 아랫줄에 있을 수 없음을 뜻하기 때문이다.

4가 맨 윗줄에 있다면 중간 숫자는 2와 6(위와 마찬가지 이유로 허용되지 않음) 또는 1과 5이다. 후자의 경우 5 아래의 숫자는 1과 6이어야 하지만 이미 1을 사용했기 때문에 불가능하다. 따라서 맨 윗줄 숫자의 가능성은 1, 2, 3으로 3가지이다. 이 셋 모두 해가 된다.

166 정답) 2025와 3136

네 자릿수의 각 자리에 1을 더하면 그 수는 1111만큼 증가한다. 따라서 1111만큼 차이나는 두 제곱수, 예를 들어 m^2와 n^2를 찾고 있다. 즉, m과 n이 양의 정수인 방정식 $m^2 + 1111 = n^2$의 해를 찾고 있다. 이 방정식은 $n^2 - m^2 = 1111$로도 표현할 수 있다. 이 방정식의 좌변을 인수분해하면 $(n-m)(n+m) = 1111$로 다시 쓸 수 있다. 따라서 $n-m$과 $n+m$은 1111의 약수이며, 그 곱이 1111인 양의 정수이다. 또한 $n-m < n+m$이다. 1111이 양의 정수 2개의 곱으로 표현될 수 있는 방법은 2가지뿐인데 1×1111과 11×101이다. 만약 $n-m=1$이고 $n+m=1111$이라면 $m=555$이고 $n=556$이 되며, 이 경우 $m^2 = 308025$이고 $n^2 = 309136$인데, 두 수는 네 자리 제곱수가 아니다. $n-m=11$이고 $n+m=101$이라면 $m=45$이고 $n=56$이 되며, 이 경우 $m^2 = 2025$이고 $n^2 = 3136$이다. 두 수는 모두 네 자리 제곱수이다. 따라서 이 경우가 유일한 해이다.

167 정답) 15 : 20

자동차, 스쿠터, 자전거, 오토바이의 속도(km/h)를 각각 c, s, b, m이라고 가정한다. 정오 12:00에는 자동차가 스쿠터와 같은 위치에 있다. 이 시점에서 자동차와 자전거, 자동차와 오토바이 사이의 거리(km)를 각각 B, M이라고 가정한다.

자동차 •→ c km/h m km/h ←• 자전거
스쿠터 •→ s km/h b km/h ←• 오토바이

$$\text{|←} \quad B\,\text{km} \quad \text{→|}$$
$$\text{|←———— } M\,\text{km} \text{ ————→|}$$

자동차와 자전거는 처음에 B km 떨어져 있다. 그들은 서로 향해 합계 $(c+b)$ km/h의 속도로 움직이다가 2시간 후에 만나게 된다.
따라서 $2(c+b) = B$　　　　　　　　 $\cdots$ (1)
마찬가지로 자동차와 모터사이클이 4시간 후에 만나므로

$$4(c + m) = M \qquad\qquad \cdots (2)$$

오토바이가 스쿠터를 17:00에 만나고 자전거를 18:00에 추월하므로

$$5(s + m) = M \qquad\qquad \cdots (3)$$

$$6(m - b) = M - B \qquad\qquad \cdots (4)$$

(2)에서 (1)의 2배를 빼면

$$4(m - b) = M - 2B \qquad\qquad \cdots (5)$$

(4)와 (5)로부터 $4(M - B) = 6(M - 2B)$를 얻으므로 $M = 4B$이다.

이 값을 (1), (2), (3)에 대입하면

$$c + b = \frac{1}{2}B \qquad\qquad \cdots (6)$$

$$c + m = B \qquad\qquad \cdots (7)$$

$$s + m = \frac{4}{5}B \qquad\qquad \cdots (8)$$

따라서 $s + b = (s + m) + (c + b) - (m + c) = \frac{4}{5}B + \frac{1}{2}B - B = \frac{3}{10}B$ 이므로

$$\frac{B}{s+b} = \frac{10}{3} = 3\frac{1}{3} \qquad\qquad \cdots (9)$$

한편 스쿠터와 자전거는 처음에 B km 떨어져 있으며, 합계 $(s + b)$ km/h의 속도로 서로를 향해 이동한다. 따라서 (9)에 의해 정오 12:00로부터 $3\frac{1}{3}$시간 후, 즉 15:20에 만나게 된다.

168 정답) 238

행진 악대원의 수는 3으로 나누었을 때 나머지가 1인 수이다. 따라서 4, 7, 10, 13, 16, ⋯와 같이 공차가 3인 수열 중 하나이다. 이 수열에서 4로 나누었을 때 나머지가 2인 가장 작은 수는 10이다. 3과 4의 최소공배수는 12이므로 3으로 나누었을 때 나머지가 1이고 4로 나누었을 때 나머지가 2인 수는 공차 12인 수열 10, 22, 34, 46, 58, 70, ⋯에 속한다. 이 수열에서 5로 나누었을 때 나머지가 3인 가장 작은 수는 58이다. 3, 4, 5의 최소공배수는 60이므로 3으로 나누었을 때 나머지가 1, 4로 나누었을 때 나머지가 2, 5로 나누었을 때 나머지가 3인 수는 58, 118, 178, 238, 298, ⋯이며 공차는 60이다. 이 수열의 모든 수는 6으로 나눴을 때 나머지가 4이다. 이 수열에서 7로도 나누어지는 가장 작은 수는 238이다.

169   정답) 25

샘이 나열한 첫 10개의 수는 7, 11, 13, 14, 17, 19, 21, 22, 23, 25이다.

170   정답) 20°

삼각형 JKO가 정삼각형이므로 $\angle JOK = \angle KJO = \angle JKO = 60°$이다. $\angle JMO = m°$라고 하자. 그러면 JMO가 이등변삼각형이므로 $\angle MJO = m°$이고 $\angle JOM = (180 - 2m)°$이다. $\angle OKL = k°$라고 하면 KLO도 이등변삼각형이므로 $\angle LOK = k°$이다. 삼각형 KLO와 OLM은 합동이므로 $\angle MOL = \angle OML = k°$이다. 이제 점 O에서 각도를 구하면 $180 - 2m + 60 + 2k = 360$이 되므로 $k = m + 60$이다. JK는 ML과 평행하므로 $\angle KJM + \angle JML = 180°$이며, 따라서 $(60 + m) + (m + k) = 180$이다. 그 결과 $m = 20$이므로 $\angle JMO = 20°$이다.

171   정답) 91

3개 수를 골라서 구한 합 4개를 모두 더하면 원래의 수 4개 합의 3배이다. 그러므로 이 수들의 합은 $(115 + 153 + 169 + 181) \div 3 = 206$이다. 따라서 암리타가 쓴 가장 큰 수는 $206 - 115 = 91$이다.

172   정답) 빈스 – 카디프, 윌 – 더럼, 제니아 – 애버딘, 이본 – 애든버러, 잭 – 벨파스트

윌은 여자 옆에 앉아 있지 않다. 따라서 남자 셋은 서로 옆에 앉아 있으며, 윌이 중간에 있다. 이본은 빈스 옆에 앉아 있으므로 제니아는 잭 옆에 앉아 있다. 따라서 시계 방향인지 반시계 방향인지는 알 수 없어도 원탁에는 이본, 빈스, 윌, 잭, 제니아가 돌아가며 앉아 있다.

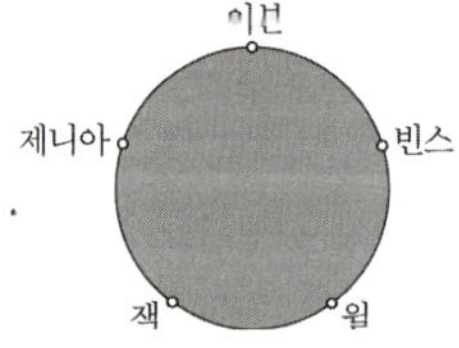

빈스가 이본과 더럼 출신 아이 사이에 앉아 있기 때문에 윌은 더럼 출신이다. 애버딘 출신

아이는 잭과 애든버러 출신 아이 사이에 앉아 있기 때문에 제니아가 애버딘 출신이고 이본은 에든버러 출신이다. 잭은 카디프 출신이 아니다. 따라서 잭은 벨파스트 출신이다. 그러므로 카디프 출신은 빈스이다.

173 정답) 192, 96, 64, 48

첫 번째 정수를 $12x$라고 하자. 그러면 두 번째, 세 번째, 네 번째 정수는 각각 $6x, 4x, 3x$이다. 이들의 합은 $25x$이므로 $25x = 400$이다. 따라서 $x = 16$이다. 그러므로 네 정수는 192, 96, 64, 48이다.

174 정답) 2

외발자전거, 두발자전거, 세발자전거의 개수를 각각 u, b, t라고 하자. 그러면 $u + b + t = 7$이고 $u + 2b + 3t = 13$이다. 첫 번째 방정식에서 두 번째 방정식을 빼면 $b + 2t = 6$이 된다. b와 t는 모두 양의 정수이므로 이 방정식을 만족하는 b와 t의 값은 $b = 2, t = 2$와 $b = 4, t = 1$이다. 두발자전거가 세발자전거보다 많기 때문에 $b = 4, t = 1$이다. 따라서 진열장에 있는 외발자전거의 수는 2이다.

175 정답) 56

리즈와 메리 둘 다 푼 문제의 총 점수는 5이며, 둘 중 1명만 푼 질문의 총 점수는 4이다. 두 사람이 모두 푼 문제의 수를 x라고 하자. 따라서 리즈만 푼 문제와 메리만 푼 문제의 수는 모두 $60 - x$이므로 $5x + 2 \times 4 \, (60 - x) = 312$가 된다. 이 방정식의 해는 $x = 56$이므로 둘 다 푼 문제의 수는 56이다.

Week 026

176 정답) 393mile

두 번째 표지판은 런던에서 143mile, 에든버러에서 250mile 떨어져 있다. 따라서 에든버러에서 런던까지의 거리는 393mile이다.

177 정답) 23

애덤은 마지막 자리의 숫자를 제거한 후 덧셈을 했을 것이다. 그렇지 않았다면 합계의 마지막 자리 숫자가 짝수가 되기 때문이다. 원래 수가 '$abcde$'라면 $52713 =$ '$abcde$' $+$ '$abcd$' $= 11 \times$ '$abcd$' $+ e$이다. 그런데 $52713 \div 11 = 4792$과 1이므로 애덤이 선택한 원래 수는 47921이며, 이 수의 각 자리 숫자의 합은 23이다.

178 정답) 124

수열은 $1, x, 1+x, 2(1+x), 4(1+x), \cdots$로 세 번째 이후의 각 항은 이전 항의 2배이다. 따라서 k번째 항은 $k > 3$일 때 $2k - 3(1+x)$이다. 그런데 $1000 = 23 \times 125$이므로 가능한 가장 긴 수열은 $k = 6$이고 $x = 124$일 때 발생한다.

179 정답) 자라

거스는 플로라보다 나이가 많다. 알레산드로는 자라보다 나이가 많지만 플로라보다 어리다. 그러므로 자라는 알레산드로보다 어리고, 알레산드로는 플로라보다 어리며, 플로라는 거스보다 어리다. 또한 올리버는 자라보다 나이가 많고 플로라는 이벳보다 어리다. 따라서 이벳은 자라보다 어리지 않다.

180 정답) 5가지 종목

'숟가락에 얹은 달걀' 경주에서 삼월 토끼가 마지막으로 도착했다. 앨리스, 삼월 토끼, 가짜 거북은 합계 $18 + 9 + 8 = 35$점을 얻었다. 종목은 둘 이상 있었고 1위, 2위, 3위의 점수는 각각 적어도 $3 + 2 + 1 = 6$ 이상이다. 이를 통해 각 종목 당 7점씩인 종목이 5개 있었다고 추론할 수 있다. 따라서 점수 체계는 1위 4점, 2위 2점, 3위 1점이다. 삼월 토끼는 자루 달리기에서 우승하여 4점을 얻었으므로 다른 모든 종목에서는 꼴등해야 총 8점을 얻게 된다.

181 정답) $a = 3$, $b = 0$, $c = 6$

'$abcabcbbb$'는 2와 5로 나누어지므로 10으로도 나누어지며, 따라서 $b = 0$이다. 그로 인해 N은 '$a0ca0c000$' $=$ '$a0c$' $\times 1001 \times 1000$이다. 그런데 $1001 = 7 \times 11 \times 13$이고 $1000 = 2 \times 2 \times 2 \times 5 \times 5 \times 5$이다. 따라서 '$a0ca0c000$'은 1, 2, 4, 5, 7, 8, 11, 13, 14로도 나누어 떨어진다. N이 9로 나누어 떨어지려면 N의 각 자리 숫자 합이 9의 배수여야 한다.

즉, $2a+2c$는 9의 배수이므로 $a+c$도 9의 배수이다. a와 c는 서로 다른 한 자리 숫자이므로 $a+c=9$가 된다. a와 c를 N이 9의 배수가 되도록 선택하면 N은 3의 배수이며 따라서 6, 12, 15의 배수도 된다. $N=$ '$a0c$' $\times 1001 \times 1000$은 16의 배수여야 하므로 '$a0c$'는 2의 배수이며 따라서 c는 짝수이다. 그러므로 (a, c)가 될 수 있는 조합은 $(1, 8)$, $(3, 6)$, $(5, 4)$, $(7, 2)$뿐이다. N이 17로 나누어 떨어지려면 '$a0c$'가 17로 나누어 떨어지게 a와 c를 선택해야 한다. 유일한 가능성은 $a=3$, $b=0$, $c=6$이다.

182 정답) A를 2칸 움직이거나 D를 2칸 움직인다

승리 전략은 A와 B 사이의 간격을 C와 D 사이의 간격과 동일하게 유지하도록 움직이는 것이다. 최종 위치에서 말은 말판의 오른쪽 끝부분에 있는 4칸을 차지하게 된다. 이 위치에서 A와 B 사이에는 말이 0개 있고, C와 D 사이에도 말이 0개 있다. 만약 A와 B 사이의 간격을 C와 D 사이의 간격과 동일하게 유지하도록 움직일 수 있다면 상대방이 움직일 때는 이 간격을 다르게 할 수밖에 없으며, 마지막 움직임은 당신의 몫이 된다.

Week 027

183 정답) 2 : 3

다음 그림과 같이 정삼각형과 정육각형을 서로 합동인 정삼각형으로 분할한다. 그러면 넓이의 비율은 $4:6=2:3$이 된다.

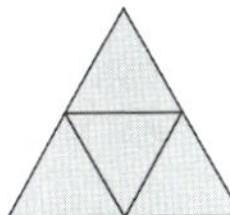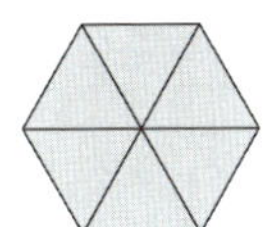

184 정답) 80

'cba' $=$ 'abc' $+99$인 정수 'abc'를 세어야 한다. 즉, $100c+10b+a=100a+10b+c+99$이다. 간단히 정리하면 방정식 $c=a+1$이 된다. 따라서 '$1b2$' 형태의 정수는 10개, '$2b3$' 형태의 정수는 10개, '$3b4$' 형태의 정수는 10개, $\cdots$ 그리고 '$8b9$' 형태의 정수는 10개이다. 따라서 전체 개수는 $8 \times 10 = 80$이다.

185   정답) 19

동일한 점수를 받은 학생의 쌍이 가장 적으려면 0에서 100까지 가능한 모든 점수가 적어도 1명의 학생에게 부여되어야 한다. 여기에는 학생 101명이 들어가며, 따라서 남은 학생 19명은 모두 누군가와는 동일한 점수를 받아야 한다. 즉, 120명의 학생은 동일한 점수를 받은 학생 19쌍과 다른 모든 학생과는 다른 점수를 받은 학생 82명으로 구성된다.

186   정답) 14

경기 점수를 다음과 같이 격자에 표시해 보자.

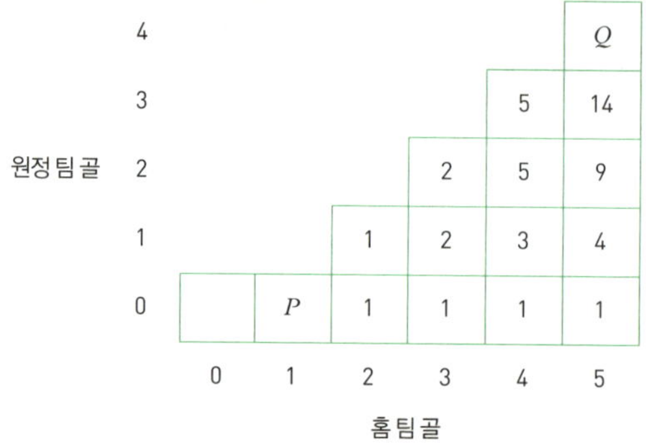

홈 팀이 골을 넣으면 점수가 오른쪽으로 1칸 이동하고, 원정 팀이 골을 넣으면 점수가 위쪽으로 1칸 이동한다. 홈 팀이 끝까지 앞서 있었기 때문에 위 격자에 표시된 위치만 가능하다. P (점수 1:0)에서 Q (점수 5:4)로 이동하는 방법의 수를 찾아야 한다. P의 옆 칸부터 시작하여 먼저 칸에서 해당 칸으로 이동하는 방법의 수를 기록하면 Q로 이동하는 방법은 14가지이다.

187   정답) O

이 문자열의 문자에 1, 2, 3, …등으로 번호를 매길 수 있다. 첫 번째 지우기에서는 짝수 번째 문자만 남는다. 두 번째 지우기에서는 4의 배수 번째만 남는다. 세 번째 지우기에서는 8의 배수 번째만 남는데, 이들은 모두 문자 O이다.

188 정답) 2

도형의 대칭성으로 미루어 볼 때 두 원은 동심원이다. 반원의 반지름을 r이라고 하자. 그러면 바깥 원의 반지름은 $2r$이며, 피타고라스 정리에 따라 안쪽 반지름은 $\sqrt{r^2 + r^2}$, 즉 $\sqrt{2}r$이다. 그러므로 두 원의 반지름은 $\sqrt{2}:2$, 즉 $1:\sqrt{2}$의 비율이며, 따라서 두 원의 넓이 비율은 $1:2$이다. 그러므로 바깥 원의 넓이는 2이다.

189 정답) 5

스포츠 리그는 모두 6경기이며, 각 경기는 무승부면 2점, 승부가 나면 3점이 부여된다. 따라서 리그 전체의 총점은 $12 + w$이고, 여기서 w는 승부가 난 경기의 수이다. 그러므로 리그 전체의 총점은 최소 12점, 최대 18점이다. 이제 리그가 끝났을 때 다른 모든 팀보다 많은 점수를 얻은 한 팀의 승점을 생각해 보자.

- 3점 이하: 리그 전체에는 최소한 9점이 더 존재한다. 그런데 다른 모든 팀이 각각 2점 이하를 얻었다고 해도 총합은 최대 6점에 불과하므로 이는 불가능하다.

- 4점: 한 팀이 4점을 얻는 유일한 방법은 $3 + 1 + 0$이다. 이는 최소 두 경기가 승부로 끝났음을 뜻한다. 그러면 리그 전체 총점은 최소 14점이 되고 나머지 팀들이 합쳐서 최소 10점을 얻어야 한다. 하지만 각 팀이 3점 이하를 얻는다고 하면 총합은 최대 9점이므로 역시 불가능하다.

- 5점: 이는 가능하다. 팀을 A, B, C, D라고 하자. A가 D를 이기고 나머지 모든 경기가 무승부라면 A는 5점, B와 C는 각각 3점, D는 2점을 얻는다.

따라서 정답은 5점이다.

Week 028

190 정답) 1

6의 배수는 휴일이다. $n > 0$일 때 $6n$과 $6n + 6$ 사이에는 소수가 아닌 날이 3개 이어지는 부분이 있다. 휴일을 H, 평일을 W, 미지수를 ?로 표시하면 $6n$부터 $6n + 6$까지의 날짜는 H?WWW?H 패턴을 이룬다. 우리는 HWH 패턴을 찾고 있지만 이는 앞서의 패턴과 맞지 않다. 따라서 HWH를 형성할 수 있는 날이 있다면 반드시 그 달의 첫 주에 있어야 한다. 1,

2, 3, 4, 5, 6은 WHHWHH 패턴을 갖기 때문에 HWH가 한 번 발생한다. 한 달의 첫 날이 두 휴일 사이의 근무일일 가능성도 고려할 수 있지만, 간단히 확인할 수 있듯이 40일도 근무일이다.

191 정답) $8(1+\sqrt{2})-3\pi$

주어진 정보에 따르면 4개의 원은 정사각형에 대칭적으로 배열되어 있다. 따라서 4개의 원 중심을 연결하는 선은 한 변의 길이가 2인 정사각형이 된다. 남은 흰색 영역은 4개의 $\frac{3}{4}$ 원으로 4개로 구성되며 총 넓이는 $4\times\frac{3}{4}\times\pi\times12=3\pi$이다. 따라서 흰색 영역의 넓이 $4+3\pi$이다. 피타고라스 정리에 따라 접하지 않는 두 원의 중심 사이의 거리는 $\sqrt{2^2+2^2}=2\sqrt{2}$이다. 따라서 주어진 정사각형의 한 변의 길이는 $2\sqrt{2}+2\times1$이다. 그러므로 어두운 영역의 넓이는 $\left(2+2\sqrt{2}\right)^2-(4+3\pi)=8\left(1+\sqrt{2}\right)-3\pi$이다.

192 정답) 2, 3, 5, 9, 10

어떤 하나의 수를 포함하여 세 수를 선택하는 경우의 수는 남은 네 수 중에서 두 수를 선택하는 방법의 수와 같다. 이는 $\binom{4}{2}$이다. 따라서 각 수는 모든 합에 걸쳐 여섯 번씩 나타난다. 그리고 합의 총합은 174이다. 따라서 5개 수의 합은 $174\div6=29$이다. 모든 세 수의 합이 정수이므로 두 수의 합도 정수이다. 따라서 목록에 있는 각 수는 정수이다. 세 수의 합이 동일한 경우는 1쌍뿐이므로 5개의 수는 모두 서로 다르다. 합이 24인 세 수는 하나뿐이며, 5개의 수의 합은 29이므로 합이 $29-24=5$인 쌍도 하나뿐이다. 이 쌍은 1과 4 또는 2와 3일 수밖에 없다. 또한 세 수의 합 중에 10이 있으므로 이때의 세 수는 1, 4, 5 또는 2, 3, 5일 수밖에 없다. 그러나 세 수가 1, 4, 5라면 세 수의 합이 14인 경우는 존재하지 않는다(모든 숫자가 서로 다르기 때문이다). 따라서 세 수는 2, 3, 5이다. 합이 10인 세 수가 존재하므로 합이 19인 두 수도 존재한다. 만약 이 두 수가 6과 13이라면 세 수의 합 중 하나는 $2+3+6=11$이 되어야 한다. 비슷한 방법으로 합이 19인 쌍이 7과 12 또는 8과 11일 가능성도 배제할 수 있다. 따라서 이 쌍은 9와 10이다.

193 정답) 2 또는 5

더 큰 정육면체가 $n\times n\times n$개의 작은 정육면체로 구성되어 있다고 가정한다. 그러면 칠하지 않은 작은 정육면체들은 직육면체를 형성하며, 칠하지 않은 작은 정육면체의 개수를

abc 형태로 계산할 수 있다. 여기서 a는 왼쪽과 오른쪽 면을 칠하지 않았다면 n, 두 면 중 하나를 칠했다면 $n-1$, 두 면 모두 칠했다면 $n-2$이다. 마찬가지로 b와 c는 앞면과 뒷면, 윗면과 아래면 중 어느 면이 칠해졌는지에 따라 $n, n-1, n-2$가 된다. 따라서 150을 서로의 차가 2 이하인 세 수의 곱으로 표현하려고 한다. 150의 소인수 분해는 $2 \times 3 \times 5 \times 5$이다. 그러니 $5 \times 5 \times 6$이 요구된 형태로 150이 나올 수 있는 유일한 방법이다. 이것은 파블로가 $6 \times 6 \times 6$ 정육면체의 이웃한 두 면을 칠하거나 $7 \times 7 \times 7$ 정육면체의 다섯 면을 칠하는 경우이다.

194 정답) 2

주어진 수식은 210과 같다. $+$기호 3개를 $-$로 바꾸면 수식에서 그 영향을 받은 세 항의 합계의 2배만큼 감소한다. 따라서 세 항의 합계는 $210-100$의 절반, 즉 55여야 한다. 그리고 세 항은 20 이하인 서로 다른 정수여야 한다. 세 항의 합 최댓값은 $18+19+20$으로 57이다. 55를 얻기 위해서는 여기서 세 항의 합을 2 줄여야 한다. 이는 18을 2 줄이거나 19를 2 줄이는 것(18과 19에서 각각 1씩 빼는 것은 이와 동일하다)으로 가능하다. 따라서 2가지 방법으로 총합 100을 얻을 수 있다. 16, 19, 20의 기호를 바꾸거나 17, 18, 20의 기호를 바꾸는 것이다.

195 정답) 13

$p=2$이거나 $p=3$이면 $\frac{p-1}{4}$는 정수가 아니며, 따라서 소수가 아니다. 2나 3이 아닌 소수는 6으로 나누었을 때 나머지가 1이나 5가 된다. $p=6k-1$ (여기서 k는 정수)일 때 $\frac{p+1}{2}=3k$이며, 따라서 $k>1$일 때 소수가 아니다. $k=1$일 때 $p=5$이고 $\frac{p-1}{4}=1$이며, 이는 소수가 아니다. 만약 $p=6k+1$ (여기서 k는 정수)이라면 $\frac{p-1}{4}=\frac{3k}{2}$인데 이는 k가 짝수일 때만 정수이고 $k=2$일 때만 소수이다. $k=2$일 때 $p=13$이고 $\frac{p+1}{2}=7$이며, 이는 소수이다.

196 정답) 1과 3

$1!=1$이며, 이는 제곱수이다.

$1!+2!=1+2=3$이며, 이는 제곱수가 아니다.

$1!+2!+3!=1+2+6=9$이며, 이는 제곱수이다.

$1!+2!+3!+4!=1+2+6+24=33$이며, 이는 제곱수가 아니다.

$n > 4$일 때 $n!$은 10의 배수이다. 따라서 $n > 4$일 때 $1! + 2! + 3! + 4! + 5! + \cdots + n!$의 일의 자리는 3이며, 따라서 제곱수가 될 수 없다.

197 정답) 3

이 곱의 일의 자리 숫자는 3이므로, 그 수를 5로 나눈 나머지도 3이다.

198 정답) 120

원래 정육면체의 면이었던 부분의 넓이는 $4 \times 4 - 2 \times 2$, 즉 12이다. 구멍을 뚫는 과정에서 2×1 크기의 직사각형 24개가 생성되었다. 따라서 전체 넓이는 $6 \times 12 + 24 \times 2 = 120$이다.

199 정답) 80

조건에 맞는 합은 $3 + 7 + 11 + 15 + 20 + 24 = 80$이다.

200 정답) 35

각 문제에서 얻은 점수를 a, b, c, d, e 라고 하고 $a < b < c < d < e$ 라고 하자. 가장 낮은 점수를 받은 두 문제의 점수 합은 10이므로 $a + b = 10$이다. 그러나 $a < b$이므로 $b \geq 6$이다. 마찬가지로 $d + e = 18$이고 $d < e$이므로 $d \leq 8$이다. 따라서 $b = 6$, $c = 7$, $d = 8$이므로 칼이 얻은 총 점수는 $10 + 7 + 18 = 35$이다.

201 전답) 8

미로에서 시작점과 종료점의 정사각형 중심 좌표를 각각 $(1, 4)$와 $(4, 1)$이라고 하자. 각 경로는 $(2, 3)$과 $(3, 2)$를 반드시 통과해야 한다. $(1, 4)$에서 $(2, 3)$로 가는 서로 다른 경로는 2가지가 있다. 그 다음에 갈 곳은 $(3, 3)$ 또는 $(2, 2)$이다. $(3, 3)$으로 가면 다음에는 $(3, 2)$로 가야 한다. 왜냐하면 $(3, 4)$, $(4, 3)$, $(4, 4)$는 이전에 지나간 칸을 다시 지나가지 않고는 갈 수 없기 때문이다. $(2, 2)$에서 다음으로 갈 수 있는 칸은 $(1, 2)$, $(2, 1)$, $(3, 2)$이다. 이들 각 지점에서는 $(3,2)$로 가는 경로는 단 하나뿐이다. 따라서 $(2,3)$에서 $(3,2)$로 가는 방법은 4가지이다. $(3,2)$를 방문한 뒤에는 미로 속에서 유일하게 유효한 경로가 $(4,2)$를 지나 $(4,1)$로 가는 길뿐이다. 그러므로 미로를 통과하는 서로 다른 경로의 수는 $2 \times 4 = 8$이다.

202   정답) 11

가장 작은 수를 n이라고 하자. 문제의 정보로부터 다음 방정식을 얻을 수 있다.

$$n + (n+1) + (n+2) + (n+3) + (n+4) = (n+5) + (n+6) + (n+7)$$

즉, $5n + 10 = 3n + 18$이고 이를 풀면 $n = 4$가 된다. 따라서 가장 큰 수는 $4 + 7 = 11$이다.

203   정답) 992

$n + \sqrt{n}$이 정수이므로 n은 제곱수이다. 1000에 가까운 제곱수는 $30^2 = 900$, $31^2 = 961$, $32^2 = 1024$이다. $n = 32^2$일 때 $n + \sqrt{n}$은 1000보다 크다. $n = 31^2$일 때 $n + \sqrt{n} = 992$이다. 따라서 주어진 형태로 쓸 수 있는 가장 큰 세 자리 정수는 992이다.

204   정답) 8

조이의 나이를 x라고 하자. 그렇다면 어머니의 나이는 $x + 24$이다. 그런데 24가 x로 나누어 떨어질 때만 $x + 24$도 x로 나누어 떨어진다. 24의 양의 약수는 $1, 2, 3, 4, 6, 8, 12, 24$이며, 따라서 조이의 나이가 어머니 나이의 약수인 해는 생일 여덟 번에 해당하고, 이때 어머니 나이는 $25, 26, 27, 28, 30, 32, 36, 48$이 된다.

205   정답) $2 : \pi$ (또는 $1 : \frac{\pi}{2}$)

원의 반지름을 r이라고 가정한다. 그러면 넓이는 πr^2이다. 이제 그림에 표시된 대로 꽃잎 1장의 넓이를 계산한다.

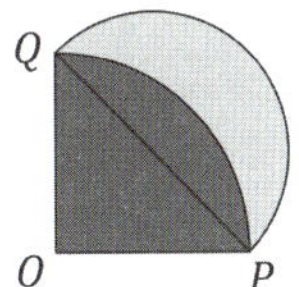

이 꽃잎은 지름이 PQ인 반원에서 선분 PQ에 의해 잘린 원의 일부를 뺀 부분으로 구성된다. 피타고라스의 정리에 따라 $PQ^2 = OP^2 + OQ^2 = 2r^2$이다. 따라서 지름 PQ인 반원의 넓이는 $\frac{1}{2}\pi\left(\frac{1}{2}PQ\right)^2 = \frac{1}{8}\pi PQ^2 = \frac{1}{4}\pi r^2$이다. 선분 PQ에 의해 잘린 원 일부의 넓이는 사분원 넓이에서 삼각형 POQ의 넓이를 뺀 값이다. 따라서 이 넓이는 $\frac{1}{4}\pi r^2 - \frac{1}{2}r^2$이다. 그러므로 각 꽃잎의 넓이는 $\frac{1}{4}\pi r^2 - \left(\frac{1}{4}\pi r^2 - \frac{1}{2}r^2\right) = \frac{1}{2}r^2$이다. 따라서 네 꽃잎의 총 넓이는 $2r^2$이므로 문제가 요구한 비율은 $2r^2 : \pi r^2 = 2 : \pi$이다.

206 정답) 53

1월 1일(또는 윤년인 경우 1월 1일이나 1월 2일)이 일요일이면 그 해에는 일요일이 53개 있다.

207 정답) 2

피에르가 참말을 했다면 카드르는 거짓말을 했다. 그러나 이는 라트나가 참말을 하고 있음을 뜻하며, 피에르가 한 사람만 참말을 한다고 했기 때문에 모순이 발생한다. 따라서 피에르는 거짓말을 했으며, 이는 카드르가 참말을 하지만 라트나는 거짓말을 했음을 뜻한다. 이는 다시 스벤이 참말을 하고 있지만 타냐는 거짓말을 하고 있음을 뜻한다. 따라서 카드르와 스벤만이 참말을 하고 있다.

208 정답) 14

1부터 20까지의 합은 $\frac{1}{2} \times 20 \times 21 = 210$이다. 만약 밀리와 빌리의 합이 같다면 그들의 합은 각각 105이다. 밀리의 합, 즉 1부터 n까지의 합은 $\frac{1}{2}n(n+1)$이므로 $\frac{1}{2}n(n+1) = 105$이며, 정리하면 $n^2 + n = 210$이 되고, 이는 $(n-14)(n+15) = 0$으로 인수분해된다. n은 양의 정수이므로 $n = 14$이다.

209 정답) 100

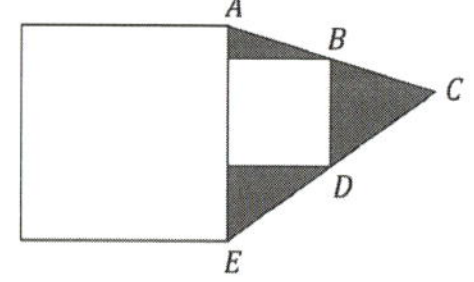

아래 그림과 같이 알파벳을 붙이면 삼각형 ACE와 BCD는 닮은꼴이며 길이 비율이 $2 : 1$

이다. ACE의 높이는 20이며 넓이는 $\frac{1}{2} \times 20 \times 20 = 200$이다. 작은 정사각형의 넓이는 100
이므로 어두운 영역의 넓이는 100이다.

210 정답) 24

M과 S는 'MATHS'와 'STMC'의 첫 번째 자리 숫자이므로 0이 아니다. 'MATHS'는
4의 배수이므로 S는 짝수이다. 'STMC'는 9000 미만이므로 M은 1 또는 2이다. M이
1이라면 'MC'는 최대 19이므로 십의 자리에서 백의 자리로 받아올림이 발생하지 않는
다. 따라서 T는 0이다. 'MATHS'는 10000보다 크고 T는 0이므로 S는 4이다. 그러면 C와
E는 모두 6이 되므로 M은 2라고 추론한다. 결론적으로 'STMC'는 6329이고 'MATHS'
는 25316이다. 따라서 A는 5이며 각 자리 숫자 F, I, N, L은 $0, 4, 7, 8$ 중 하나이다. 따라서
$F + I + N + A + L = 5 + 0 + 4 + 7 + 8 = 24$이다.

Week 031

211 정답) 23

1이 나온 개수를 n이라고 하자. 그러면 눈의 곱은 $1n \times 2 \times 3 \times 5 = 30$이다. 그러므로
$1 \times n + 2 + 3 + 5 = 30$, 즉 $n = 20$이다. 따라서 짐은 주사위를 23개 던졌다.

212 정답) 54

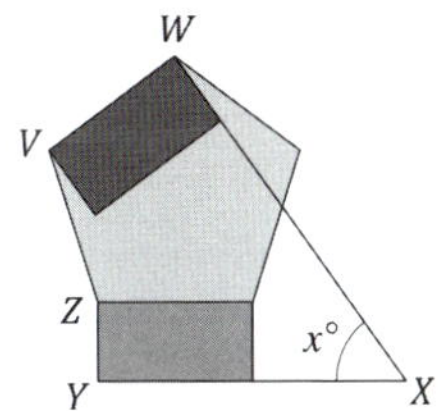

$VWXYZ$는 오각형이므로 내각의 합은 $540°$이다. 그리고 $\angle ZVW$는 정오각형의 내각이
므로 $108°$이다. $\angle VWX$와 $\angle XYZ$는 모두 $90°$이며, 우각 $\angle YZV = 198°$이다. 그러므로
$540 = 108 + 90 + 90 + 198 + x$이다. 따라서 $x = 54$이다.

213 정답) 32

직원을 제외한 다리 수는 총 200개이다. 평균적으로 각 테이블에는 테이블 다리 3개, 의자 다리 16개, 손님 다리 6개가 있어 테이블당 다리 수는 총 25개이다. $200 \div 25 = 8$이므로 테이블은 8개, 의자는 32개이다.

214 정답) $4\pi(3-2\sqrt{2})$

다음 그림은 어두운 원 4개 중 하나를 보여준다.

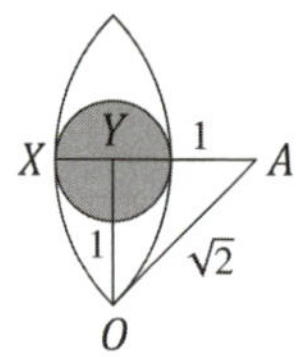

점 A는 원래 정사각형의 한 꼭짓점이며 O는 정사각형의 중심이다. 따라서 $AY = YO = 1$이며 피타고라스 정리에 의해 $AX = AO = \sqrt{2}$이다. 또한 $XY = AX - AY - \sqrt{2} - 1$이다. 그러니까 어두운 원의 반지름은 $\sqrt{2} - 1$이다. 따라서 어두운 원 4개의 넓이는 $4 \times \pi(\sqrt{2} - 1)^2 = 4\pi(3 - 2\sqrt{2})$이다.

215 정답) 91

꼭짓점을 하나 선택하고 그 꼭짓점과 O를 포함하는 삼각형을 세어 보면 총 21개이다. 시작할 수 있는 꼭짓점이 13개이므로 21×13개의 삼각형이 있을 것으로 예상할 수 있다. 하지만 각 삼각형에는 꼭짓점이 3개 있으므로 각 삼각형을 세 번씩 세었다. 따라서 삼각형의 수는 $21 \times 13 \div 3 = 91$개이다.

216 정답) 3

x 또는 y가 4보다 작다면 $\frac{1}{x} + \frac{1}{y} > \frac{1}{3}$이고, 둘 다 6보다 크다면 $\frac{1}{x} + \frac{1}{y} < \frac{1}{3}$이다. 그러니 x와 y 중 하나는 4, 5, 6이어야 한다. 그러면 다른 분수는 $\frac{1}{12}, \frac{2}{15}, \frac{1}{6}$이 될 것이다. $\frac{2}{15}$는 단위 분수로 나타낼 수 없기 때문에 가능한 경우는 $x = 4,\ y = 12$ 또는 $x = 12,\ y = 4$ 또는 $x = 6,\ y = 6$이다.

217   정답) 1, 4, 7

원 6개의 값을 a, b, c, d, e, f로 표기하고, 세 줄의 공통 합을 s로 표기한다.

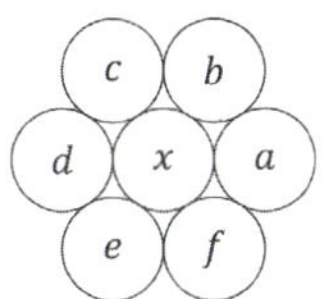

주어진 조건은 $a + x + d = s$, $b + x + e = s$, $c + x + f = s$이다. 세 방정식을 모두 더하면 $a + b + c + d + e + f + 3x = 3s$가 된다. 그런데 그림 속 숫자들은 모두 합해 28이 되어야 하므로 $2x + 28 = 3s$가 되며, 이는 $2x + 28$이 3의 배수임을 뜻한다. 이 조건이 성립하는 x의 값은 1, 4, 7이며 이 모든 값이 가능하다.

Week 032

218   정답) 242

2001년부터 3001년까지 4의 배수는 250개이다. 그러나 2100, 2200, 2300, 2500, 2600, 2700, 2900, 3000년도는 윤년이 아니다. 이로 인해 윤년은 242개이다.

219   정답) 144

캠퍼마다 수프 통조림 $\frac{1}{2}$, 미트볼 통조림의 $\frac{1}{3}$, 초콜릿 푸딩 통조림 $\frac{1}{4}$을 먹었다. 그러므로 1인당 먹은 통조림은 총 $\frac{1}{2} + \frac{1}{3} + \frac{1}{4} = \frac{13}{12}$개이다. 만약 캠퍼가 N명 있다면 총 $\frac{13}{12}N$ 통조림을 개봉한 것이다. 이로써 $\frac{13}{12}N = 156$이라는 방정식이 나오고 $N = 144$가 된다.

220   정답) 12.5

고양이 c 마리와 개 d 마리가 있다. 그러므로 $\frac{9}{10}c + \frac{1}{10}d$마리가 자신이 고양이라고 생각한다. 이는 모든 고양이와 개의 20%이다. 따라서 $\frac{9}{10}c + \frac{1}{10}d = \frac{1}{5}(c + d)$이다. 이 방정식을 정리하면 $\frac{7}{10}c = \frac{1}{10}d$, 즉 $d = 7c$가 된다. 그러므로 모든 고양이와 개 중 $\frac{1}{8}$이 실제로 고양이다. 즉, 12.5%이다.

221 정답) 27

그림에 표시된 대로 중간점을 X라고 이름 붙인다. 무당벌레가 A에서 B로 가는 어떤 경로든 X를 지남은 명백하며, B에 처음 도착했을 때 멈춘다. 따라서 무당벌레가 갈 수 있는 서로 다른 경로의 수는 (A에서 X까지의 경로 수) × (X에서 B까지의 경로 수)와 같다. A에서 X까지의 경로 수는 (A에서 X로 '바로' 가는 경로 수) + (X에서 A로 돌아왔다가 X를 다시 한 번 방문하는 경로 수)와 같으며, 이는 $3+3\times2$이다. 그러나 X에서 B까지의 경로 수는 3가지뿐이다. 무당벌레는 B에 처음 도착했을 때 멈추므로 X로 되돌아가기는 불가능하기 때문이다. 따라서 무당벌레가 갈 수 있는 서로 다른 경로의 총 수는 9×3, 즉 27가지이다.

222 정답) 16과 43

아버지의 나이를 f, 딸의 나이를 d라고 가정한다. 딸이 아버지의 나이를 먼저 쓰고 자신의 나이를 썼으므로 수는 $100f+d$이다. 둘의 나이 차이는 $f-d$이다. 따라서 $100f+d-(f-d)=4289$이므로 풀어야 할 방정식은 $99f+2d=4289$이다. $0<d<f$이므로 $99f<99f+2d<101f$이며, 따라서 $99f<4289<101f$이다. 그러므로 $42\frac{47}{101}<f<43\frac{32}{99}$이며 $f=43$이다. 따라서 $f=43$이며 $d=16$이다.

223 정답) $(s-3)^2$

s가 홀수이므로 중앙의 단위 정사각형은 두 대각선 모두에 걸쳐 있다. 따라서 대각선 상에 있는 제거되는 정사각형의 수는 $s+(s-1)=2s-1$이다. 각 변에 남은 정사각형의 수는 이제 $s-2$이므로, 제거된 정사각형의 총 수는 $2s-1+4(s-2)=6s-9$이다. 따라서 남은 단위 정사각형의 수는 $s^2-(6s-9)=s^2-6s+9$, 즉 $(s-3)^2$이다.

224 정답) 50 : 1

원반의 반지름을 x라고 하고, 정사각형의 한 변 길이를 $2x$라고 하자. 그리고 직사각형의 너비를 y라고 하고, 직사각형의 높이를 $2y$라고 하자. 피타고라스 정리를 적용하면 $x^2=(x-2y)^2+(x-y)^2$이다. 변형하면 $x^2-6xy+5y^2=0$이 되며, 이는 $(x-y)(x-5y)=0$과 같이 인수분해된다. 따라서 $x=y$ 또는 $x=5y$이다. 그러나 $x=y$는 불가능하다. 왜냐하면 그렇게 되는 원이 존재하지 않기 때문이다. $x=5y$일 때 정사각형 넓이와 직사각형 넓이의 비율은 $(10y)^2 : 2y^2$이며, 이는 $50 : 1$로 단순화된다.

Week 033

225 정답) 1

일반적으로 정수의 끝에 0이 생기려면, 그 정수의 소인수 분해에서 인수 2와 5가 짝을 이루어 10을 만들 수 있어야 한다. 첫 2012개의 소수의 곱에는 2와 5가 각각 한 번씩만 등장하므로 끝자리에 0은 하나만 있다.

226 정답) $a - b = a \div b$

$a - b = a \div b$는, 예를 들어 $a = 4$이고 $b = 2$일 때 성립한다. $a + b = a \div b$는 성립할 수 없다. 왜냐하면 $a + b > a$이지만 $a \div b \le a$이기 때문이다. $a - b = a \times b$는 성립할 수 없다. 왜냐하면 $a - b < a$이지만 $a \times b \ge a$이기 때문이다. 마찬가지로 $a + b = a - b$는 참일 수 없다. $\sqrt{a + b} = \sqrt{a} + \sqrt{b}$도 참일 수 없다. $(\sqrt{a} + \sqrt{b})^2 \ne a + b$이기 때문이다.

227 정답) $4\sqrt{3}$

직사각형의 높이는 원의 반지름과 같으므로 2이다. 직사각형의 대각선은 반지름의 2배이므로 4이다. 직사각형의 너비를 w라고 하자. 피타고라스 정리에 따라 $4^2 = d^2 + w^2$이다. 따라서 $w = \sqrt{4^2 - 2^2} = \sqrt{12} = 2\sqrt{3}$이다. 직사각형의 넓이는 높이와 너비의 곱이므로 $2 \times 2\sqrt{3} = 4\sqrt{3}$이다.

228 정답) 19

각 칸에 이웃한 칸의 평균을 채우려면 5쌍 모두가 이웃한 수의 차이가 같아야 한다. 이 공통 차는 $\frac{25 - 10}{5}$, 즉 3이다. 격자에 있는 수는 $10, 13, 16, 19, 22, 25$이며 *칸에는 19가 있다.

229 정답)

¹2	²7
³5	3

두 자리 세제곱수는 27과 64뿐이다. [가로 1]이 64라면 [세로 1]도 64여야 한다(61과 69 사이의 유일한 제곱수). 하지만 각 칸마다 다른 숫자가 있어야 하므로 이는 불가능하다. 따라서 [가로 1]은 27이고 [세로 1]은 25이다. 이제 [세로 2]의 후보는 71, 73, 79이고, [가로 3]의 후보는 51, 53, 59이다. 이 중 두 제곱수의 합으로 표현할 수 있는 것은 53뿐이므로 [세로 2]는 73이고 [가로 3]은 53이다.

230 정답) 126, 136, 216, 262, 406, 504, 1000

각 수평 변에 h개의 조각이 있고, 각 수직 변에 v개의 조각이 있다고 가정한다. 그러면 $h \times v = 1000 = 23 \times 53$이다. 따라서 (h, v)의 가능한 조합은 (1, 1000), (2, 500), (4, 250), (5, 200), (8, 125), (10, 100), (20, 50), (25, 40)이다. 변 조각의 총 수는 $2h + 2v - 4 = 2(h + v - 2)$이다($2h + 2v$는 네 모서리를 두 번씩 계산하기 때문). 그러므로 126, 136, 216, 262, 406, 504, 1000이 모두 가능하다.

231 정답) 최대 = 3, 최소 = 1

먼저 윤년이 아니라고 가정한다. 단순화를 위해 1월 13일이 일요일이라고 가정한다. 1월은 31일이므로 2월 13일까지 31일이 있다. 31일은 4주와 3일이다. 따라서 2월 13일은 수요일이다. 2월은 28일이기 때문에 3월 13일이 되려면 28일이 더 필요하다. 이는 정확히 4주이므로 3월 13일도 수요일이다. 이 방법을 계속 적용하면 이후 달의 13일의 요일은 수요일, 수요일, 토요일, 월요일, 목요일, 토요일, 화요일, 금요일, 일요일, 수요일, 금요일이다. 따라서 13일에서 같은 요일이 가장 많이 발생하는 경우는 3개의 수요일이며, 월요일, 화요일, 목요일은 각각 한 번만 발생한다. 첫 번째 13일이 어떤 요일이 되더라도 동일한 패턴이 발생한다. 따라서 어떤 한 해에 발생할 수 있는 13일의 금요일은 최대 세 번, 최소 한 번이다. 윤년에도 동일한 결과가 적용되는지는 여러분이 직접 확인해 보길 바란다.

Week 034

232 정답) $\frac{4}{5}$

밀리가 먹은 아이스크림의 비율을 x라고 하자. 그러면 몰리는 자기 아이스크림의 $\frac{1}{2}x$를 먹었다. 이는 각자의 남은 양이 각각 $1-x$와 $1-\frac{1}{2}x$임을 뜻한다. 따라서 $1-\frac{1}{2}x=3(1-x)$이며 $x=\frac{4}{5}$가 된다.

233 정답) 4

색을 바꿔야 할 칸이 6개 있다. 칸이 유리하게 분포되어 있다면 세 번만 교환해도 가능하지만 이 경우는 그렇지 않아서 세 번 교환으로는 불가능하다. 하지만 네 번 교환하면 가능하다.

234 정답) $\frac{3}{4}$

작은 원의 지름과 큰 원의 반지름은 같다. 작은 원의 반지름을 r이라고 하면 넓이는 πr^2와 $\pi(2r)^2=4\pi r^2$이므로 작은 원은 큰 원의 $\frac{1}{4}$배이다.

235 정답) 11

빈 원에 놓인 수를 a, b, c, d라고 하자. 이때 $a+b+9=30$이고 $c+d+Y=30$이다. 이 방정식을 더하면 $a+b+9+c+d+Y=60$이 된다. 그런데 원 4개가 연결된 경우, 수의 합은 40이며 $a+b+c+d=40$이다. 이로 인해 $9+Y=20$이므로 $Y=11$이다.

236 정답) 19

첫 소수 8개는 2, 3, 5, 7, 11, 13, 17, 19이다. 두 소수의 합이 소수라면, 그중 하나는 2여야 한다. 서로 다른 세 소수의 합이 소수라면, 모두 홀수여야 한다. 그러므로 답은 19이다. $2+17=19$이고 $3+5+11=19$이기 때문이다.

237 정답) 2 또는 3

다르타냥과 아토스 중 적어도 1명은 거짓말을 하고 있다. 포르토스와 아라미 중 1명은 참말을 하고 다른 1명은 거짓말을 하고 있다. 따라서 거짓말쟁이의 수는 2명(다르타냥과 포르토스) 또는 3명(포르토스를 제외한 모두)이다.

238 정답) 64

이웃한 각 자리 숫자의 차이가 1이기 때문에 어느 자리에 1이나 3이 있는 경우 다음 자리 숫자는 반드시 2가 되어야 하며, 2가 있는 경우 다음 자리 숫자는 1이나 3 중 하나가 된다. 모든 열 자리 숫자 중 1로 시작하는 모든 경우를 생각해 보자. 두 번째 자리는 반드시 2여야 하므로 단 1가지 선택지만 가능하다. 세 번째 자리는 2가지 선택지(1 또는 3)가 있으며, 네 번째 자리는 다시 1가지 선택지(2)가 있다. 이와 같이 계속하면 총 16가지가 있다. 마찬가지로 3으로 시작하는 경우도 16가지이다. 그러나 2로 시작하는 수를 생각해 보면 두 번째 자리는 2가지 선택지가 있고, 세 번째 자리는 1가지 선택지, 네 번째 자리는 2가지 선택지라는 식으로 계속된다. 전체적으로는 32가지이다. 따라서 문제가 요구하는 성질을 가진 수는 $16 + 16 + 32 = 64$개이다.

Week 035

239 정답) 3300

하루에 추가된 고무 밴드의 평균 수는 대략 다음과 같다.

$$\frac{6\,000\,000}{5 \times 365} \approx \frac{6\,000\,000}{1800} \approx 3300$$

240 정답) 160cm

키 차이를 k cm로 두자. 그러면 각각의 키는 토비어스 184, 빅터 $184 + k$, 피터 $184 - k$, 오스카 $184 - 2k$이다. 평균은 178이므로 $\frac{1}{4}(184 + 184 + k + 184 - k + 184 - 2k) = 178$이다. 이를 풀면 $k = 12$이다. 따라서 오스카의 키는 160cm이다.

241 정답) 2

가능한 2가지 목록은 $2, 5, 5, 6, 7$과 $3, 4, 5, 5, 8$이다.

242 정답) 9

한 자리 소수는 2, 3, 5, 7이다. 이 중 2개를 선택해서 두 자리 소수를 만들면 모두 이상한 수이다. 두 자리 소수는 2나 5로 끝나지 않아야 하며, 27과 57은 3으로 나누어 떨어지기 때문에 제외된다. 또한 33과 77은 11로 나누어 떨어지기 때문에 제외된다. 이로써 두 자리 이상한 소수는 23, 53, 73, 37 이렇게 4개가 남는다. 세 자리 이상한 소수는 두 자리 이상한 소수를 연결한 것으로, 첫 번째 소수의 마지막 자리가 두 번째 소수의 첫 번째 자리와 일치해야 한다. 가능한 조합은 23과 37을 연결하여 237, 53과 37을 연결하여 537, 73과 37을 연결하여 737, 37과 73을 연결하여 373이다. 그러나 237과 537은 3으로 나누어지고, 737은 11로 나누어 떨어진다 이로써 세 자리 이상한 소수는 373 하나만 남는다. 따라서 네 자리 홀수 소수는 373으로 시작해야 하며(두 번째 자리가 7이 됨) 373으로 끝나야 한다(두 번째 자리가 3이 됨). 그러나 이는 불가능하다. 네 자리 이상인 이상한 소수는 존재하지 않으므로 네 자리보다 큰 이상한 소수도 만들 수 없다. 따라서 이상한 소수는 2, 3, 5, 7, 23, 37, 53, 73, 373 이렇게 9개이다.

243 정답) 둘 다 거짓말쟁이

다음 표는 크리스와 팻의 부류를 (그 순서대로) 4가지 가능한 모든 조합으로 놓았을 때, 크리스가 첫 번째 질문에 대해 하게 될 답변이다. 현자가 그들의 부류를 확신할 수 없었기 때문에 유일하게 '아니오'라고 답한 사례는 제외된다.

기사, 기사	기사, 거짓말쟁이	거짓말쟁이, 기사	거짓말쟁이, 거짓말쟁이
예	아니오	예	예

두 번째 질문에 대한 크리스의 답변 표를 생각해 보자. 현자가 부류를 식별할 수 있기 때문에 유일하게 '아니오'라고 답한 사례가 정답이다.

기사, 기사	기사, 거짓말쟁이	거짓말쟁이, 기사	거짓말쟁이, 거짓말쟁이
예	−	예	아니오

244 정답) $\frac{2}{3}$m

원의 반지름을 rm라고 하고 점 A, B, C, D, E를 각각 큰 반원과 원이 접하는 점, 원의 중심, 왼쪽 반원의 중심, 큰 반원의 중심, 오른쪽 반원의 중심이라고 하자.

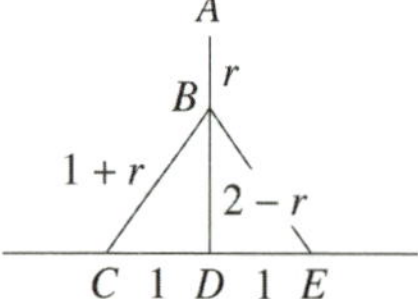

피타고라스 정리에 따라 $(1 + r)^2 = 1^2 + (2 - r)^2$이다. r을 구하면 $r = \frac{2}{3}$이므로 원의 반지름은 $\frac{2}{3}$m이다.

245 정답) $88 + 99 + 11 = 198$

일의 자리에서 $Y + Z = 10$임을 알 수 있다. 십의 자리로 1이 있으며, 따라서 $X + Y + Z + 1 = 10Z + Y$라고 추론할 수 있다. 그러므로 $9Z = X + 1$이다. $X + 1$은 최대 10이므로 $Z = 1$이며, 따라서 $X = 8$이고 $Y = 9$이다.

246 정답) 270

첫 번째 문자에서 알파벳은 3가지 다른 가능성이 있다. 두 번째 문자는 0에서 9까지의 숫자일 수 있으므로 10가지 가능성이 있다. 세 번째 숫자는 두 번째 숫자와 달라야 하므로 9가지 가능성이 있다. 두 번째와 세 번째 숫자가 결정되면 네 번째 숫자는 두 번째와 세 번째 수자 합계의 일의 자리 수자이므로, 네 번째 수자도 결정된다. 따라서 서로 다른 코드는 $3 \times 10 \times 9 = 270$가지이다.

247 정답) 1 : 1

하워드가 h펜스, 레이첼이 r펜스로 시작한다고 가정해 보자. 그러면 레이첼은 하워드에게 $\frac{r}{2}$를 주므로 하워드는 $h + \frac{r}{2}$를 갖게 된다. 다음으로, 하워드는 자신의 돈의 $\frac{1}{3}$을 레이첼에게 주므로, $\frac{2}{3}$가 남게 된다. 따라서 하워드는 이제 $\frac{2h}{3}+\frac{r}{3}$을 갖게 된다. 두 사람이 같은 금액의 돈을 가지고 있다고 했으므로 각각은 총 금액의 절반을 가지고 있다. 따라서 $\frac{2h}{3}+\frac{r}{3}=\frac{h}{2}+\frac{r}{2}$이며, 이는 $4h+2r=h+3r$이고 $h=r$로 단순화된다. 즉, 하워드와 레이첼은 처음에 가진 금액이 같기 때문에 비율은 $1:1$이다.

248 정답) 3

월요일에 편지를 1통 받은 집의 수를 m, 3통 받은 집의 수를 n이라고 하자. 그러면 월요일에 4통을 받은 집의 수는 $7m$이며, 4통을 받은 집의 수는 $5m$이다. 따라서 월요일에 배달된 편지의 총 수는 $m \times 1 + 7m \times 4 + 5m \times 2 + n \times 3 = 39m + 3n$이다. 이 편지들은 $7m + 5m + m + n = 13m + n$ 집에 배달되었으므로 각 집이 받은 편지의 평균 수는 $\frac{39m+3n}{13m+n}=3$ 이다.

249 정답) $\frac{9-2\pi}{4}$cm^2

큰 정사각형의 원 밖의 영역을 생각해 보자. 그림의 선들은 이 영역을 4개의 모서리 정사각형에 있는 부분과 4개의 변 중심 정사각형에 있는 부분으로 나누며, 모서리 정사각형에 있는 부분은 대칭으로 인해 모두 동일하고, 변 중심 정사각형에 있는 부분도 대칭으로 인해 모두 동일하다. 어두운 영역은 각 종류의 부분을 하나씩 포함하므로, 큰 정사각형과 원의 차이의 정확히 $\frac{1}{4}$에 해당한다. 따라서 이 넓이를 계산할 수 있다. 큰 정사각형의 넓이는 9cm^{2}이다. 피타고라스 정리에 따라 1cm $\times$ 1cm 정사각형의 대각선 길이는 $\sqrt{2}$cm이다. 원의 반지름은 중간 정사각형의 중심에서 모서리 정사각형의 중심까지의 거리이므로 $\sqrt{2}$이다. 따라서 원의 넓이는 2πcm^{2}이다. 모든 것을 종합하면 원 바깥쪽의 영역의 넓이는 $9-2\pi$cm^{2}이므로 어두운 영역의 넓이는 $\frac{9-2\pi}{4}$cm^{2}이다.

250 정답) 7.5, 8

나머지 3개의 서로 다른 수를 a, b, c로 정하고 오름차순으로 배열한다. 그러면 각각은 d보다 작으므로 $c+d$는 두 수의 합 중 가장 큰 값이다. 다음으로 큰 합은 $b+d$인데, 나머지 어떤 두 수의 합보다 크기 때문이다. 그러나 $b+c$와 $a+d$ 중에는 어느 것이 다음에 큰 수인지 알 수 없다(둘 다 $a+c$보다 크며 $a+c$는 $a+b$보다 크다). 그러므로 $b+c \leq a+d$인지, 아니면 $a+d < b+c$인지에 따라 2가지 경우를 고려해야 한다. 만약 $b+c \leq a+d$라면 $b+c=9$,

$a+d=10$, $a+b=12$, $c+d=13$이다. 이 방정식 중 첫 번째와 세 번째로부터 $d=8$임을 알 수 있다. 만약 $a+d<b+c$라면 $a+d=9$, $b+c=10$, $b+d=12$, $c+d=13$이다. 이 방정식 중 두 번째와 네 번째로부터 $d=7.5$임을 알 수 있다. 각 경우에 대해 상응하는 a, b, c의 값을 찾을 수 있다.

251   정답) $a=2$, $b=4$, $c=0$

20!의 곱에는 2, 5, 10, 15, 20이 포함되며 이들의 곱은 30000이다. 따라서 20!은 10000으로 나누어 떨어지지만 5^5로 나누어지지는 않는다. 그러므로 20!은 정확히 4개의 0으로 끝난다. 따라서 $c=0$이고 $b\neq 0$이다. 곱의 항에는 8과 16이 포함되므로 20!은 128로 나누어 떨어진다. 그런데 '2 432 90a 008 176 6b0 000' = '2 432 90a 008 170 000 000' + '6 6b0 000'이다. '2 432 90a 008 170 000 000'은 128로 나누어 떨어진다. 따라서 '6 6b0 000'도 128로 나누어 떨어진다. 그렇다면 $b=4$이다. 20!은 9로 나누어지므로 각 자리 숫자의 합도 9로 나누어 떨어진다. 따라서 $48+a+b+c=48+a+4+0=52+a$는 9로 나누어 떨어진다. 따라서 $a=2$이다.

252   정답) 12, 96

그림의 가장자리에 들어가는 수를 a, b, c, d, e, f라고 하고 중앙의 수를 x로 두자. 그러면 $axd=bxe=cxf$가 된다. $x\neq 0$이므로 x로 나누면 $ad=be=cf$가 된다. 이제 $abcdef$라는 수를 생각해 보자. 이 수는 말하자면 $(ad)^3$과 같기 때문에 세제곱수여야 한다. 또한 이 수는 $\frac{abcdefx}{x}$ 꼴로도 쓸 수 있으며 이는 $bcdefx$가 주어진 7개 수의 곱이기 때문에 유용하다. 따라서 $abcdef=2^{17}\times\frac{3^{10}}{x}$이며 x를 $2^m\times 3^n$ 꼴로 쓰면 $abcdef=2^{17-m}\times 3^{10-n}$이 된다. x가 주어진 숫자 중 하나이므로 m과 n이 될 수 있는 값은 제한되어 있으며, 특히 $m\leq 5$이고 $n\leq 2$이다. $abcdef$가 세제곱수이므로 $17-m$과 $10-n$은 모두 3의 배수여야 한다. 따라서 m은 2 또는 5이고 n은 1이다. 그러므로 x는 12 또는 96 중 하나이다. 실제로 해보면 두 경우 모두 가능함을 확인할 수 있다.

253   정답) 891

$m = 10^{99} - 1$이므로 $m^2 = (10^{99} - 1)^2 = 10^{198} - 2 \times 10^{99} + 1 = 999\cdots9998000\cdots001$인데, 여기에는 9와 0이 98개씩 있다. 따라서 숫자의 합은 $98 \times 9 + 8 + 1 = 891$이다.

254   정답) 3

한 남자가 한 좌석에 앉는 데 걸린 평균 시간은 $(27 \times 60 \times 60 \div 32000)$초, 즉 약 3초이다.

255   정답) 18

$\frac{n}{100-n} = x$이고 x는 정수라고 하면 $n = \frac{100x}{1+x}$이다. 그런데 x와 $x+1$은 1을 제외한 공약수가 없다. 따라서 $1+x$는 100의 약수여야 하며, 그중 어느 것이든 가능하다. 이런 약수는 18개 (부호 포함)이므로 가능한 정수의 개수는 18개이다.

256   정답) 12월 31일

흰 토끼는 올해 1월 1일에 말했음이 분명하다. 그렇다면 이틀 전인 12월 30일에는 앨리스가 아직 13세였고 14번째 생일은 다음 날인 12월 31일이 된다. 따라서 앨리스는 올해 12월 31일에 15세가 되며, 16번째 생일은 내년 12월 31일이 된다.

257   정답) 2-$\sqrt{2}$

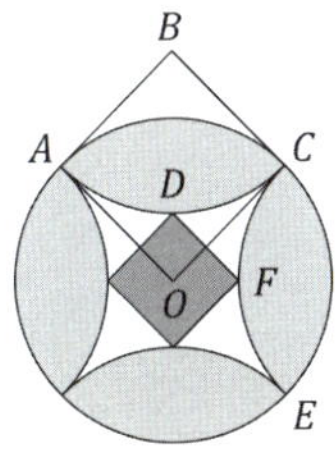

원과 호 AC의 반지름이 모두 1이므로 $OABC$는 한 변의 길이가 1인 정사각형이다. 피타고라스 정리에 따라 $OB = \sqrt{2}$이다. 따라서 $OD = \sqrt{2} - 1$이다. 유사한 논리로 $OF = \sqrt{2} - 1$이다. 따라서 작은 정사각형의 한 변의 길이는 $2 - \sqrt{2}$이다.

258 정답) 13

맨 앞에 있는 남자가 참말을 하고 그 뒤의 모든 사람들이 거짓말을 한다고 가정한다. 그러나 이 경우 줄의 세 번째 사람은 두 번째 사람이 항상 거짓말을 한다고 말했으니 참말을 한 것이다. 이는 가정과 모순되므로 줄 맨 앞에 있는 남자는 거짓말을 하고 있다. 이 경우 두 번째 사람은 참말을 하고, 세 번째 사람은 거짓말을 하며, 이 패턴이 반복된다. 따라서 첫 번째 사람부터 시작해 번갈아 거짓말을 하는 사람이며, 줄 선 사람 중 항상 거짓말을 하는 사람은 $1 + \frac{1}{2} \times 24 = 13$명이다.

259 정답) 116

모든 바코드는 검은색 줄과 흰색 줄이 하나씩 나오는 패턴으로 시작해서 나머지 바코드가 이어지는 구조를 가진다. $C(m)$을 너비 m인 바코드가 서로 다를 수 있는 최대 수라고 하자. BW로 시작하는 바코드는 뒤가 너비 $m-2$인 바코드로 구성되며, 이런 바코드는 $C(m-2)$개이다. 마찬가지로 BBW로 시작하는 바코드의 뒤 부분에는 $C(m-3)$개의 바코드가 있을 수 있으며, BWW로 시작하는 코드도 이와 동일한 수가 있다. $BBWW$로 시작하는 코드는 $C(m-4)$개이며, 이 밖에 다른 가능성은 없다. 따라서 $m > 4$일 때 $C(m) = C(m-2) + 2C(m-3) + C(m-4)$이다. $m \leq 4$일 때는 모든 가능한 바코드를 나열할 수 있다. 즉 $B, BB, BWB, BBWB, BWBB, BWWB$이다. 따라서 $C(1) = C(2) = C(3) = 1$이고 $C(4) = 3$이다. 이제 $m > 4$에 대한 $C(m)$을 계산할 수 있다. 따라서 $C(5) = C(3) + 2C(2) + C(1) = 1 + 2 + 1 = 4$이며, 이 과정을 반복하면 $C(12) = 116$이 된다.

Week 038

260 정답) $12\frac{29}{48}$, 즉 $\frac{605}{48}$

P, Q, R, S, T, U, V를 그림에 표시된 점이라고 하자.

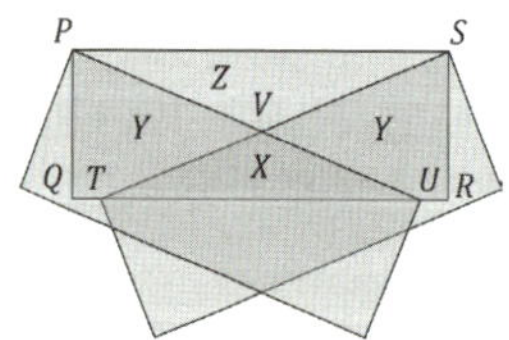

삼각형 VTU의 넓이를 X, 사각형 $PQTV$와 $SRUV$의 넓이를 Y, 삼각형 PVS의 넓이를 Z라고 하자. 피타고라스 정리를 직각삼각형 PQU에 적용하면 $PQ^2 + QU^2 = PU^2$이다. 그러므로 $QU^2 = PU^2 - PQ^2 = 13^2 - 5^2 = 12^2$이다. 따라서 QU의 길이는 12이다. 그러니 UR의 길이는 1이다. 마찬가지로 QT의 길이는 1이며 따라서 TR의 길이는 11이다.

PS가 QR과 평행하므로 삼각형 PVS와 TVU는 각이 같다. 이들은 닮은꼴이므로 넓이는 길이 비율의 제곱에 비례한다.

이에 따라 $Z : X = 132 : 112$ 이므로 $Z = \frac{169}{121}X$이다.　　… (1)

사각형 $PQRS$의 넓이는 $5 \times 13 = 65$이며, 삼각형 PQU의 넓이는 $\frac{1}{2}(5 \times 12) = 30$이다.

따라서 $X + 2Y + Z = 65$ 이며　　　　　　　　… (2)

$X + Y = 30$ 이다.　　　　　　　　　… (3)

방정식 (2)에서 (3)의 2배를 빼면 $Z - X = 5$ 이다.　… (4)

따라서 (1)에 의해 $\frac{169}{121}X - X = 5$ 즉, $\frac{48}{121}X = 5$가 된다.

따라서 $X = \frac{5 \times 121}{48} = \frac{605}{48} = 12\frac{29}{48}$이다.

261　정답) 2

원판이 원래 위치로 돌아갈 때 원판의 중심은 지름 $2d$의 원을 한 바퀴 돌며, 따라서 거리 $\pi \times 2d = 2\pi d$를 이동한다. 원판이 미끄러지지 않기 때문에 원판이 중심을 기준으로 한 바퀴 돌 때마다 중심은 거리 πd를 이동한다. 따라서 원판은 중심을 기준으로 2바퀴 회전한다.

262　정답) 엘라

네 문장을 위에서부터 순서대로 번호를 매긴다. 만약 앨리스가 어머니라면 문장 1, 2, 4가 모두 참이다. 만약 베스가 어머니라면 문장 2와 3이 모두 참이다. 캐롤이 어머니라면 네 문장 모두 거짓이다. 다이앤이 어머니라면 문장 2와 4가 모두 참이다. 그러나 엘라가 어머니라면 문장 1, 2, 3은 거짓이고 문장 4는 참이며, 이 경우가 요구 조건에 맞는다.

263　정답) 20

방정식 $S + M \times C = 64$에 S를 곱하면 $S^2 + S \times M \times C = 64S$가 된다. 따라서 $S^2 + 240 = 64S$, 즉 $(S-60)(S-4) = 0$이다. 따라서 $S = 60$ 또는 $S = 4$이다. 방정식 $S \times C + M = 46$

을 M으로 곱하면 $M \times S \times C + M^2 = 46M$이 된다. 따라서 $240 + M^2 = 46M$, 즉 $(M-40)(M-6) = 0$이다. 따라서 $M = 40$ 또는 $M = 6$이다. $M = 40$일 경우 $S \times C = 6$이므로 $C = 6 \div 60$ 또는 $6 \div 4$이지만 둘 다 정수가 아니다. $M = 6$일 경우 $S \times C = 40$이므로 $C = 40 \div 60$ 또는 $40 \div 4$이다. 따라서 방정식의 정수 해는 $S = 4$, $M = 6$, $C = 10$이고 $S + M + C = 20$이다.

264　정답) 7

다섯 정수 p, q, r, s, t를 $p \leq q \leq r \leq s \leq t$라고 하자. 이 목록의 중간값은 r이며, 최빈값은 중간값보다 1 작기 때문에 $p = q = r - 1$이고 $r < s < t$이다. 평균은 중간값보다 1 크므로 다섯 정수의 합은 $5(r+1)$이다. 따라서 $r - 1 + r - 1 + r + s + t = 5r + 5$이므로 $s + t = 2r + 7$이다. s의 최소 가능 값이 $r + 1$이므로 t의 최대 가능 값은 $r + 6$이다. 따라서 다섯 정수의 범위 최대 가능 값은 $r + 6 - (r-1) = 7$이다.

265　정답) 13

세 화살 중 하나라도 과녁을 놓치거나 2개가 이웃한 지역에 맞을 경우 총 점수가 0이 될 수 있다. 세 화살이 모두 $1, 3, 5, 7, 9, 11$ 영역 중 한 곳에 몰릴 경우 총 점수는 $3, 9, 15, 21, 27, 33$ 중 하나가 될 수 있다. 세 화살을 이웃하지 않은 영역에 맞출 경우 얻을 수 있는 점수는 $7, 11, 13, 17, 29, 31$이다. 그러므로 가능한 점수 집합은 $\{0, 3, 7, 9, 11, 13, 15, 17, 21, 27, 29, 31, 33\}$이다. 따라서 로빈은 13가지의 서로 다른 점수를 얻을 수 있다.

266　정답) 555,555

문제가 요구하는 수는 35의 배수인데 이는 5의 배수이기도 하므로 일의 자리 숫자는 0 또는 5이다. 따라서 다른 자리 숫자도 모두 0 또는 5이다. 명백히 모든 자리가 0일 수는 없으므로 요구하는 수는 $55\cdots5$의 형태이다. 5로 나누면 $11\cdots1$이라는 수가 되며, 이것이 7로 나누어 떨어져야 한다. $11\cdots1$을 7로 나누는 과정을 처음으로 나머지가 없는 경우가 나올 때까지 반복하면 $111,111 = 7 \times 15,873$이 7의 배수인 가장 작은 수임을 알 수 있다. 따라서 요구하는 수는 $555,555$이다.

Week 039

267 정답) 14π

정오각형의 내각은 $108°$이다. 따라서 5개 원호는 각각 $252°$의 각도를 이루며 반지름은 2이다. 그러므로 어두운 부분 5개의 넓이는 각각 $\frac{252}{360} \times \pi \times 2^2 = \frac{14}{5}\pi$이다. 따라서 어두운 영역의 총 넓이는 14π이다.

268 정답) 홀수인 n

이 표현식은 $\frac{3}{2} \times \frac{4}{3} \times \frac{5}{4} \times \cdots \frac{n+1}{n}$이다. 마지막 분수를 제외한 각 분수의 분자는 다음 분수의 분모와 약분되어 $\frac{n+1}{2}$만 남는다. 이 값이 정수가 되려면 n이 홀수여야 한다.

269 정답) 1

다섯 악당은 모두 먹은 사람 수를 다르게 말한다. 이는 그중 1명만 참말을 하고 있음을 뜻한다. 따라서 악당 4가 유일하게 정직한 악당이며 $1, 2, 3, 5$는 타르트를 먹었다.

270 정답) 0

수열의 첫째 항을 a, 둘째 항을 b라고 하자. 그러면 첫 여덟 항은 다음과 같다. $a, b, a+b, 2a+b,$ $2a+2b, 3a+3b, 5a+4b, 7a+6b$. 일곱째 항이 여덟째 항과 같으므로 $5a+4b = 7a+6b$. 따라서 $2a+2b = 0$이므로 $a = -b$이다. 그러므로 여섯째 항의 값은 $3a+3b = -3b+3b = 0$이다.

271 정답) 4

두 내접원 중 큰 원의 중심을 C, 반지름을 a, 작은 원의 중심을 D, 반지름을 b라고 하자. 바깥 원의 중심을 O라고 하고, C와 D를 지나는 직선이 바깥 원과 만나는 점을 R과 S라고 하자. 바깥 원의 반지름은 $a+b$이다. 어두운 부분의 넓이는 바깥 원의 넓이에서 두 내접원의 넓이를 뺀 값이다. 그러므로 $\pi(a+b)^2 - \pi a^2 - \pi b^2 = 2\pi$이다. 따라서 $2ab = 2\pi$이므로 $ab = 1$이다. 내접원들이 만나는 점을 M이라고 하자. 직각삼각형 PMO에서 $OP = a+b$이고 $OM = RM - OR = 2a - (a+b) = a-b$이다. 그러므로 피타고라스 정리에 따라 $PM^2 = OP^2 - OM^2 = (a+b)^2 - (a-b)^2 = 4ab$이다. 따라서 $ab = 1$이므로 $PM^2 = 4$이다. 그로 인해 $PM = 2$이므로 $PQ = 2PM = 4$이다.

작은 삼각형의 표기가 없는 두 각의 합을 y라고 하자. 그러면 큰 삼각형의 표기가 없는 두 각의 합은 $2y$와 같다. 삼각형의 내각의 합은 $180°$이므로 작은 삼각형에서는 $2x + y = 180$이고 큰 삼각형에서는 $x + 2y = 180$이다. 이 방정식을 연립해 풀어 x를 구하면 $x = 60$이다.

273 정답)

3	5	7
8	1	9
4	6	2

12의 배수는 모두 짝수이므로 [가로 5]의 각 자리 숫자는 2, 4, 6, 8 중 하나다. 그런데 [가로 5]는 21의 배수이므로 3의 배수이기도 한다. 그리고 어떤 수가 3의 배수인 경우, 그 수의 각 자리 숫자 합도 3의 배수이다. 하지만 $2 + 4 + 6 + 8 = 20$이므로 2를 사용하지 않거나 8을 사용하지 않는 2가지 경우만 가능하다. 따라서 [가로 5] 행의 숫자는 4, 6, 8 또는 2, 4, 6 중 하나이다. 그렇다면 [가로 5] 행은 246, 264, 426, 462, 624, 642, 468, 486, 648, 684, 846, 864 중 하나이다. 하지만 [가로 5] 행은 21의 배수이므로 7의 배수이기도 하다. 이를 확인해 보면 7로 나누어 떨어지는 것은 462뿐이다. 따라서 [가로 5] 행은 462이다. 12는 4×3이므로 모든 세로 답은 4의 배수이다. 4의 배수의 마지막 두 자리 숫자는 그 자체가 4로 나누어 떨어진다. 따라서 [세로 1]의 마지막 두 자리 숫자는 24, 44, 64, 84 중 하나다. 하지만 2, 4, 6은 이미 배치되었기 때문에 [세로 1]의 마지막 두 자리는 84이다. 따라서 [가로 4]의 첫 번째 자리는 8이다. 한편 800과 900 사이의 21의 배수는 819, 840, 861, 882이다. 이번에도 2, 4, 6은 이미 배치되었으므로 [가로 4]는 819일 수밖에 없다. 이제 각 세로 열의 마지막 두 자리는 84, 16, 92로 모두 4로 나눌 수 있다. 마지막으로 [세로 1]은 3의 배수이므로 384, 684, 984 중 하나이다. 하지만 6과 9는 이미 배치되었기 때문에 [세로 1]은 384이다. 마찬가지로 [세로 2]는 516이고 [세로 3]은 792이다.

274   정답) 109

주어진 정의에 따르면 $N = (1 \times 2 \times \cdots \times 9) \times 10 \times (11 \times 12 \times \cdots \times 19) \times 20 \times \cdots \times 90 \times (91 \times \cdots \times 99)$로 나타낼 수 있으며, 이는 $N = (1 \times 2 \times \cdots \times 9) \times (11 \times 12 \times \cdots \times 19) \times (91 \times \cdots \times 99) \times (10 \times 20 \times \cdots \times 90)$로도 나타낼 수 있다. 또한 $M = (1 \times 2 \times \cdots \times 9) \times 01 \times (11 \times 12 \times \cdots \times 19) \times 02 \times \cdots \times 09 \times (91 \times \cdots \times 99)$로 표현될 수 있으며, 이는 $M = (1 \times 2 \times \cdots \times 9) \times (11 \times 12 \times \cdots \times 19) \times (91 \times \cdots \times 99) \times (1 \times 2 \times \cdots \times 9)$로 쓸 수 있다. N과 M의 배열을 비교하면 M은 N과 동일한 항을 갖지만 $(10 \times 20 \times \cdots \times 90)$의 곱이 $(1 \times 2 \times \cdots \times 9)$의 곱으로 대체되어 있다. 따라서 N을 M으로 나누면 공통 항들이 모두 소거되어 $N \div M = 10^9$가 된다.

275   정답) 너비 33, 높이 32

다음 그림과 같이 정사각형을 A, B, C, D, E, F, G, H라고 표시하자. 여기서 I는 변의 길이가 1인 정사각형이다.

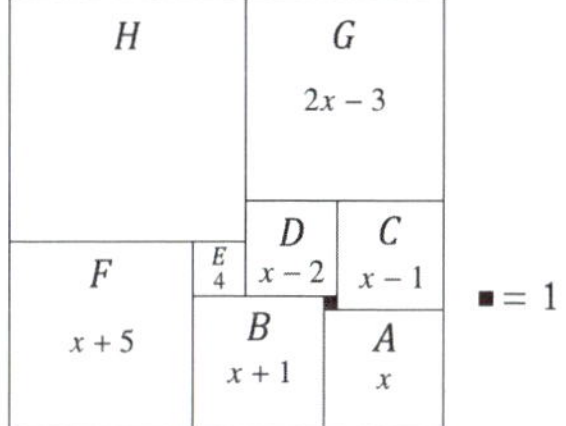

정사각형 A의 한 변의 길이를 x라고 가정한다. 그림에서 B의 변의 길이는 A와 I의 변의 길이의 합이므로 $x + 1$이다. C의 변의 길이는 A의 변의 길이에서 I의 변의 길이를 뺀 값이므로 $x - 1$이다. D의 변의 길이는 C의 변의 길이에서 I의 변의 길이를 뺀 값이므로 $x - 2$이다. E의 변의 길이와 D의 변의 길이의 합은 B의 변의 길이에서 I의 변의 길이를 뺀 값과 같다. 따라서 E의 변의 길이는 4이다. 유사한 방법으로 F의 변의 길이는 $x + 5$이며, G의 변의 길이는 $2x - 3$이다. 사각형 A, B, F로부터 직사각형의 너비는 $x + (x + 1) + (x + 5) = 3x + 6$임을 알 수 있다. 또한 너비는 H의 너비와 G의 너비를 더한 것과 같다. 따라서 H의 너비는 $(3x + 6) - (2x - 3) = x + 9$이다. 사각형 A, C, F에서 직사각형

의 높이는 $x + (x-1) + (2x-3) = 4x - 4$이다. 이 높이는 H의 높이 더하기 F의 높이와 같다. 따라서 H의 높이는 $(4x-4) - (x+5) = 3x - 9$이다. H는 정사각형이므로 너비와 높이가 같으므로 $x + 9 = 3x - 9$이며, 따라서 $x = 9$이다. 그러므로 직사각형의 너비인 $3x + 6 = 33$이며, 높이인 $4x - 4 = 32$이다.

276 정답) 68

다음 그림과 같이 직사각형의 알려지지 않은 변의 길이를 y라고 하고, 어두운 영역이 아닌 사각형의 한 대각선의 길이를 x라고 하자.

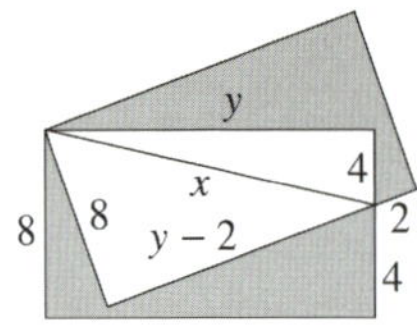

어두운 영역이 아닌 직각삼각형 2개에 피타고라스 정리를 적용하면 $x^2 = 8^2 + (y-2)^2$와 $x^2 = y^2 + 4^2$를 얻을 수 있다. x^2를 제거하면 $y = 13$이 된다. 그런데 어두운 영역의 넓이는 한 직사각형의 넓이의 2배에서 어둡지 않은 영역의 넓이의 2배를 뺀 값과 같다. 따라서 전체 어두운 영역의 넓이는 68이다.

277 정답) 안나

안나가 승리 전략을 가지고 있다. 첫 번째 차례에 30을 선택한다. 그런데 $30 = 2 \times 3 \times 5$이므로 패배하지 않으려면 두 플레이어 모두 1, 7, 11, 13, 17, 19, 23, 29 중 하나를 선택해야 한다. 왜냐하면 이들을 제외하고 31보다 작은 모든 양의 정수는 2, 3, 5의 배수이기 때문이다. 이 목록의 두 수는 1보다 큰 공약수가 없기 때문에 대니얼이 자신의 차례에 수를 선택하면 안나는 다음 차례에 다른 수를 선택할 수 있으며, 이 과정이 반복된다. 8은 짝수이기 때문에 이 과정은 각 플레이어가 네 번씩 진행할 수 있으며, 그러고 나면 모든 수가 선택된다. 그 시점에서 대니얼은 30과 1보다 큰 공약수를 가진 다른 수 중 하나를 선택해야 하므로 대니얼은 패배한다. 따라서 안나는 승리 전략을 가지고 있다.

278 정답) 135°

격자를 다음 그림과 같이 확장한다.

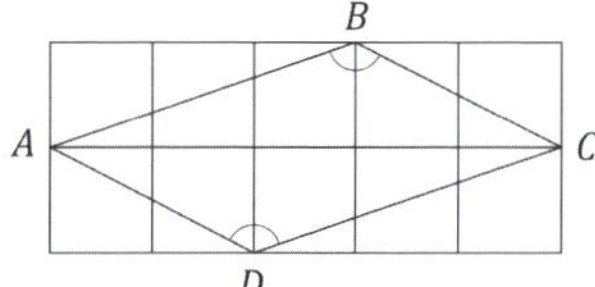

삼각형 ADB와 CBD는 D와 B가 직각을 이루는 이등변삼각형이다.

따라서 $\angle ABC = \angle ABD + \angle DBC = 45° + 90° = 135°$이다.

279 정답) 10

서로 다른 양의 정수 5개가 있으므로 가운데 수는 최소 3이다. 그러나 5개의 수는 최대 8이므로 가운데 수는 최대 6이다. 그런데 가운데 수의 값이 중간값이며, 이는 평균과 같다고 주어졌다. 정수들을 올림차순으로 a, b, c, d, e로 표기한다. 그러면 c는 중간값이자 평균이다. c가 평균이므로 $a+b+c+d+e = 5c$이며, 따라서 $(a+b) + (d+e) = 4c$이다. $d+e$는 최대로 $7+8=15$이므로 $a+b$는 적어도 $4c-15$이며, 또한 $a+b$는 최대도 $(c-2)+(c-1)=2c-3$이다. c의 각 값에 대해 $a+b$의 가능한 값부터 나열한 다음 $a+b$로부터 $d+e$를 구한다. 전체를 구해 보면 제임스가 정수를 선택할 수 있는 방법은 10가지이다.

280 정답) 117, 156, 195

한 자리 양의 정수 d는 불길한 수가 아니다. 왜냐하면 $d \neq 0$이고 $d \neq 13d$이기 때문이다. 두 자리 양의 정수 'de'가 불길한 수라면 $10d+e = 13(d+e)$가 성립하며, 따라서 $3d+12e=0$이 된다. 이는 d와 e가 모두 양수이므로 불가능하다. 따라서 두 자리 불길한 수는 없다. 이제 'def'가 세 자리 불길한 수라고 가정한다. 그러면 $100d+10e+f = 13(d+e+f)$가 된다. 따라서 $87d = 3e+12f$가 되며, 이를 간단히 하면 $29d = e+4f$가 된다. $e+4f \leq 45$이므로 이 방정식의 유일한 해는 $d=1$일 때이다. 이 경우 $e+4f=29$이다. 이 방정식의 해 중 e와 f가 한 자릿수인 경우는 $e=1, f=7$과 $e=5, f=6$ 및 $e=9, f=5$이다. 따라서 세 자리 불길한 수는 117, 156, 195이다. 이제 n이 k자리의 양의 정수라고 가정한다. 그러면 $n \geq 10k-1$이다. 한편 n의 각 자리 숫자 합은 최대 $9k$이다. $k \geq 4$일 때 $13 \times 9k < 10k-1$임을 확인할 수 있다. 따라서 네 자리 이상인 불길한 수는 존재하지 않는다.

281 정답) 월요일

10월은 31일이므로 어떤 해에도 10월에는 요일 중 3일은 다섯 번 반복되고 4일은 네 번 반복된다. 화요일과 금요일이 각각 네 번씩 있었기 때문에 수요일이나 목요일은 다섯 번 반복될 수 없다. 그러니 다섯 번 반복된 날은 토요일, 일요일, 월요일이다. 따라서 10월 1일은 토요일이었으며, 이는 10월 31일이 월요일임을 뜻한다.

282 정답) 81

어제 거위와 코끼리의 가격을 각각 x와 $99x$라고 하자. 오늘 이 가격은 $\frac{11x}{10}$와 $\frac{9}{10} \times 99x$로 각각 변했으므로, 문제에서 요구하는 수는 $\frac{9}{10} \times 99x \div \frac{11x}{10} = 81$이다.

283 정답) 130

n이 4를 제외한 어떤 숫자일 때 '$123n$' 형태의 해는 9개이다. 마찬가지로 '$234n$', '$245n$', '$456n$', '$567n$', '$678n$'의 형태도 각각 9개씩 존재한다. 그러나 '$789n$'의 형태는 10개이다. 이 경우 n은 어떤 숫자라도 될 수 있다. 또한 '$n012$'의 형태로 9개, '$n123$'의 형태로 9개가 존재한다. 두 경우 모두 n은 0을 제외한 어떤 숫자도 될 수 있다. 그러나 '$n234$' 형식의 연도는 8개이다. 이 경우 n은 0이나 1일 수 없다. 마찬가지로 '$n345$', '$n456$', '$n567$', '$n678$', '$n789$' 형식의 연도는 각각 8개씩이다. 따라서 총 연도 수는 130개이다.

284 정답) 27721

이런 수의 최솟값은 $2, 3, 4, 5, 6, 7, 8, 9, 10, 11, 12$의 최소공배수보다 1 더 큰 수이며, 따라서 $27720 + 1 = 27721$이다.

285 정답) 2

호 4개는 길이가 같고 끝점이 원 위에 있으므로 네 끝점을 연결하면 정사각형을 만들 수 있다. 호 2개가 '뒤집혀' 있기 때문에 정사각형 안의 밝은 영역 2개는 정사각형 밖의 어두운 영역 2개와 넓이가 같다. 따라서 어두운 영역의 총 넓이는 정사각형의 넓이와 같다. 원의 반지름은 1로 주어졌으므로, 피타고라스 정리에 따라 정사각형의 변의 길이는 $\sqrt{2}$이다.

따라서 어두운 영역의 넓이는 2이다.

286 정답) 36

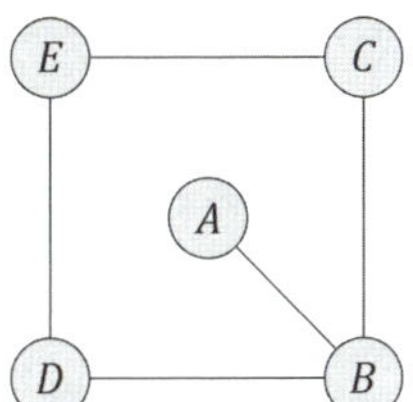

원판 A는 3가지 색깔 중 하나를 가질 수 있으며, 각 색깔에 대해 원판 B는 2가지 색깔을 가질 수 있다. 따라서 두 원판은 6가지 다른 방법으로 색칠할 수 있다. 원판 C와 D가 같은 색깔이라면, 두 원판은 2가지 다른 방법으로 색칠할 수 있으며, 각 경우에 원판 E는 2가지 색깔을 가질 수 있다. 따라서 C와 D가 같은 색깔일 경우 원판들은 24가지 다른 방법으로 색칠할 수 있다. 그러나 원판 C와 D가 다른 색깔이라면 C는 2가지 색깔 중 하나를 가질 수 있지만, D와 E의 색깔은 이미 결정된다. 따라서 C와 D가 다른 색깔이라면 12가지 다른 방법으로 색칠할 수 있다. 따라서 총 36가지 다른 방법으로 원판을 색칠할 수 있다.

287 정답) 523

찾고 있는 소수를 p로 정의하자. 사용 가능한 각 자리 숫자는 2, 3, 5, 7이다. 그런데 이 세 자리 소수는 2나 5로 끝나면 안 된다. 그럴 경우 2나 5로 나누어 떨어지기 때문이다. 또한 p는 2, 3, 7이나 3, 5, 7로 구성될 수 없다. 그럴 경우 3으로 나누어 떨어지기 때문이다. 따라서 p는 2, 3, 5나 2, 5, 7로 구성될 수 있다. 그렇다면 이제 p는 7로 시작할 수 없다. 그 경우 2 또는 5로 끝나기 때문이다. 다음으로 큰 후보는 527이다. 하지만 527은 소수가 아니다. $527 = 17 \times 31$이기 때문이다. 다음으로 큰 후보인 523은 소수이므로 정답이다.

288 정답) 40

브로콜리를 먹고 브로콜리당에 투표한 사람의 비율을 $y\%$라고 하자. 브로콜리를 먹었지만 다른 당에 투표한 사람의 비율은 $x\%$라고 하자. 그렇다면 $9x\%$는 브로콜리를 먹지 않았고 브로콜리당에 투표하지 않았다. 우리는 $x+y+9x=100$이고 $x+y=46$임을 알고 있다. 이 방정식을 풀면 $x=6$이고 $y=40$이다. 따라서 브로콜리당에 투표한 사람의 비율은 40%이다.

289 정답) −2

x가 문제의 성질을 갖는다고 가정한다. 그러면 $3x=x^3+2x^2$이며, 따라서 $x^3+2x^2-3x=0$이다. 인수분해하면 $x(x-1)(x+3)=0$이 되므로 $x=-3,0,1$이다. 이 값들의 합은 −2이다.

290 정답) $\dfrac{\pi}{\sqrt{2}}$

세 원의 중심이 꼭짓점을 이루는 삼각형의 변의 길이는 $\sqrt{2},\sqrt{2},2$이므로 직각이등변삼각형이다. 어두운 부분의 둘레는 $2\times\dfrac{1}{8}\times2\pi+\dfrac{1}{4}\times2\pi\left(\sqrt{2}-1\right)=\dfrac{\pi}{\sqrt{2}}$이다.

291 정답) $\dfrac{7}{16}$

위쪽부터 시계 반대 방향으로 가면서 큰 삼각형의 꼭짓점을 PQR로 표시한다. $AP=CQ=BR=x$이라고 하면 $PC=QB=RA=3x$이다. 삼각형 BCQ, CAP, ABR은 서로 합동이므로 삼각형 BCQ만 생각해 보자. 이 삼각형의 밑변과 높이는 삼각형 PQR의 밑변과 높이의 각각 $\dfrac{3}{4}$과 $\dfrac{1}{4}$이다. 그러므로 삼각형 BCQ의 넓이는 삼각형 PQR의 넓이의 $\dfrac{3}{16}$이며, 따라서 삼각형 ABC의 넓이는 $1-3\times\dfrac{3}{16}=\dfrac{7}{16}$이다.

292 정답) E

타르트를 먹은 잭들의 가능한 조합은 오른쪽 표에 표시되어 있다. 문장의 글자 옆에 체크 표시가 있으면 해당 문장이 타르트를 먹은 조합과 일치한다는 뜻이다. 체크 표시가 하나 있는 유일한 열은 ◆♠이고 이때 체크는 E행에 있다. 따라서 E가 유일한 정답이다.

	없음	♣	♦	♠	♣♦	♦♠	♣♠	♣♦♠
A	√	×	×	×	×	×	×	×
B	×	√	×	×	√	×	√	√
C	×	√	√	√	×	×	×	×
D	√	√	√	√	√	×	√	×
E	×	×	×	×	√	√	√	√

293 정답) 85,714

$P = N + 200,000$이고 $Q = 10N + 2$이다. 따라서 $10N + 2 = 3 \times (N + 200,000) = 3N + 600,000$이다. 따라서 양쪽에서 $3N + 2$를 빼면 $7N = 599,998$이 되고 양쪽을 7로 나누면 $N = 85,714$를 얻는다.

294 정답) 169와 961

세 자릿수 'abc' $= 100a + 10b + c$를 생각해 보자. 각 자리 숫자를 역순으로 배열하면 'cba' $= 100c + 10b + a$가 된다. 이 두 수가 서로 다르므로 $a \neq c$이다. 만약 $a > c$라면 'abc'와 'cba'의 차이는 $99(a - c)$이다. 이 차이는 8로 나누어 떨어진다. 그러나 99는 2로 나누어 떨어지지 않으므로 $a - c$가 8로 나누어 떨어진다. a와 c는 서로 다른 한 자리 숫자이므로 $a - c$의 유일한 값은 8이며, 이는 $a = 9$이고 $c = 1$일 때 발생한다. b의 9가지 후보 중 조건에 맞는 값을 확인해 보면 'abc'가 제곱수인 경우는 $b = 6$일 때만 해당되며, 이는 $961 = 31^2$이다. 만약 $a < c$라면 유사한 논리로 $a = 1$이고 $c = 9$임을 얻을 수 있다.

다시 b의 9가지 가능한 값을 확인해 보면 제곱수인 경우 단 한 가지 값만 해당되며, 이는 $169 = 13^2$이다.

295 정답) 7.5m

키와 그림자 길이의 비율은 1 : 3이다. 따라서 그림자의 길이는 3 × (1 + 1.5) = 7.5m이다.

296 정답) 1007

사기꾼이 1007명보다 많을 수는 없다. 왜냐하면 그럴 경우 가장 앞쪽에 있는 사기꾼은 뒤에 최소 1007명의 사기꾼이 있고, 앞에 최대 1006명의 기사들이 있을 것이기 때문이다. 따라서 "내 뒤에 있는 사기꾼이 내 앞에 있는 기사보다 많다."는 말이 진실이 된다. 또한 기사 수도 1007명을 초과할 수 없다. 왜냐하면 그럴 경우 가장 뒤쪽에 있는 기사는 자신 앞에 최소 1007명의 기사가 있고, 뒤에 최대 1006명의 사기꾼이 있을 것이기 때문이다. 따라서 거짓말을 하게 된다. 그러므로 사기꾼은 정확히 1007명이고 기사도 정확히 1007명이다. 이는 기사 1007명이 줄 앞쪽에 서고, 그 뒤에 사기꾼 1007명이 서면 가능하다.

297 정답) 2cm²

원호가 만나는 점을 C와 D라고 하자. $ACBD$는 정사각형이다. 피타고라스 정리에 따라, $CB = \sqrt{2}$cm이며, 따라서 중심 B와 지름 CD로 둘러싸인 원호 CD의 넓이는 중심이 B인 원의 부채꼴 넓이 BCD에서 삼각형 BCD의 넓이를 뺀 값과 같다. 따라서 이는 $(\frac{1}{2}\pi - 1)$ cm²이다. 그러므로 그림에서 어둡지 않은 영역의 넓이는 $(\pi - 2)$cm²이다. 원의 넓이가 π cm²이므로 어두운 영역의 넓이는 2 cm²이다.

298 정답) $\frac{1}{25}$

먼저 검은색 정사각형의 변의 길이는 2 단위임에 주목하자. 이 패턴은 다음 그림에 표시된 무양으로 된 쪽매맞춤(1가지 이상의 도형으로 공간을 빈틈없이 채우는 일*)으로 볼 수 있다. 그러므로 정사각형과 직사각형의 개수 비율은 1 : 2이며, 따라서 검은색으로 칠해지는 비율은 $\frac{4}{4+2\times48} = \frac{4}{100} = \frac{1}{25}$ 이다.

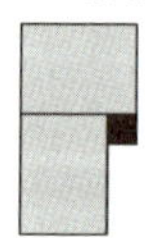

299   정답) (4, 2) 와 (9, 6)

'$p543q$'는 36의 배수이므로 9와 4의 배수이다. 9의 배수의 각 자리 숫자 합계도 9의 배수이므로 $p+5+4+3+q$는 9의 배수이다. 그런데 $5+4+3=12$이고 p와 q는 모두 한 자리 숫자이므로 $p+q=6$과 $p+q=15$만이 가능하다. 또한 '$p543q$'는 4의 배수이며 '$p5400$'은 항상 4로 나누어지므로 '$3q$'는 4로 나누어 떨어진다 '$3q$'의 가능한 값은 32와 36뿐이므로 $q=2$ 또는 $q=6$이다. $q=2$라면 $p+q=15$는 불가능하다. 왜냐하면 p는 한 자리 숫자이기 때문이다. 따라서 $p+q=6$이므로 $p=4$이다. $q=6$일 경우 $p+q=6$은 불가능하다. $p543q$는 다섯 자리 숫자이므로 p는 0일 수 없기 때문이다. 따라서 $p+q=15$이므로 $p=9$이다. 즉, $p=4, q=2$와 $p=9, q=6$만이 p, q의 가능한 값이다.

300   정답) 6

앤이 방에 들어가기 전 방에 있던 사람의 수를 n, n명의 평균 연령을 m세라고 하자. 따라서 n명의 나이의 합은 mn년이다. 마지막으로 앤과 베스의 공통 나이를 y세라고 하자. 앤이 방에 들어가자 총 나이는 $mn+y$로 증가했고, 사람 수는 $n+1$로 증가했다. 한편 평균 연령은 4세 증가했다. 따라서 $m+4=\frac{mn+y}{n+1}$이고, 정리하면 $m+4n+4=y$가 된다. 베스가 방에 들어갔을 때 평균 연령은 추가로 3세 증가했다. 따라서 $m+7=\frac{mn+2y}{n+2}$이고, 정리하면 $2m+7n+14=2y$가 된다. 이를 연립하면 $n=6$이다. 따라서 앤이 들어가기 전에 방에는 6명이 있었다.

301   정답) 가방에 남은 마지막 구슬은 항상 초록이다

각 단계가 완료될 때, 가방에 있는 초록 구슬의 수는 동일하거나 2개 줄어든다. 처음에는 가방에 구슬이 99개 있었으며, 이는 홀수이다. 그러므로 각 단계가 끝날 때마다 가방에 있는 초록 구슬의 수는 항상 홀수가 된다. 따라서 가방에 단 1개의 구슬만 남았을 때, 그 구슬은 반드시 초록이다.

302　정답) 840

한 자리 소수는 2, 3, 5, 7이다. N은 이 중 어느 것으로도 나누어 떨어지기 때문에 $2 \times 3 \times 5 \times 7 = 210$으로도 나누어 떨어진다. 이제 원하는 성질이 충족되는 210의 배수를 생각해 보면 첫 번째는 840이다.

303　정답) 4

8명과 악수한 사람은 자신과 배우자를 제외한 모든 사람과 악수한다. 따라서 그 사람의 배우자는 0명과 악수한 사람일 것이다. 이 부부를 팻8과 팻0이라고 부르자. 이제 7명과 악수하는 사람, 이를테면 크리스7을 생각해 보자. 7명은 자신, 배우자, 팻0을 제외한 모든 사람과 악수를 했다. 따라서 팻8, 팻0, 크리스7, 크리스7의 배우자를 제외한 모든 사람은 팻8과 크리스7 양쪽과 악수했다. 따라서 크리스7의 배우자, 이를테면 크리스1은 단 1명하고만 악수한 사람이다. 이 과정을 계속하면 6명과 악수한 사람의 배우자는 2명과 악수한 사람이며, 5명과 악수한 사람의 배우자는 3명과 악수한 사람이다. 이제 4명과 악수한 사람만 남는다. 그 사람이 존스 부인일 것이다.

304　정답) $\frac{1}{4}$

반원들의 지름 12개 사이의 간격은 규칙적이며, 각 지름은 다음 지름과 30° 간격이다. 이웃한 두 반원을 생각해 보자.

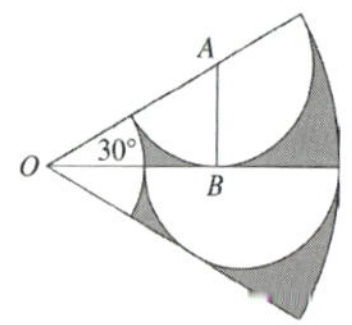

$\angle ABO$는 직각이다. OB는 접선이고 AB는 반지름이기 때문이다. 삼각형 내각의 합은 180°이므로 $\angle OAB$는 60°이다. $AB = 1$이라고 가정하면 $OA = 2$이다(이는 30°, 60°, 90° 삼각형의 유명한 성질로 정삼각형의 절반을 생각하면 알 수 있다). 이는 도넛 모양 도형의 바깥 반지름이 3이고 안쪽 반지름이 1임을 뜻하므로 도넛 모양의 넓이는 $\pi \times 3^2 - \pi \times 1^2 = 8\pi$이다.

반원들의 반지름은 1이므로 반원 12개의 총 넓이는 6π이다. 그러므로 주어진 도형의 어두운 영역의 넓이는 2π이다. 따라서 원환의 $\frac{1}{4}$이 어두운 영역이다.

305 정답) 1951

$N+74=x^2$이고 $N-15=y^2$라고 하고, 여기서 x와 y는 서로 다른 양의 정수이다. 두 번째 방정식을 첫 번째 방정식에서 빼면 $89=x^2-y^2$가 되므로 $89=(x-y)(x+y)$가 된다. 그런데 x와 y는 정수이므로 이 방정식은 89의 인수분해로 풀 수 있다. $x+y>x-y$이므로 $x+y=89$이고 $x-y=1$이다. 두 방정식을 더하고 x에 대해 풀면 $x=45$이다. 따라서 $N=1951$이다.

306 정답)

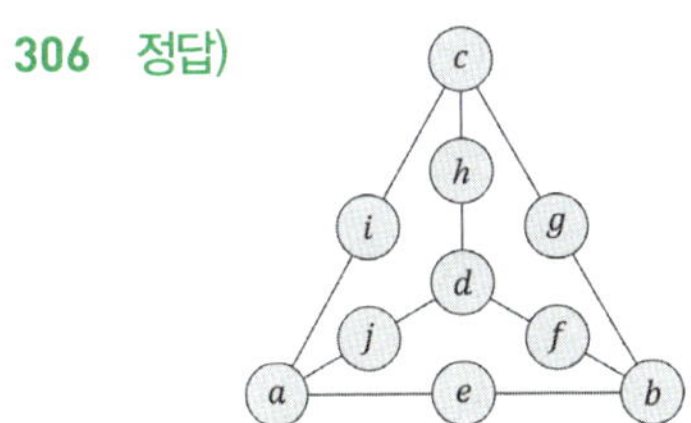

T를 공통 합계라고 하고, 원 안에 있는 숫자를 그림과 같이 표시하기로 하자. 세 숫자로 구성된 줄 6개의 합을 구하면 $3(a+b+c+d)+(e+f+g+h+i+j)=6T$가 된다. 그런데 1부터 10까지의 모든 정수의 합은 55이므로 $a+b+c+d+e+f+g+h+i+j=55$이다. 따라서 $2(a+b+c+d)+55=6T$이다. 그러나 55는 홀수이고 방정식의 다른 두 항은 짝수이므로 이는 불가능하다.

307 정답) 3

1부터 12까지의 정수를 보면 q 소수는 6과 10뿐이다. 4의 배수는 2×2의 배수이므로 4의 배수는 결코 q 소수가 될 수 없다. 이는 연속된 q 소수의 길이가 최대 3임을 뜻한다. 4개 이상의 연속된 정수열에는 4의 배수가 포함되기 때문이다. 우리는 약간의 탐색을 통해 33, 34, 35가 모두 q 소수임을 확인했다. 따라서 3개가 연속된 q 소수열을 찾았으며, 4개(또는 그 이상)의 연속된 q 소수열은 존재하지 않음을 증명했다.

308 정답) **77, 78, 79**

정수는 오른쪽 두 자리 숫자로 구성된 수가 4의 배수일 때 4로 나누어 떨어진다. 그러나 74는 4의 배수가 아니므로 N은 4로 나누어 떨어지지 않는다. 그런데 짝수 정수 2개를 곱하면 결과는 4의 배수가 된다. 따라서 토니의 연속된 정수 목록에는 짝수 정수가 2개 이상 포함되어 있지 않다. 그러므로 연속된 세 정수 '홀수', '짝수', '홀수'를 곱했거나 연속된 정수 2개를 곱했다는 2가지 가능성이 있다. 그러나 연속된 두 정수를 곱하면 마지막 자리는 결코 4가 될 수 없고 0, 2, 6일 수만 있다. 그러므로 $n \times (n+1) \times (n+2) = $ '47…74'를 만족하는 홀수 정수 n을 찾아야 한다. 또한 $n+1$은 4의 배수가 아님도 알고 있다. $81 \times 82 \times 83$은 마지막 자리가 6이기 때문에 조건에 맞지 않는다. 또한 너무 크기도 한데 $80 \times 80 \times 80 = 512{,}000$보다 크다. $73 \times 74 \times 75$ 역시 끝이 0이기 때문에 조건에 안 맞는다. $75 \times 75 \times 75 = 421{,}875$보다 작기 때문에 너무 작기도 하다. 남은 유일한 가능성은 $77 \times 78 \times 79 = 474{,}474$로 이 값은 성립한다.

309 정답) **2520**

$2 \times 3 \times 12 \times 14 \times 15 \times 20 \times 21$의 곱을 소인수분해하면 $26 \times 3^4 \times 5^2 \times 72^2 = (2^3 \times 3^2 \times 5 \times 7)^2 = 2520^2$로 나타낼 수 있다. 답 2520은 $2 \times 3 \times 20 \times 21$과 $12 \times 14 \times 15$ 양쪽으로 나타낼 수 있다.

310 정답) **$16\sqrt{2}$**

E가 접선 BD와 작은 원의 접점이고, F를 이 원의 중심이라고 가정한다. 작은 원의 반지름은 6이다. 따라서 $BF = BA + AF = 12 + 6 = 18$이다. 삼각형 FEB는 E에서 직각을 이루는데, 반지름 EF는 E에서의 접선과 수직이기 때문이다. 그러므로 피타고라스 정리에 따라 $BE^2 + EF^2 = BF^2$이다. 따라서 $BE^2 = BF^2 - EF^2 = 18^2 - 6^2 = 288$이다. 그러므로 $BE = \sqrt{288} = 12\sqrt{2}$이다. 선분 CD는 BD에 수직인데, 반원에 내접하는 삼각형에서 지름과 마주하는 각은 직각이기 때문이다. 이에 따라 삼각형 BEF와 BDC는 닮은꼴이다. 그러므로 $\frac{BD}{BE} = \frac{BC}{BF} = \frac{24}{18} = \frac{4}{3}$이다. 따라서 $BD = \frac{4}{3}BE = \frac{4}{3}(12\sqrt{2}) = 16\sqrt{2}$이다.

311　정답) 100

r_1, r_2, r_3를 각각 어두운 원, 반원, 바깥 원의 반지름이라고 가정한다. 그러면 r_3, $r_1 + r_2$, r_2를 변으로 하는 직각삼각형이 형성된다. 그러므로 피타고라스 정리에 따라 $r_3^2 = (r_1 + r_2)^2 + r_2^2$이다. 그런데 $\pi r_1^2 = 4$이므로 $r_1 = \frac{2}{\sqrt{\pi}}$이다. 마찬가지로 $r_2 = \frac{6}{\sqrt{\pi}}$이다. 따라서 $r_2 = 3r_1$이므로 $r_2 = 3r_1$, $r_3^2 = 25r_1^2$이다. 그러므로 문제가 요구하는 넓이는 $25 \times 4 = 100$이다.

312　정답) 555 555 555 555 555 555

$495 = 5 \times 9 \times 11$이므로 $5, 9, 11$ 모두로 나누어 떨어지는 숫자는 495로 나누어 떨어지고, 그렇지 않은 숫자는 495로 나누어 떨어지지 않는다. 수열의 모든 수는 일의 자리가 5이므로 5로 나누어 떨어진다. 수열의 짝수 항은 11로 나누어 떨어지지만, 홀수 항은 11로 나누었을 때 나머지가 5이므로 나누어 떨어지지 않는다. 따라서 9로 나누어지는 첫 번째 짝수 항을 찾으면 된다. 항이 $2k$ 자리일 때, 각 자리 숫자의 합은 $10k$이다. 그런데 어떤 수의 각 자리 숫자 합이 9로 나누어 떨어지면 그 숫자도 9로 나누어 떨어지며, 그렇지 않으면 나누어 떨어지지 않는다. 따라서 9로 나누어 떨어지는 첫 번째 짝수 항은 $k = 9$인 경우이다. 그러므로 495로 나누어지는 첫 번째 항은 수열의 18번째 항이며, 18자리로 구성되고 각 자리 숫자는 5이다.

313　정답) 5041

문제가 요구하는 수는 네 자리이므로 1000과 9999 사이다. 이 수를 N이라고 하자. N은 완전제곱수이며 $N-1$은 $2, 3, 4, 5, 6, 7, 8, 9$로 나누어 떨어진다. 따라서 $N-1$은 이 수들의 최소공배수인 2520으로 나누어 떨어진다 그러므로 N이 될 수 있는 값은 $2521, 5041, 7561$로 3가지이며, 이 중 가운데 값만이 완전제곱수인 71^2이다. 따라서 미코의 PIN은 5041이다.

314　정답) 110

a가 가장 작은 수이고 d가 첫 번째와 두 번째 수의 차이라고 가정한다. 그러면 나머지 차이는 $2d$, $4d$, $8d$이므로 다섯 수는 a, $a+d$, $a+3d$, $a+7d$, $a+15d$이다. 다섯 수의 평균이 중간 수보다 11 더 크다는 조건에서 $\frac{5a+26d}{5} = a+3d+11$이 도출되며, 이는 $d=5$를 뜻한다. 두 번째와 네 번째 숫자의 합이 가장 큰 숫자와 같다는 조건에서 $2a+8d = a+15d$가 도

출되므로 $a = 35$이다. 그러니 다섯 숫자는 35, 40, 50, 70, 110이다. 따라서 가장 큰 숫자는 110이다.

315   정답) 32와 960

6쌍의 쌍둥이를 6명씩 두 팀으로 나누는 경우, 에이드리언은 첫 번째 팀의 첫 번째 학생을 12가지 방법으로 선택할 수 있다. 이 학생의 쌍둥이는 다른 팀에 있어야 하므로, 두 번째 학생을 선택할 때는 10가지 방법, 세 번째 학생을 선택할 때는 8가지 방법, 이런 식으로 계속된다. 따라서 첫 번째 팀의 6명을 순서대로 선택하는 방법은 $12 \times 10 \times 8 \times 6 \times 4 \times 2$ 가지이다. 순서는 중요하지 않기 때문에 첫 번째 팀을 선택하는 서로 다른 방법은 $\frac{12 \times 10 \times 8 \times 6 \times 4 \times 2}{6!} = 64$이다. 또한 두 팀을 선택하는 순서도 중요하지 않다. 따라서 6쌍의 쌍둥이를 두 팀으로 나누는 방법은 $\frac{64}{2!} = 32$이다. 마찬가지로 에이드리언이 4명으로 구성된 세 팀 중 첫 번째 팀의 첫 번째 멤버를 선택하는 방법은 $\frac{12 \times 10 \times 8 \times 6}{4!} = 240$이다. 이러면 다른 두 팀에는 2쌍의 쌍둥이와 4명의 짝 없는 학생이 할당된다. 두 번째 팀에서는 각 쌍둥이 쌍에서 1명씩 선택한 후 남은 4명 중 2명을 선택해야 한다. 이는 $2 \times 2 \times \frac{4 \times 3}{2!} = 24$가지 방법으로 가능하다. 남은 4명은 저절로 세 번째 팀을 구성한다. 따라서 세 팀을 순서대로 선택하는 방법은 240×24가지이다. 세 팀을 선택하는 순서도 중요하지 않으므로 세 팀을 구성하는 방법은 $\frac{240 \times 24}{3!} = 960$가지이다.

316 정답) 18

10대의 나이가 a와 b이고, $a > b$라고 하자. 그러면 $4(a+b) = a^2 - b^2 = (a-b)(a+b)$이며, $a+b \neq 0$이므로 $4 = a-b$이다. 또한 $a+b = 8(a-b) = 8 \times 4 = 32$이다. 이제 $a-b = 4$이고 $a+b = 32$이므로 $a = 18$이고 $b = 14$이다. 따라서 둘 중 나이가 더 많은 사람은 18세이다.

317 정답) 14

직육면체가 들어가는 구의 반지름이 최대한 작아지려면 직육면체의 꼭짓점 8개가 모두 구면에 있어야 한다. 이런 구의 반지름 r은 직육면체의 입체대각선 길이의 절반이므로 $r = \sqrt{1^2 + 5^2 + 11^2} = \sqrt{147}$이다. 이 구 안에 들어갈 수 있는 가장 큰 정육면체 한 변의 길이가 $2x$라면 $r = \sqrt{x^2 + x^2 + x^2}$이다. 따라서 $3x^2 = 147$이므로 $x^2 = 49$, $x = 7$이다. 이 정육면체 한 변의 길이는 14이다.

318 정답) 1423

2013년부터 2099년까지의 범위 안에 있는 수의 각 자리 숫자의 합은 4 이상이어야 한다. 2와 5를 제외한 소수의 일의 자리 숫자는 3, 7, 9 중 하나이다. 따라서 기념 연도의 각 자리 숫자의 합이자 두 소수의 일의 자리 숫자는 7 또는 9이다. 만약 두 소수의 일의 자리 숫자가 7이라면, 한 소수의 일의 자리 숫자와 다른 소수의 제곱의 일의 자리 숫자의 합은 $7 \times 7^2 = 343$이다. 따라서 기념 연도의 일의 자리 숫자는 3이고 각 자리 숫자의 합은 7이다. 기념 연도는 2013년부터 2099년 사이이므로 2023년이 된다. 만약 두 소수의 일의 자리가 9라면, 한 소수의 일의 자리와 다른 소수의 일의 자리 제곱은 $9 \times 9^2 = 729$이다. 따라서 기념 연도의 일의 자리와 각 자리 숫자의 합이 모두 9가 되지만, 이는 불가능하다. 그러므로 기념 연도는 2023년이다. 출제자를 신뢰한다고 전제할 경우 2023이 일의 자리가 7인 소수의 제곱과 일의 자리가 7인 다른 소수의 곱임을 확인할 필요는 없다. 그러나 $2023 = 7 \times 17^2$라는 식으로 이 조건에도 맞음을 알 수 있다. 따라서 학교는 1423년에 설립되었다.

319 정답) 32

같은 행에 말이 5개 이상 놓을 수 없다면 8개의 행 각각에 말을 4개까지 놓을 수 있다. 따라서 말판에 최대 $8 \times 4 = 32$개의 말이 있을 수 있다. 다음 그림은 체스 판에 말 32개를 배치하는 방법 중 1가지를 보여준다. 이 배치에서는 모든 행과 열, 두 대각선에 말이 5개 이상 있지 않다.

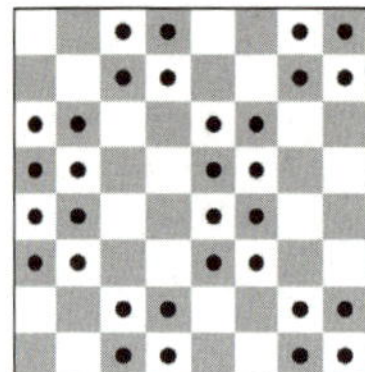

320 정답) 61

제거되는 숫자가 k라고 가정하면 $1 \leq k \leq n$이다. 1부터 n까지의 정수의 합은 $\frac{1}{2}n(n+1)$이다. 그러므로 남은 $n-1$개의 정수의 합은 $\frac{1}{2}n(n+1) - k$이다. 남은 수의 평균은 $40\frac{3}{4}$이며, 따라서 그 합은 40과 $40\frac{3}{4}(n-1)$이다. $1 \leq k \leq n$이므로 $\frac{1}{2}n(n+1) - n \leq 40\frac{3}{4}(n-1) \leq \frac{1}{2}n(n+1)$이 도출되고, 이는 $\frac{1}{2}n(n-1) \leq 40\frac{3}{4}(n-1) \leq \frac{1}{2}(n-1)(n+2)$와 같다. $n-1$이 0일 수 없으므로, 간단히 정리하면 $n \leq 81\frac{1}{2} \leq n+2$이다. n은 정수이므로 80 또는 81이다. 그러나 $n=80$, $40\frac{3}{4}(n-1)$은 정수가 아니다. 그러므로 $n=81$이다. 이에 따라 $3260 = 40\frac{3}{4}(n-1) = \frac{1}{2}n(n+1) - k = 3321 - k$이므로 $k=61$이다.

321 정답) 6

네 자리 양의 정수 '$abcd$'가 12로 나누어 떨어지려면 3으로도 4로도 나누어 떨어져야 한다. 3으로 나누어 떨어지려면 각 자리 숫자의 합이 3의 배수여야 한다. 4로 나누어 떨어지려면 두 자리 정수 'cd'가 4로 나누어 떨어져야 한다 이때 d는 짝수여야 한다. '$abcd$'가 출렁이는 정수가 되려면 각 자리 숫자를 재배열한 모든 경우가 짝수여야 한다. 그러므로 각 자리 숫자는 모두 짝수여야 한다. '$c2$' 또는 '$c6$'으로 끝나는 수는 c가 짝수일 때 4로 나누어 떨어지지 않는다. 따라서 각 자리 숫자는 4 또는 8이어야 한다. 각 자리 숫자의 합이 3의 배수여야 하므로 출렁이는 수는 4와 8이 각각 2개씩으로 구성된 수뿐이다. 이때 각 자리 숫자는 6가지 방법으로 배열될 수 있다(4488, 4848, 4884, 8448, 8484, 8844). 따라서 출렁이는 숫자는 6개뿐이다.

322 정답) 최댓값 90, 최솟값 25

친구 6명이 각자 정확히 75일 동안 수영을 하기 때문에 총 수영 횟수는 $6 \times 75 = 450$이다. 친구 중 5명 이상이 수영하는 날이 n일 경우, 총 수영 횟수는 최소 $5n$이다. $5n \leq 450$이므로 $n \leq 90$이다.

이제 이론적 최대 일수가 실제로 달성될 수 있음을 보여줄 차례다. 이어지는 6일 동안 친구 중 1명이 차례로 빠지고 나머지 5명이 수영한다고 가정한다. 6일 동안 각 친구는 5번 수영한다. 이 과정을 15번 반복하면 각 친구는 $5 \times 15 = 75$일 동안 수영하며, 5명의 친구가 수영하는 날은 $6 \times 15 = 90$일이다. 남은 10일 동안 친구들이 수영하지 않는다면, 5명의 친구가 수영하는 날이 90일인 배열이 된다. 수영하는 사람이 5명 이상인 날이 n일이고, 따라서 4명 이하가 수영하는 날이 $100 - n$일이라면, 총 수영 횟수는 아무리 많아도 $6n + 4(100 - n) = 2n + 400$이다. 따라서 $2n + 400 \geq 450$이므로 $n \geq 25$이다.

이제 이론적 최소 일수가 달성 가능함을 보여줄 차례다. 다음과 같은 3일이 이어진다고 생각해 보자. 첫째 날에는 친구 $1, 2, 3, 4$가 수영하고, 둘째 날에는 친구 $1, 2, 5, 6$이 수영하며, 셋째 날에는 친구 $3, 4, 5, 6$이 수영한다. 이 경우 각 친구는 3일 중 2일 수영하며, 각 날에는 수영하는 사람이 4명 있다. 이 순서가 25번 반복되고, 그 다음 25일 동안 6명 모두가 수영한다고 가정한다. 이로써 100일이 모두 소요된다. 각 친구는 첫 75일 중 $2 \times 25 = 50$일 동안 수영하므로 총 75번 수영하고, 이 기간 중 수영하는 사람이 5명 이상인 날은 25일이다. 따라서 5명 이상 수영하는 날이 25일 존재할 수 있다.

323 정답) (a) $\frac{5}{18}$ (b) 10

$n \times n$ 정사각형에서 이웃한 변이 n등분되는 일반적인 경우를 생각해 보자.

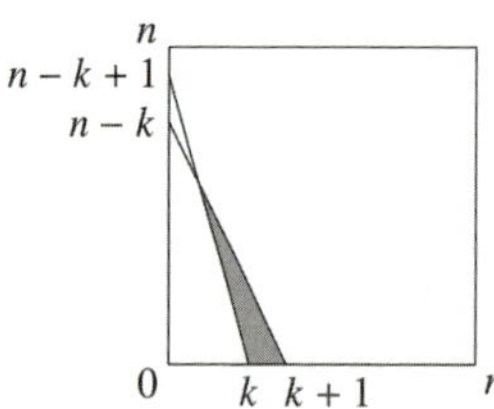

점 $(k, 0)$과 $(0, n-k+1)$을 연결하는 직선의 방정식은 $y = (n-k+1) - \frac{(n-k+1)}{k}x$ 이다.

점 $(k+1, 0)$과 $(0, n-k)$를 연결하는 직선의 방정식은 $y = (n-k) - \frac{n-k}{k+1}x$ 이다.

이 연립 방정식을 풀면 두 직선이 $y = \frac{(n-k)(n-k+1)}{n+1}$ 인 점에서 만남을 알 수 있다.

그림에서 어두운 삼각형의 높이는 y이며, 밑변의 길이는 1이다. 따라서 어두운 삼각형의 넓이는 $\frac{1}{2}y$이다. 이에 따라 어두운 영역의 전체 넓이는 k가 0부터 $n-1$까지의 정수 값에 대해 이 모든 항의 합이다.

이로부터 $n = 3$일 때 어두운 영역의 넓이는 $\frac{1}{2}\left(\frac{3\times4}{4} + \frac{2\times3}{4} + \frac{1\times2}{4}\right) = \frac{5}{2}$이다.

따라서 어두운 영역의 넓이 비율은 $\frac{5}{2} \div (3 \times 3) = \frac{5}{18}$이다.

위 분석에 따르면 일반적으로 어두운 영역의 넓이 비율은 $\frac{1}{2n^2}\sum_{k=0}^{n-1}\frac{(n-k)(n-k+1)}{n+1}$이다.

이 결과는 (꽤 많은 계산을 한 뒤에 나오지만) $n = 10$일 때 $\frac{1}{5}$과 같다.

324 정답) 흰색

킴이 검은색으로 b 게임을 이긴다고 가정한다. 그러면 킴은 $6-b$ 게임을 흰색으로 이긴다. 한편 올리는 검은색으로 $5-b$ 게임을 이기므로, 킴은 흰색으로 $5-b$ 게임을 진다. 따라서 킴이 흰색으로 플레이한 게임의 총 수는 $(6-b) + (5-b) = 11 - 2b$이며, 이는 홀수 짝수이다. 그런데 두 플레이어가 각각의 색으로 플레이한 판 수는 4 또는 5뿐이다. 따라서 킴은 5판을 흰색으로 두었다. 그러므로 킴은 흰색으로 게임을 시작한다.

325   정답) 제노탄

단 1명만 거짓말을 하고 있으므로 이는 제노탄 아니면 조시일 수밖에 없다. 그들의 말이 모두 참일 수 없기 때문이다. 만약 조시가 거짓말을 했다면 (유죄라면), 제노탄의 말은 티건도 유죄임을 뜻하며, 이는 모순이다. 따라서 제노탄이 거짓말을 했고, 이 경우 4가지 진술 모두 일관성이 있음을 확인할 수 있다.

326   정답) $\frac{5}{2}\pi$

정사각형의 상단 꼭짓점을 A라고 하고, A에서 만나는 두 선분의 중점을 B와 C라고 하자. 선분 BC의 길이는 $\frac{1}{2}$이며, 정사각형의 A를 지나는 대각선과 수직으로 만난다. 두 선의 교점을 D라고 하고 B 위쪽에 있는 가장 위의 호 끝점을 E라고 하자. 그러면 ADBE는 AD, DB, BE, EA 네 호의 반지름으로 이루어진 마름모이며, 이 반지름의 길이는 $\frac{1}{4}$이다. $\angle$ADB 가 직각이므로 이 마름모는 정사각형이다. 따라서 원래 정사각형의 꼭짓점을 중심으로 하는 호 4개는 모두 반원이다. 남은 4개의 서로 접하는 호는 각각 원의 $\frac{3}{4}$배이다. 경계선의 전체 길이는 $4 \times \frac{1}{2} + 4 \times \frac{3}{4}$을 곱한 값이다. 동일한 반지름을 가진 원의 둘레의 3배이므로 이는 $5 \times 2\pi \times \frac{1}{4} = \frac{5}{2}\pi$이다.

327   정답) 65유로

n이 75유로의 판매 가격보다 5유로씩 증가한 횟수(n이 음수라면 감소한 횟수)를 나타낸다고 가정한다. 그러면 판매된 스웨터의 수는 $100 - 20n$이며, 이익은 유로로 $(100 - 20n)(75 + 5n - 30) = 100(5 - n)(9 + n)$으로 계산되고, 이는 $100(49 - (n + 2)^2)$로 표현될 수 있다. 이는 $n = -2$일 때 최댓값이다. 이로써 판매 가격은 65유로가 된다.

328   정답) 6:26

거미가 여정의 두 번째 단계에 들어선 후 끝날 때까지 20분이 지나간다. 이 시간 동안 분침은 $120°$ 이동한다. 따라서 거미는 $480°$를 이동한다. 이는 거미가 분침보다 4배 빠르게 움직이고 있음을 뜻한다. 여정의 첫 번째 단계 동안 분침이 $x°$를 이동한다고 가정한다. 거미는 동일한 시간 동안 $180° - x°$를 이동한다. 거미가 분침보다 4배 빠르게 움직이기 때문에 $180 - x = 4x$이며, 따라서 $x = 36$이다. 분침이 지나간 총 각도는 $36° + 120° = 156°$로, 이는 26분에 해당한다. 따라서 거미의 여정이 끝날 때 시계는 6:26을 가리킨다.

말판 상단에서부터 한 줄씩, 그 행의 흰색 칸으로 끝나는 지그재그 경로의 수를 센다. 맨 위 행의 각 칸에는 그런 경로가 1개씩만 있다. 그 아래 행들의 각 흰색 칸은 바로 위 행의 1칸에서 내려오는 경로 1개가 있거나 대각선 좌우의 2칸에서 각각 내려오는 경로 2개가 있을 수 있다. 따라서 지그재그 경로의 수는 이전 행에서 해당 칸에 유일하게 도달할 수 있는 1칸의 경로 수이거나 해당 칸에 도달할 수 있는 2칸 경로 수의 합이다.

이 방법으로 얻는 경로 수는 그림에 표시되어 있다. 따라서 맨 아래 행의 칸에서 끝나는 지그재그 경로의 수는 69, 103, 89, 35이다. 따라서 각 행마다 흰색 1칸을 지나는 지그재그 경로의 수는 $69 + 103 + 89 + 35 = 296$개이다.

에이미의 사탕 개수는 3의 배수이므로 에이미는 사탕 $3a$개를 가지고 시작한다. 에이미가 사탕 a개를 넘겨준 뒤 베스의 사탕 개수는 3의 배수가 된다. 마찬가지로 베스가 사탕을 클레어에게 넘겨준 뒤 클레어의 사탕 개수는 3의 배수가 된다. $40 = 3 \times 13 + 1$이므로 베스는 어떤 b에 대해 $3b - 1$개의 사탕을 넘겨주어야 한다. 따라서 베스는 에이미로부터 a개의 사탕을 받은 후 $9b - 3$개의 사탕을 가지고 있었으므로 시작 시 $9b - 3 - a$개의 사탕을 가지고 있었다. 이로써 다음 표를 채울 수 있다.

세 사람이 가진 사탕 수가 모두 같아지므로 $6b - 2 = 2b + 26$이고 따라서 $b = 7$이다. 또한 소

	에이미	베스	클레어
처음 개수	$3a$	$9b-3-a$	40
A가 B에게 준 뒤	$2a$	$9b-3$	40
B가 C에게 준 뒤	$2a$	$6b-2$	$3b+39$
C가 A에게 준 뒤	$2a+b+13$	$6b-2$	$2b+26$

녀들은 마지막에 사탕을 40개씩 갖게 된다. 따라서 에이미의 최종 수는 $2a+7+13=40$이므로 $a=10$이다. 그러면 베스가 처음 갖고 있던 사탕은 $9\times7-10-3=50$개이다.

331 정답) 223

10개의 원래 수 중에서 가장 작은 수를 x라고 하자. 그러면 수 10개의 합은 $10x+45$이다. 제거된 수는 $x+a$라고 하면 $0\le a\le9$이다. 이 수를 원래 수 10개의 합에서 빼면 2012가 남는다. 따라서 $10x+45-(x+a)=2012$, 즉 $9x=1967+a$이다. 9로 나누면 $x=218\frac{5}{9}+\frac{a}{9}$가 나온다. x는 정수이므로 $a=4$이다. 따라서 $x=219$이고 제거된 수는 223이다.

332 정답) 116

직사각형의 변의 길이를 a와 b라고 하자. 여기서 $a<b$이다. 직사각형을 정사각형에서 잘라내려면 $b<20$이어야 한다. 그런데 $ab=36$이고 a와 b는 정수이므로 b의 최댓값은 18이다. 직사각형을 잘라낼 때 원래 정사각형과 한 모서리를 공유하고 직사각형의 두 변이 원래 정사각형의 두 변의 일부를 이루도록 하면 남은 모양의 둘레는 여전히 80이 된다. 직사각형의 길이가 a인 변이 정사각형의 한 변에 닿도록 잘라내면 둘레는 $80+2b$가 된다. 마찬가지로 길이가 b인 변이 닿도록 직사각형을 자르면 새로운 모양의 둘레는 $80+2a$가 된다. a가 b보다 작기 때문에 가장 큰 둘레를 얻기 위해서는 전자가 더 좋다. 여기서 $80+2b$는 b가 가장 클 때 최대이므로 $b=18$을 대입하면 최대 둘레는 116이 된다.

333 정답) 4352

먼저 복도 한쪽에 있는 방 10개 중에서 서로 이웃하지 않은 방 k개를 선택하는 방법을 세

어본다. 이는 $k \leq 5$일 때만 가능하다. 여기서는 $k = 3$인 경우를 예로 들어 일반적인 방법을 설명한다. 복도 끝에서부터 방에 1부터 10까지 번호를 매긴다면 이 방법은 3개의 수 a, b, c를 오름차순으로 선택하는 것과 같다. 이 중 어느 두 수도 연속적이지 않아야 한다. 이에 따라 $1 \leq a < b-1 < c-2 \leq 8$이다. 그러므로 a, $b-1$, $c-2$는 1부터 8까지의 양의 정수 중에서 선택된 서로 다른 세 수이다. 반대로 x, y, z가 이 범위에서 선택된 양의 정수라고 가정하면 $x, y+1, z+2$는 1부터 10까지의 범위 내에서 연속되지 않는 세 정수의 집합이다. 그러므로 1부터 10까지의 범위에서 연속되지 않은 정수 3개를 선택하는 방법은 1부터 8까지의 범위에서 정수 3개를 선택하는 방법과 동일하다. 그리고 이 최종 수(8개에서 3개 선택)는 $\begin{pmatrix} 8 \\ 3 \end{pmatrix}$으로 표기하며, 그리고 그 값은 $\frac{8!}{3! \times 5!} = \frac{8 \times 7 \times 6}{3 \times 2 \times 1} = 56$이다.

더 일반적으로 보면, 1부터 n까지의 범위에서 연속되지 않은 정수 k개를 선택하는 방법은 $\begin{pmatrix} n-(k-1) \\ k \end{pmatrix}$이다. 다음 표는 $n = 10$이고 $1 \leq k \leq 5$일 때의 해당 값을 보여준다.

k	1	2	3	4	5
$\begin{pmatrix} n-(k-1) \\ k \end{pmatrix}$	$\begin{pmatrix} 10 \\ 3 \end{pmatrix}$	$\begin{pmatrix} 9 \\ 2 \end{pmatrix}$	$\begin{pmatrix} 8 \\ 3 \end{pmatrix}$	$\begin{pmatrix} 7 \\ 4 \end{pmatrix}$	$\begin{pmatrix} 6 \\ 5 \end{pmatrix}$
값	10	36	56	35	6

복도 양쪽에서 연속되지 않은 방 7개를 선택하려면 복도 한쪽에서 2개, 다른 쪽에서 5개를 선택하거나, 3개와 4개를 선택하거나, 4개와 3개를 선택하거나, 5개와 2개를 선택할 수 있다. 따라서 총 선택 수는 $36 \times 6 + 56 \times 35 + 35 \times 56 + 6 \times 36 = 4352$이다.

334 정답) 5, 13, 17, 97

두 제곱의 차에 대한 인수분해식 $a^2 - b^2 = (a-b)(a+b)$을 반복해서 사용한다. 그러면 다음을 얻는다.

$$3^{32} - 2^{32} = (3^{16} - 2^{16})(3^{16} + 2^{16})$$

$$= (3^8 - 2^8)(3^8 + 2^8)(3^{16} + 2^{16})$$

$$= (3^4 - 2^4)(3^4 + 24)(3^8 + 2^8)(3^{16} + 2^{16})$$

$$= (3^2 - 2^2)(3^2 + 2^2)(3^4 + 2^4)(3^8 + 2^8)(3^{16} + 2^{16})$$

$$= 5 \times 13 \times 97 \times 6817 \times (3^{16} + 2^{16})$$

5, 13, 97은 소수이며 6817은 소인수분해되어 17×401이 된다. 따라서 5, 13, 17, 97이 해당하는 4개의 소인수이다. 컴퓨터로 확인해 보면 $3^{16} + 2^{16}$은 3041×14177로 소인수분해되므로, 이로써 100보다 작은 모든 소인수를 찾은 셈이다.

335 정답) 2520

먼저 1부터 5까지의 숫자가 자연스러운 순서대로 들어가는 아홉 자리 숫자의 개수를 센다. 이런 숫자를 만들기 위해 먼저 1부터 5까지의 숫자를 배치할 자리 5개를 선택한다. 이 자리는 $\binom{9}{5} = 126$가지 방법으로 선택할 수 있다. 이 숫자는 순서대로 배치되어야 하므로 자리를 선택한 후에는 해당 자리에 숫자를 배치할 수 있는 방법은 단 1가지뿐이다. 그러고 나면 6을 넣을 수 있는 자리가 4개, 7을 넣을 수 있는 자리가 3개, 8을 넣을 수 있는 자리가 2개, 9를 넣을 수 있는 자리는 한 개만 남는다. 따라서 가능한 모든 조합의 총 수는 $126 \times 4 \times 3 \times 2 \times 1 = 3024$이다.

이 총 수에서 1부터 6까지의 숫자가 자연스러운 순서로 배열된 아홉 자리 숫자의 개수를 빼야 한다. 위와 유사한 논리로 계산하면 $\binom{9}{6} \times 3 \times 2 \times 1 = 84 \times 3 \times 2 \times 1 = 504$가지가 있다. 그러므로 1부터 9까지의 숫자가 각각 한 번씩 나타나며, 1부터 5까지의 숫자는 자연스러운 순서대로 배열되어 있지만 1부터 6까지의 숫자는 그렇지 않은 아홉 자리 숫자는 $3024 - 504 = 2520$개이다.

336 정답) 10000

어린이 3명이 모두 특정 문제 2개를 틀렸다면, 그들이 맞춘 정답은 최대 4개이다. 따라서 특정한 두 문제에 대해 정답을 틀린 어린이의 수는 최대 2명이다. 특정 문제 2개를 선택하는 방법은 $\binom{6}{2}$가지 있으며, 따라서 문제를 2개 이상 틀린 학생은 최대 $2 \times 15 = 30$명이다. 그러므로 5점 이상 받은 학생은 최소 $2006 - 30 = 1976$명이다. 따라서 총점의 최솟값은 $1976 \times 5 = 9880$에 정답을 5개 이상 맞추지 못한 30명의 학생이 얻을 수 있는 최소 점수를 더한 값이다.

만약 30명의 학생이 선택한 해당 두 문제에 대해서만 틀렸고 나머지 모든 문제를 맞췄으며, 나머지 1976명의 학생이 모두 5점을 받았다면, 어떤 3명 그룹이라도 최소 5개의 정답을 맞혔을 것이다. 이 경우 모든 학생의 총 점수는 $1976 \times 5 + 30 \times 4 = 10000$이 된다.

337 정답) 12

노엘이 c장의 카드를 장당 n 펜스에 구매했다고 가정한다. 그러면 $c \times n = 1560$이다. 덤(무료) 카드는 장당 비용을 1펜스 줄였다. 따라서 $(c-1)(n+1) = 1560$이다. 이 두 방정식을 연립해서 풀면 $n = 39$가 된다($n > 0$). 따라서 노엘은 5파운드로 12장을 구매할 수 있었을 것이다(잔돈 32펜스가 남는다).

338 정답) $1 - \frac{\pi}{8}$

$\angle RPQ$가 직각이라면 P는 반지름 RQ인 반원 위에 있다. 정사각형 $QRST$의 변의 길이를 x라고 하자. 반원 RPQ의 넓이는 $\frac{1}{2}\pi\left(\frac{1}{2}x\right)^2 = \frac{1}{8}\pi x^2$이고 정사각형 $QRST$의 넓이는 x^2이다. $\angle RPQ$는 P가 반원 RPQ 밖에 있을 때 예각이다. 따라서 $\angle RPQ$가 예각일 확률은 $\frac{x^2 - \frac{1}{8}\pi x^2}{x^2} = 1 - \frac{\pi}{8}$이다.

339 정답) 2

피터의 카드 중에는 1부터 25 사이의 다른 어떤 수와도 공통된 소인수를 갖지 않는 정수가 인쇄된 카드가 5장 있다. 5장의 카드는 1(소인수가 없음)과 소수 13, 17, 19, 23이다. 카드들은 늘어놓은 카드 줄의 어느 위치에도 배치될 수 없다. 가능한 줄 중 하나를 예시로 들면 11, 22, 18, 16, 12, 10, 8, 6, 4, 2, 24, 3, 9, 21, 7, 14, 20, 25, 15, 5가 있다. 따라서 가장 긴 행은 20장의 카드이다.

340 정답) 1, 1, 1, 6

$\frac{20}{13} = 1 + \frac{7}{13}$이므로 $a = 1$이다. 그러면 $b + \cfrac{1}{c + \cfrac{1}{d}} = \frac{13}{7} = 1 + \frac{6}{7}$이고, 따라서 $b = 1$이다. 이 과정을 계속하면 $c = 1$이고 $d = 6$이다.

341 정답) $4\pi-6-4\sqrt{2}$

정사각형을 다음 그림과 같이 더 작은 정사각형과 직사각형으로 나눈다. 정사각형 $AJOI$ 의 대각선 OA는 원의 반지름과 같으므로 변의 길이는 $\sqrt{2}$이다. 따라서 정사각형 $AFGH$ 의 변의 길이는 $2+\sqrt{2}$이다. $Y-X$의 값은 정사각형의 넓이와 원의 넓이의 차와 같다. 이는 $\pi\times 2^2-(2+\sqrt{2})^2=4\pi-6-4\sqrt{2}$이다.

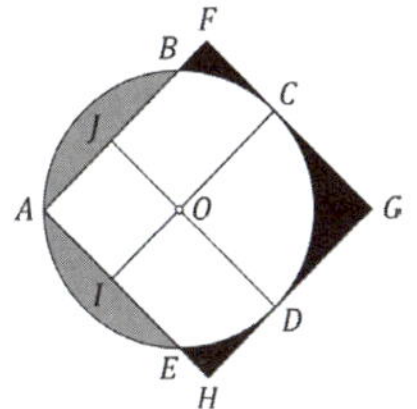

342 정답) $(4, 6, 15)$와 $(3, 10, 12)$

이 정수를 a, b, c라고 하자. 그러면 $a+b+c=25$이고 $abc=360=2^3\times 3^2\times 5$이다. 인수분해된 곱을 적당히 나누어서 그 결과의 합이 25가 되도록 해야 한다. 세 수 중 하나는 5로 나누어 떨어진다. 이를 a라고 가정하자. 만약 $a=5$라면 $b+c=20$이고 $bc=72$이다. 그러나 72 의 인수분해 중 합이 20인 것은 없다. 만약 $a=10$이라면 $b+c=15$이고 $bc=36$이다. 이 경우의 유일한 해는 $b=3$이고 $c=12$이다. $a=15$와 $a=20$에 대해 유사한 방법으로 계속하면 $(4, 6, 15)$와 $(3, 10, 12)$라는 2가지 해를 찾을 수 있다.

343 정답) 89

2016년은 윤년이었기 때문에 2015년 1월 1일부터 2016년 12월 31일까지의 기간은 $365+366=731$일이다. 안나는 1일부터 14일까지 책장 1개, 15일부터 28일까지 책장 2개, 이렇게 계속해서 729일부터 731일까지는 책장을 53개 가지고 있다. 일반적으로 $1\leq s\leq$ 52일 때, 안나는 $14s-13$일부터 $14s$일까지의 기간에 책장을 s개 가지고 있다.

안나는 책의 수가 책장 수의 배수인 날에 각 책장에 동일한 수의 책을 배치할 수 있다. 따라서 $1\leq s\leq 52$에 대해 $14s-13$부터 $14s$까지의 범위에서 s의 배수인 정수의 개수를 세어야 한다. 안나가 책장 53개를 가진 마지막 3일$(729, 730, 731)$은 무시할 수 있다. 세 날 중 어느 것도 53의 배수가 아니기 때문이다.

$1\leq s\leq 52$에 대해 $14s$는 s의 배수이므로 $14s-13$에서 $14s$ 사이의 범위에는 s의 배수인

정수가 항상 하나 이상 존재한다. 이로써 52일 이상이 된다. $1 \leq k \leq 13$에 대해 $14s - k$가 s의 배수인 것은 k가 s의 배수일 때뿐이다. 이는 $s \leq 13$일 때만 가능하다. s 값에 대해 1부터 13까지의 범위에서 s의 배수인 k의 개수를 세면 다음 표의 수를 얻을 수 있다.

s	1	2	3	4	5	6	7	8	9	10	11	12	13
k 값의 개수	13	6	4	3	2	2	1	1	1	1	1	1	1

이 값들을 모두 더하면 $13+6+4+3+2+2+1+1+1+1+1+1+1=37$일이 추가되어 안나가 모든 책을 모든 책장에 같은 수로 배치하는 총 일수는 $52+37=89$일이 된다.

Week 050

344   정답) 741

$3^0, 3^1, 3^2, \cdots, 3^{n-1}$이라는 수들을 생각해 보자. 이 수들 중 각각을 최대 한 번씩 사용해 합을 만들 수 있는 합들의 개수는 2^n-1이다. 각 수는 합에 포함되거나 제외될 수 있지만, 전체적으로는 적어도 1개가 포함되어야 하기 때문이다. 따라서 모든 수를 제외하는 경우는 제외된다(그리고 그 모든 수는 서로 다르다). $n=6$일 때 $2^n-1=63$이므로 수열의 64번째 수는 $3^6=729$이다. 따라서 70번째 항은 64번째 항 + 6번째 항 $=729+12=741$이다.

345   정답) 50

트랙의 길이가 L m이라고 가정한다. 처음 만났을 때 레이첼은 $(L-20)$m을 달렸고, 니키는 같은 시간에 20m을 달렸다. 두 번째로 만났을 때 레이첼은 L m $+ (L-10)$m $= (2L-10)$m을 달렸고, 니키는 $(L+10)$m을 달렸다. 각 경우에 그들이 달린 거리 비율은 속도 비율과 같다. 따라서 $\frac{L-20}{20} = \frac{2L-10}{L+10}$이다. 이를 간단히 하면 $L(L-50)=0$이 된다. L은 0이 아니므로 $L=50$임을 알 수 있다.

346   정답) 1, 2, 3, 7

제니가 x파운드를, 폴이 y파운드를 가지고 시작한다. 제니가 폴에게 3파운드를 주면 제니는 $(x-3)$파운드를 가지고 폴은 $(y+3)$파운드를 가지고 있다.

따라서 $y+3=n(x-3)$ $\qquad\cdots$ (1)

폴이 제니에게 n파운드를 주면 제니는 $(x+n)$파운드를 가지고 폴은 $(y-n)$파운드를 가진다.

따라서 $x+n=3(y-n)$ $\qquad\cdots$ (2)

(1)로부터 $y=nx-3n-3$이고, (2)로부터 $3y=x+4n$이다.

따라서 $\dfrac{x+4n}{nx-3n-3}=\dfrac{3y}{y}=3$ $\qquad\cdots$ (3)

방정식 $\dfrac{x+4n}{nx-3n-3}=3$ 을 정리하면 $x=\dfrac{13n+9}{3n-1}=4+\dfrac{n+13}{3n-1}$ 이 된다.

x는 정수여야 하므로 $3n-1$은 $n+13$의 약수여야 한다. 따라서 $3n-1\leq n+13$이다. 이로부터 $n\leq7$임을 알 수 있다. 이제 이 범위 내에서 $n+13$이 $3n-1$으로 나누어 떨어지는 경우를 확인하고, 이 경우에 해당하는 x와 y의 정수 값을 찾을 수 있다. 이 값들은 다음 표에 표시되어 있다. 표에서 n은 $1,2,3,7$일 수 있다.

n	1	2	3	4	5	6	7
$n+13$	14	15	16	17	18	19	20
$3n-1$	2	5	8	11	14	17	20
x	11	7	6				5
y	5	5	6				11

347 정답) 132

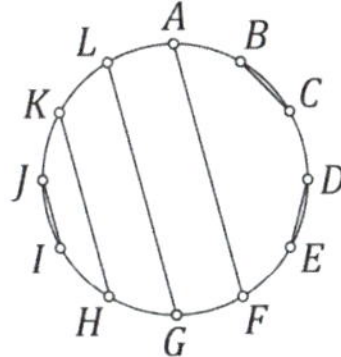

다음 그림은 테이블 주변에 앉은 12명이 팔을 교차하지 않고 손을 잡는 방법 중 1가지를 나타낸다. 이 방법을 수행하는 방법은 점들을 서로 교차하지 않는 직선으로 1쌍씩 연결하는 방법의 수와 동일함을 알 수 있다.

C_n을 그림과 같이 원 위에 있는 $2n$개의 점을 연결하는 방법의 수라고 하자. 그러면 C_6의 값을 계산해야 한다. 이를 위해 C_6과 $1 \leq k \leq 5$인 C_k 값 사이의 관계를 찾아야 한다. $C_0 = 1$로 두는 편이 편리할 것이다. 점 A가 연결되는 방식에 따라 배열을 분석한다.

A가 F와 연결되면 나머지 선들은 B, C, D, E의 점 쌍을 연결하는 두 선과 G, H, I, J, K, L의 점 쌍을 연결하는 세 선으로 구성된다. B, C, D, E의 점 쌍을 연결하는 방법의 수는 C_2이며 G, I, J, K, L의 점 쌍을 연결하는 방법의 수는 C_3이다. 따라서 2가지를 모두 수행하는 방법의 수는 곱인 $C_2 C_3$이다.

A는 D, F, H, J, L 중 하나에만 연결될 수 있다. A와 다른 점을 연결하는 선은 남은 점을 두 그룹으로 나누게 되며, 각 그룹은 쌍으로 연결될 수 있는 점의 수가 짝수여야 하기 때문이다. 따라서 다음이 성립한다.

$C_6 = C_0 C_5 + C_1 C_4 + C_2 C_3 + C_3 C_2 + C_4 C_1 + C_5 C_0$

유사한 공식을 사용하여 $1 \leq k \leq 5$일 때 C_k의 값을 계산할 수 있다.

$C_1 = 1$임은 명백하다.

따라서 $C_2 = C_0 C_1 + C_1 C_0 = 1 + 1 = 2$

$C_3 = C_0 C_2 + C_1 C_1 + C_2 C_0 = 1 \times 2 + 1 \times 1 + 2 \times 1 = 5$

$C_4 = C_0 C_3 + C_1 C_2 + C_2 C_1 + C_3 C_0 = 1 \times 5 + 1 \times 2 + 2 \times 1 + 5 \times 1 = 14$

$C_5 = C_0 C_4 + C_1 C_3 + C_2 C_2 + C_3 C_1 + C_4 C_0 = 1 \times 14 + 1 \times 5 + 2 \times 2 + 5 \times 1 + 14 \times 1 = 42$

따라서 다음이 성립한다.

$C_6 = C_0 C_5 + C_1 C_4 + C_2 C_3 + C_3 C_2 + C_4 C_1 + C_5 C_0$

$= 1 \times 42 + 1 \times 14 + 2 \times 5 + 5 \times 2 + 14 \times 1 + 42 \times 1$

$= 132$

348　정답) 나오미는 승리 전략을 가지고 있다

첫 번째 단계는 두 제곱수의 차이로 표현될 수 있는 양의 정수들을 확인하는 것이다. k가 두 제곱수의 차인 정수라고 가정한다. 그러면 어떤 정수 m, n에 대해 $k = m^2 - n^2 = (m-n)(m+n)$이 성립한다. $m-n$과 $m+n$은 둘 다 홀수이거나 둘 다 짝수이다. 따라서 k는 홀수이거나 4의 배수이다. 따라서 k는 4로 나눴을 때 나머지가 2가 되는 정수가 될 수 없다. 반면 k가 홀수일 때, 예를 들어 $k = 2m + 1$이라면 $k = (m+n)^2 - m^2$이다. 또한 k가 4의 배수일 때, 예를 들어 $k = 4m$이라면 $k = (m+n)^2 - (m-n)^2$이다. 따라서 두 제곱수의 차이는 정확히 홀수이거나 4의 배수인 정수이다.

이제 나오미가 다음과 같은 승리 전략을 가졌음을 알 수 있다. 먼저 100을 선택한다. 이후 각 차례에서 폴이 T를 선택했다면 나오미는 $100 - T$를 선택한다. 그러면 나오미의 각 차례 후 선택된 모든 숫자의 합은 100의 배수이며, 따라서 두 제곱수의 차이다. 따라서 나오미는 패배하지 않는다.

$100 - T$는 $T \neq 50$일 때만 T와 다르다는 점에 유의하자. 그러나 폴이 50을 선택하면 선택된 모든 숫자의 합은 100의 배수 더하기 50이 된다. 이 수는 4로 나누었을 때 나머지가 2이므로 폴이 패배하고 게임이 종료된다. 1부터 100까지의 정수의 합은 5050이며, 이는 두 제곱수의 차가 아니다. 따라서 게임이 이전에 끝나지 않았다면 100번째 차례가 끝난 후에 폴이 패배하여 게임이 종료된다. 그러므로 나오미가 위 전략을 사용하면 게임은 폴의 패배로 끝나며, 따라서 나오미의 승리이다.

349 정답) 3363

n일 동안의 휴가 일정 중 마지막 날에 서핑, 수상스키, 휴식을 하는 일정표의 수를 각각 S_n, W_n, R_n로 나타낸다.

$H_n = S_n + W_n + R_n$이라고 하면, 찾아야 하는 것은 H_9의 값이다. 아이작은 연이은 날에 서로 다른 수상 스포츠를 할 수 없기 때문에 다음과 같은 공식이 성립된다. $S_{n+1} = S_n + R_n$, $W_{n+1} = W_n + R_n$, $R_{n+1} = S_n + W_n + R_n$

이 공식을 초기값 $S_1 = 1$, $W_1 = 1$, $R_1 = 1$에 대입하면 다음 표를 완성할 수 있다.

따라서 $H_9 = S_9 + W_9 + R_9 = 985 + 985 + 1393 = 3363$이다.

n	1	2	3	4	5	6	7	8	9
S_n	1	2	5	12	29	70	169	408	985
W_n	1	2	5	12	29	70	169	408	985
R_n	1	3	7	17	41	99	239	577	1393

350 정답) 6, 7, 12, 13, 18, 19, 24, 25, 30, 31

양의 정수 11개의 집합으로 동일한 성질을 갖는 것은 찾을 수 없다.

먼저, 6의 배수인 양의 정수 5개와 6으로 나누었을 때 나머지가 1인 양의 정수 5개를 함께 모으면, 이 중 6개의 합이 6의 배수가 되는 경우는 찾을 수 없음에 주목한다. 6, 7, 12, 13, 18, 19, 24, 25, 30, 31은 이런 집합의 한 예이다.

이제 11개의 정수 집합이 있다고 가정하자. 이 중 6개를 선택하면 그 합이 6의 배수가 되는 경우가 항상 존재함을 보일 것이다. 이 정수 중 a개를 짝수, b개를 홀수로 가정하자. 그러면 $a + b = 11$이므로 a와 b 중 하나는 짝수이고 다른 하나는 홀수이다. a가 짝수라면, 11개의 정수 중에서 $\frac{1}{2}a$개의 짝수 정수 쌍과 $\frac{1}{2}(b-1)$개의 홀수 정수 쌍을 형성할 수 있다. 각 쌍을 이루는 수의 합은 짝수이며, 이런 쌍의 수는 $\frac{1}{2}a + \frac{1}{2}(b-1) = \frac{1}{2}(a+b) - \frac{1}{2} = \frac{11}{2} - \frac{1}{2} = 5$개 있다. a가 홀수이고 b가 짝수일 때도 같은 결론을 도출할 수 있다. 따라서 주어진 11개의 수 중에서 5개의 수를 선택하여 이 쌍들의 합이 5개의 짝수인 경우를 항상 찾을 수 있다.

이제 5개의 짝수들을 3으로 나눈 나머지를 생각한다. 만약 그중 3개의 짝수들이 서로 다른 나머지 0, 1, 2를 가질 경우 이들의 합은 3의 배수가 된다. 그렇지 않다면 3개의 수는 나머지가 모두 같으며, 따라서 3개의 수의 합은 다시 3의 배수가 된다.

따라서 주어진 11개 숫자 중에서 각 쌍의 합이 2의 배수이고, 세 쌍의 합이 3의 배수인 세 쌍의 숫자를 찾을 수 있다. 이는 주어진 11개 숫자 중에서 합이 2의 배수이자 3의 배수인 여섯 개의 숫자를 찾았음을 뜻하며, 따라서 6개의 숫자의 합은 6의 배수이다.

Week 051

351 정답) 2

캐롤, 홀리, 아이비에게 보내는 카드를 각각 C, H, I라고 하자. 니콜라스는 캐롤에게 H나 I 중 하나를 보낼 수 있다. 두 경우 모두 다른 두 카드의 수신자가 결정된다.

352 정답) 123

말과 소의 수 비율이 6 : 5이므로 소의 수는 5의 배수여야 한다. 소와 돼지의 비율이 2 : 1이므로 돼지의 수도 5의 배수여야 한다. 또한 돼지와 양의 비율이 4 : 3이므로 돼지의 수는 4의 배수여야 한다. 따라서 돼지의 수는 20의 배수이다. 20의 가장 작은 배수는 20 자체이며 20마리의 돼지가 가능함을 확인할 수 있다. 말, 소, 양의 수는 각각 48, 40, 15가 된다. 이로써 농장에 있는 동물의 총 수는 123마리이다.

353 정답) 333

N은 x자릿수이며 $x \leq 2002$이다. N의 마지막 자리에 1을 넣으면 N은 $10N+1$이 된다. 1을 앞쪽에 넣으면 N은 $10x+N$이 된다. 따라서 $10N+1=3(10x+N)$이며, 이는 $7N=3\times 10x-1$이다. 따라서 $2, 29, 299, 2999, 29999, \cdots$ 중 7로 나누어 떨어지는 수를 찾아야 한다. 첫 번째 수는 299999($x=5$에 해당)이며 $N=42857$이 되고 $428571=3\times 142857$임을 확인할 수 있다. 그 다음 같은 성질을 가진 수는 $x=11, x=17, x=23, x=29$에 해당하며 주어진 범위 내의 가장 큰 수는 $x=1997$에 해당한다. 따라서 N의 서로 다른 값의 개수는 $1+(1997-5)\div 6=333$이다.

354 정답) 912

조이의 두 카드에 적힌 숫자의 합이 짝수임을 확실히 하려면 그녀가 선택할 카드 4장에 짝수와 홀수가 섞여 있으면 안 된다(즉, 모두 홀수이거나 모두 짝수여야 한다). 원래 7장의 카드 세트에는 홀수 카드 4장과 짝수 카드 3장이 있었다. 그러므로 남은 카드 4장이 모두 짝수이거나 모두 홀수일 수 있는 유일한 경우는 그레이엄이 짝수 카드만 3장 뽑은 경우이다. 따라서 그레이엄의 카드에 적힌 숫자의 합은 $302+304+306=912$이다.

355 정답) $(k, 2k, 3k)$

정수 a, b, c를 $0<a<b<c$로 정의한다. 따라서 $a+b<2c$이지만 c가 $a+b$의 약수이므로 $a+b=c$이다. 따라서 정수는 $a, b, a+b$이다. 이제 b가 $2a+b$를 나누었을 때 나머지가 0이어야 한다. 따라서 b는 $2a$의 약수여야 한다. 그러나 $2a<2b$이므로 $b=2a$이고 따라서 $c=3a$이다. 그러면 a가 $b+c$를 나누었을 때 나머지가 0인 조건이 자동으로 성립한다. 따라서 k가 어떤 양의 정수일 때 $(a,b,c)=(k,2k,3k)$인 해가 무한히 많이 존재한다.

356 정답) 36

격자에 추가로 36개의 타일을 배치하고 4칸이 덮이지 않은 채 놔둘 수 있다. 이제 36개 넘는 타일은 추가할 수 없음을 보여줄 것이다. 격자를 체스판처럼 색칠하되, 왼쪽 위 칸을 검은색으로 칠한다. 그러면 각 타일은 검은색 칸과 흰색 칸을 하나씩 덮는다. 오른쪽 위와 왼쪽 아래 칸을 덮지 않는다면 추가로 배치할 수 있는 타일의 최대 수는 34개이다. 각 타일은 검은색과 흰색 칸을 하나씩 덮기 때문이다. 남은 검은색과 흰색 칸의 수를 생각할 때,

타일을 36개 넘게 추가 배치할 수 있는 최선의 방법은 모서리 칸을 수직 타일로 덮는 것이다. 그러나 그 경우에도 타일을 36개 이상 배치할 수 없다.

357 정답) $a=2$, $b=0$, $c=0$, $d=3$

34!을 구성하는 곱의 인수에는 $5, 8, 10, 15, 20, 25, 30$이 포함된다. 따라서 34!는 $5 \times 8 \times 10 \times 15 \times 20 \times 25 \times 30 = 90\,000\,000$의 배수이다. 그러므로 34!의 마지막 일곱 번째 자리는 0이다. 따라서 $b=0$이다.

34!를 구성하는 곱에는 $2, 4, 8, 16, 32$가 포함된다. 따라서 34!는 $2 \times 4 \times 8 \times 16 = 2^{10}$의 배수이다. 그런데 $34! = N \times 10^{10} + M$으로 쓸 수 있다. 여기서 N은 34!의 마지막 열 번째 자리를 제외한 모든 각 자리 숫자로 구성된 수이며, M은 '$35a0\,000\,000$'이라는 수이다.

$N \times 10^{10} = N \times 2^{10} \times 5^{10}$이며, 따라서 2^{10}의 배수이다. 그러므로 M도 2^{10}의 배수이다. $M =$ '$35a$' $\times 10 =$ '$35a$' $\times 2^7 \times 5^7$이므로 '$35a$'는 2^3의 배수이다. 따라서 $a=2$이다.

34!은 9의 배수이므로, 그 각 자리 숫자의 합($141 + c + d$)은 9의 배수이다. 따라서 $c+d$는 3 또는 12이다.

또한 34!은 11의 배수이다. 따라서 (왼쪽부터) 홀수 자리의 숫자 합과 짝수 자리의 숫자 합 사이의 차는 11의 배수이다. 그러므로 $(80 + d) - (61 + c) = 19 + d - c$는 11의 배수이다. 따라서 $d - c = -8$ 또는 3이다.

$c+d$와 $d-c$는 모두 짝수이거나 모두 홀수이므로 $c+d=3$이고 $d-c=3$이거나 $c+d=12$이고 $d-c=-8$이다. 첫 번째 경우 $c=0$이고 $d=3$이다. 두 번째 경우 $d=2$이고 $c=10$이지만 이는 불가능하다. 따라서 $c=0$이고 $d=3$이다.

Week 052

358　정답) 24

격자 내 모든 수의 합은 45이다. 각 수를 다음 그림과 같이 표시한다.

p	a	q
b	x	c
r	d	s

이제 4개의 2×2 블록 내 숫자의 합을 2가지 방법으로 더하면 $4T = 4x + 2(a+b+c+d) + (p+q+r+s) = 45 + 3x + (a+b+c+d)$이다. $x \leq 9$이고 $x+a+b+c+d \leq 9+8+7+6+5 = 35$이므로 $4T \leq 45 + 18 + 35 = 98$이다. 따라서 $T \leq 24$이다. 그런데 24라는 값은 여러 가지 방법으로 달성할 수 있다. 다음 그림은 1가지 예이다.

4	3	5
8	9	7
1	6	2

따라서 T의 값은 최대 24까지 가능하다.

359　정답) $30°$

공통 변 PO를 점 T까지 연장한다. 각 $x°, y°, z°$는 정십각형, 정칠각형, 정15각형의 외각이다. 따라서 $x = 36, y = 51, z = 24$이다. 세 다각형의 변의 길이는 모두 같으므로 삼각형 XOY와 ZOY는 이등변삼각형이다. 그 밑각은 $\angle XYO = 46\frac{2}{7}°$, $\angle ZYO = 76\frac{2}{7}°$이다. 따라서 $\angle XYZ = 30°$이다.

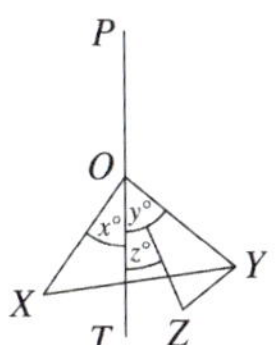

아이들의 나이를 $2 \leq a < b < c < d \leq 16$인 a, b, c, d라고 할 때 $(a-1)^2 + (b-1)^2 + (c-1)^2 = (d-1)^2$이고, $(a+1)^2 + (d+1)^2 = (b+1)^2 + (c+1)^2$이다. 따라서 $((a-1)^2 + (b-1)^2 + (c-1)^2 - (d-1)^2) + ((a+1)^2 - (b+1)^2 - (c+1)^2 + (d+1)^2) = 0 - 0 = 0$이다. 이 식을 간단히 하면 $2a^2 + 2 - 4b - 4c + 4d = 0$이며, 따라서 $a^2 = 2(b+c-d) + 1$이다. 이로부터 a^2는 홀수이므로 a도 홀수이다. 또한 $a^2 < 2b + 1 \leq 29$이므로 a는 3 또는 5이다.

소수 7개로 구성된 등차수열에서 가장 작은 소수를 p라고 하고, 이 수열의 소수 사이의 차이(공차)를 d라고 하자. 그러면 소수들의 수열은 $p, p+d, p+2d, p+3d, p+4d, p+5d, p+6d$이다.

$p \neq 2$이다. 그렇지 않다면 $p+2d$는 2의 배수가 되어 소수가 아니기 때문이다. 따라서 p는 홀수이며 d는 2의 배수이다. 그렇지 않으면 $p+d$가 2의 배수가 되기 때문이다.

$p \neq 3$이다. 그렇지 않다면 $p+3d$가 3의 배수가 되기 때문이다. 두 수의 차 중에는 d 또는 $2d$가 있다. 따라서 d가 3의 배수가 아니라면, 이 차도 3의 배수가 아니다. 이에 따라 p, $p+d, p+2d$는 3으로 나눴을 때 나머지가 다르다. 따라서 세 나머지 중 하나는 0이 된다. 그러므로 이 세 수 중 하나는 3의 배수이며 소수가 아니다. 그러므로 d는 3의 배수이다.

$p \neq 5$이다. 그렇지 않다면 $p+5d$가 5의 배수가 되기 때문이다. 따라서 위와 유사한 논리를 적용하면 d는 5의 배수이다. d는 2, 3, 5의 배수이므로 30의 배수이다.

$p = 7$이고 $d = 30$일 때 등차수열은 7, 37, 67, 97, 127, 157, 187인데 187이 11 × 17과 같기 때문에 187은 소수가 아니다. 같은 이유로 $p = 7$일 때 d는 60이나 90일 수 없다. $p = 7$이고 $d = 120$일 때 $p + 2d = 247 = 13 \times 19$이다. 그러나 $p = 7$이고 $d = 150$일 때 7, 157, 307, 457, 607, 757, 907이라는 수열을 얻으며, 이 수열의 모든 수는 소수이다.

이보다 더 나은 방법이 있을까? $p > 7$일 경우 위와 유사한 이유로 d도 7의 배수여야 하며, 따라서 210의 배수가 된다. 이 경우 $p + 5d > 907$이 된다. 따라서 907은 소수 7개로 구성된 등차수열에서 가장 큰 수가 될 수 있는 가장 작은 소수이다.

먼저 1, 2, 9, 10을 빨간색으로 3, 4, 5, 6, 7, 8을 파란색으로 칠하면 x, y, z, w (반드시 서로 다

른 수일 필요는 없음)가 모두 같은 색이며 $x+y+z=w$를 만족하는 수가 존재하지 않는다. 따라서 $n \geq 11$이다.

이제 정수 1부터 11까지를 빨간색 또는 파란색으로 칠한다. 즉, 다른 정수일 필요는 없지만 같은 색으로 칠해진 정수 x, y, z, w가 식 $x+y+z=w$ 만족하지 못하도록 할 수 없음을 보인다.

먼저 1과 2가 같은 색으로 칠해진 경우를 생각한다. 일반성을 잃지 않고 1과 2가 모두 빨간색이라고 가정한다면 $3=1+1+1$, $4=1+1+2$, $5=1+2+2$, $6=2+2+2$는 모두 파란색이어야 한다. 따라서 $9=3+3+3$은 빨간색이어야 한다. 그러나 $11=1+1+9$이므로 11은 빨간색일 수 없고 $11=3+4+4$이므로 11은 파란색일 수도 없다. 따라서 이는 불가능하다.

다음으로 1과 2가 다른 색이라고 가정한다. 일반성을 잃지 않고 1은 빨간색, 2는 파란색이라고 가정할 수 있다. 그러면 $3=1+1+1$은 파란색이어야 하고, 따라서 $6=2+2+2$는 빨간색이어야 한다. 그러면 $8=1+1+6$이므로 8은 빨간색일 수 없고 $8=2+3+3$이므로 8은 파란색일 수 없다. 따라서 이 경우도 불가능하다.

363 정답) 504

각 음이 아닌 정수 n에 대해 S_n을 1부터 n까지의 정수 집합으로 정의하고 w_n을 S_n의 사악한 부분집합의 개수로 정의한다. 문제에서는 w_{10}의 값을 구하도록 요구한다.

$w_0=1$, $w_1=2$, $w_2=4$임을 쉽게 확인할 수 있다.

이제 $n \geq 3$이라고 가정한다. 1부터 n까지의 정수 집합의 사악한 부분집합을 3가지 상호 배타적인 범주로 나눈다.

(1) n을 포함하지 않는 S_n의 사악한 부분집합

이런 부분집합은 S_n-1의 사악한 부분집합이기도 하다. 따라서 이 유형의 S_n의 사악한 부분집합은 w_n-1개이다.

(2) n을 포함하지만 $n-1$을 포함하지 않는 S_n의 사악한 부분집합

이런 부분집합은 S_n-2의 사악한 부분집합과 수 n으로 구성된다. 따라서 이 유형의 S_n의 사악한 부분집합은 w_n-2개이다.

(3) S_n의 사악한 부분집합으로 n과 $n-1$을 모두 포함하는 경우

이런 부분집합은 $n-2$를 포함할 수 없으므로 S_n-3의 사악한 부분집합과 $n-1$ 및 n이라는 두 수로 구성된다.

따라서 이 유형의 S_n의 사악한 부분집합은 w_n-3개이다. 따라서 $w_n = w_n-1 + w_n-2 + w_n-3$이다. 그러므로 w_n으로 구성된 수열은 $1, 2, 4$로 시작하며 각 항은 이전 세 항의 합인 수열이다. 이 수열은 다음과 같다.

$1, 2, 4, 7, 13, 24, 44, 81, 149, 274, 504, \cdots$

그러므로 $w_{10} = 504$이다.

364 정답) 350(백설공주 제외), 1701(백설공주 포함)

4팀에 속한 난쟁이의 수는 4-1-1-1 또는 3-2-1-1 또는 2-2-2-1일 수 있다.

4-1-1-1 분배는 4명의 난쟁이가 모두 같은 팀에 속하도록 선택함으로써 얻어진다. 4명의 난쟁이를 선택하는 방법은 $\binom{7}{4} = 35$가지이다. 남은 3명의 난쟁이는 각각 1명의 난쟁이로 구성된 팀을 형성해야 하므로 선택의 여지가 없다.

3-2-1-1 분배는 먼저 3명의 난쟁이로 팀을 선택한 후 남은 4명의 난쟁이 중에서 2명의 팀을 선택함으로써 얻어진다. 이런 선택을 할 수 있는 방법은 $\binom{7}{3} \times \binom{4}{2} = 35 \times 6 = 210$가지이다.

2-2-2-1 분배는 먼저 2명의 난쟁이로 팀을 선택한 후 남은 5명의 난쟁이 중에서 다른 2명의 팀을 선택하고, 마지막으로 남은 3명의 난쟁이 중에서 세 번째 2명의 팀을 선택함으로써 얻어진다. 2명의 팀을 선택하는 순서는 중요하지 않기 때문에 이런 선택을 할 수 있는 서로 다른 방법은 $\frac{1}{3!}\left(\binom{7}{2} \times \binom{5}{2} \times \binom{3}{2}\right) = \frac{1}{6} \times 21 \times 10 \times 3 = 105$가지이다.

따라서 팀을 4개 선택하는 총 방법은 $35 + 210 + 105 = 350$이다.

백설공주를 포함할 경우 방법은 동일하지만 이제 팀에서 선택할 사람이 8명이기 때문에 생각해야 할 가능성이 더 많아진다. 이 다양한 경우들은 345쪽 표에 정리되어 있다. 이로부터 $56 + 420 + 280 + 840 + 105 = 1701$이라는 합이 나온다.

분배	공식	수
5–1–1–1	$\binom{8}{5}$	56
4–2–1–1	$\binom{8}{4} \times \binom{4}{2}$	420
3–3–1–1	$\dfrac{1}{2!}\left(\binom{8}{3} \times \binom{5}{3} \right)$	280
3–2–2–1	$\dfrac{1}{2!}\left(\binom{8}{3} \times \binom{5}{2} \times \binom{3}{2} \right)$	840
2–2–2–2	$\dfrac{1}{4!}\left(\binom{8}{2} \times \binom{6}{2} \times \binom{4}{2} \right)$	105

Last week

365 정답) 헬렌의 목록의 합이 필의 합보다 크며 그 차이는 13이다

먼저 필이 366을 366으로 나눌 때 나머지가 0이므로, 이 나머지는 다른 나머지들의 합에 기여하지 않다. 따라서 이 경우를 무시할 수 있다.

$1 \leq n \leq 365$이고 365를 n으로 나눴을 때 나머지가 r이라고 가정한다. 따라서 $0 \leq r < n$이며, 어떤 음이 아닌 정수 q에 대해 $365 = qn + r$이다. 따라서 $366 = qn + (r+1)$이다. 그러므로 366을 n으로 나눈 나머지는 $r+1$이고 $r+1 = n$인 경우 $366 = (q+1)n$이고 나머지는 0이다.

이를 요약하자면 다음과 같다. n이 366의 약수일 때 헬렌의 나머지는 필의 나머지보다 $n-1$ 더 크며, n이 366의 약수가 아닐 때는 필의 나머지가 헬렌의 나머지보다 1 더 크다. 366을 소인수 분해하면 $2 \times 3 \times 61$이다. 따라서 366은 약수를 8개 가진다. 이 약수는 $1, 2, 3, 6, 61, 122, 183, 366$이다.

이미 살펴보았듯이 필이 366을 366으로 나누는 경우는 고려할 필요가 없다. 그러면 나머지 7개의 약수만 생각하면 된다. 따라서 헬렌은 이 약수로 나누었을 때 필보다 $0, 1, 2, 5, 60, 121, 182$ 더 큰 수를 얻고, 필은 남은 $365 - 7 = 358$개의 경우 각각 1을 얻는다. 그러므로 헬렌은 $0 + 1 + 2 + 5 + 60 + 121 + 182 = 371$을 얻고 필은 358을 얻는다. 따라서 헬렌의 나머지 목록의 합이 더 크며, 헬렌의 합은 필의 합보다 371 − 358 = 13 더 크다.

알렉스가 코드 *abc*를 시도하고 응답이 '비슷함'이라면, 얻은 정보는 올바른 암호의 첫 번째 자리가 *a*이거나 두 번째 자리가 *b*이거나 세 번째 자리가 *c*라는 것이다. 반대로 응답이 '실패'라면 알렉스는 첫 번째 자리에서 *a*, 두 번째 자리에서 *b*, 세 번째 자리에서 *c*를 배제할 수 있다.

먼저 알렉스가 최대 열 세번의 시도만으로 올바른 암호를 추론할 수 있음을 보여준다. 알렉스는 000, 111, ⋯, 999를 차례로 시도한다. 알렉스는 최소 한 번에서 최대 세 번의 '비슷함' 응답을 받을 수밖에 없다.

알렉스가 '비슷함' 응답을 한 번만 받았고, 이 응답이 *aaa*를 시도했을 때 발생했다고 가정한다. 그러면 *a*가 올바른 암호에 포함된 유일한 숫자임을 알게 되며, 따라서 올바른 암호는 *aaa*이다. 알렉스는 열 번의 시도만으로 이를 발견했다.

다음으로 알렉스가 '비슷함' 응답을 두 번 받았다고 가정한다. 이 응답은 *aaa*와 *bbb*를 시도할 때 발생했으며, *a*와 *b*는 서로 다른 숫자이다. 알렉스는 올바른 암호가 이 두 숫자로만 구성되어 있음을 추론할 수 있다. 그는 차례로 *acc*, *cac*, *cca*를 시도한다. 여기서 *c*는 *a*와 *b*와 다른 숫자이다. '비슷함' 응답은 올바른 숫자가 *a*인 위치들을 알려 준다. 따라서 열 세번의 시도 끝에 올바른 암호를 발견한다.

이제 알렉스가 *aaa*, *bbb*, *ccc*를 시도했을 때 각각 '비슷함' 응답을 받았다고 가정해 보겠다. 여기서 *a*, *b*, *c*는 서로 다른 세 숫자이다. 알렉스는 올바른 암호가 이 세 숫자로 구성되어 있음을 추론할 수 있다. 이제 *a*, *b*, *c*와 다른 숫자 *d*를 사용해 *add*와 *dad*를 시도한다. 응답을 통해 숫자 *a*의 위치를 추론할 수 있다. 일반성을 유지하면서 첫 번째 자리 숫자가 *a*라고 가정하면, 올바른 암호가 *abc* 또는 *acb* 중 하나임을 추론할 수 있다. 따라서 그는 *dbc*를 시두해 올바른 암호를 발견할 수 있다. '비슷함' 응답은 올바른 암호가 *abc*임을 알려 주며 '틀림' 응답은 올바른 암호가 *acb*임을 추론할 수 있게 한다. 이 방법으로 최대 열세 번이 시도만으로 올바른 암호를 발견한다.

이제 알렉스가 어떤 전략을 채택하더라도 최소 열세 번의 시도가 필요한 이유를 보일 차례다. 특정 횟수를 시도한 뒤에는 해당 시도로 받은 응답에 부합하는 암호의 후보 집합이 남게 된다. 이 암호 후보가 *n*개라고 가정하자. 다음 시도는 암호 후보를 '비슷함' 응답과 부합하는 암호의 부분집합과 '틀림' 응답과 부합하는 암호의 부분집합으로 나누게 된다. 이 두 경우 중 가장 나쁜 경우, 최소 $\frac{n}{2}$개의 암호 후보가 남아 있게 된다. 따라서 알렉스가 시도하는 k번의 시도에 관계없이, 최악의 경우 최소 $\frac{n}{2^k}$개의 추가 시도가 필요하게 된다. 특히 $n > 2k$이면 최악의 경우에는 k보다 많은 추가 시도가 필요하게 된다.

이제 알렉스의 전략 첫 여섯 번의 시도가 모두 '틀림' 응답으로 돌아왔다고 가정해 보겠다. 그러면 각 자리 숫자에 대해 최대 6개의 가능성이 제거된다. 이로 인해 각 위치에 대해 최소 4개의 후보 숫자가 남아 있으며, 따라서 여전히 최소 $4 \times 4 \times 4 = 64$개의 가능한 올바른 암호가 있다. 만약 남은 암호 후보가 n이며 $n > 64 = 2^6$이라면 추가로 여섯 번 이상의 테스트가 필요할 수 있으며, 따라서 총 열세 번 이상의 시도가 필요하다.

이제 알렉스가 여섯 번의 시도 후 암호 후보가 64개만 남았다고 가정한다. 이는 각 위치에 가능한 숫자가 4가지 있음을 뜻한다. 일반성을 잃지 않으면 각 숫자가 $6, 7, 8, 9$ 중 하나일 것이라고 가정할 수 있다.

이제 알렉스의 일곱 번째 시도가 666이라고 가정한다. 응답이 틀림이라면 $3^3 = 27$개의 암호 후보만 남게 된다. 그러나 응답이 '비슷함'이라면 37개의 암호 후보가 남게 된다. $37 > 2^5$이므로 최악의 경우 알렉스는 올바른 암호를 파악하기 위해 추가로 다섯 번 이상의 시도가 필요하며, 따라서 총 열세 번 이상의 시도가 필요하다. 알렉스의 일곱 번째 시도가 무엇이든 이 결과가 동일함은 쉽게 확인할 수 있다.

대부분의 경우 정답이 둘 이상 있다. 여기에서는 각 문제당 하나의 해답만 제공한다.

Q. 01

$(4 \times 75) + (4 \times 6)$

Q. 02

$50 \times (2 + 6) + 1 + 4$

Q. 03

$100 + 3 \times 3 \times 6$

Q. 04

$75 \times (1 + 9) + (5 \times 8) \div 4$

Q. 05

$(9 + 8) \times 25 + 6 - 5$

Q. 06

$6 \times 75 - 2 - 7$

Q. 07

$25 \times (7 \times 5 - 1) + 3 - 2$

Q. 08

$(25 + 8) \times (5 \times 4 - 2)$

Q. 09

$7 \times (25 \times (1 + 2) - 6)$

Q. 10

$(100 - 6 - 7) \times 6 - 1$

숫자 퍼즐

숫자 퍼즐 ①

[1]2	[2]5	■	[3]1	6	[4]2	■	[5]2
■	[6]3	2	4	■	[7]1	[8]5	7
[9]6	5	■	[10]3	7	■	1	■
7	■	[11]3	■	■	[12]5	2	[13]2
[14]9	[15]4	2	■	■	2	■	3
■	4	■	[16]6	[17]4	■	[18]9	3
[19]9	7	[20]3	■	[21]9	8	7	■
9	■	[22]4	5	4	■	[23]2	7

숫자 퍼즐 ②

[1]1	1	■	[2]1	■	[3]2	2	[4]3
7	■	[5]2	3	9	■	3	6
[6]2	1	0	■	[7]8	3	[8]5	■
■	■	[9]9	[10]8	6	1	■	7
[11]3	[12]1	■	1	■	9	[13]2	4
■	7	■	[14]9	8	6	[15]6	■
■	[16]1	[17]6	9	■	[18]6	6	[19]3
[20]4	■	2	■	[21]3	0	7	9
[22]2	2	6	■	6	■	[23]6	2

숫자 퍼즐 ③

■	[1]7	■	[2]2	3	[3]2	■	[4]1	[5]6
■	[6]7	2	5	■	[7]3	7	■	1
[8]6	4	■	[9]1	[10]1	3	■	[11]7	■
■	[12]4	[13]9	■	6	■	[14]3	9	[15]2
[16]3	■	[17]1	9	■	[18]5	1	■	0
[19]2	[20]9	2	■	[21]5	■	[22]2	[23]4	■
■	0	■	[24]1	6	[25]3	■	[26]5	0
[27]9	■	[28]3	6	■	[29]1	0	6	■
[30]8	0	■	[31]2	1	9	■	7	■

숫자 퍼즐 ④

<table>
<tr><td>[1] 9</td><td>■</td><td>[2] 2</td><td>0</td><td>[3] 4</td><td>8</td><td>■</td><td>[4] 6</td><td>■</td></tr>
<tr><td>[5] 8</td><td>2</td><td>3</td><td>■</td><td>9</td><td>■</td><td>[6] 4</td><td>5</td><td>[7] 1</td></tr>
<tr><td>0</td><td>■</td><td>[8] 2</td><td>[9] 7</td><td>■</td><td>[10] 2</td><td>0</td><td>■</td><td>3</td></tr>
<tr><td>[11] 5</td><td>[12] 2</td><td>■</td><td>[13] 8</td><td>9</td><td>■</td><td>[14] 5</td><td>[15] 2</td><td>5</td></tr>
<tr><td>■</td><td>4</td><td>■</td><td>4</td><td>■</td><td>[16] 3</td><td>■</td><td>4</td><td>■</td></tr>
<tr><td>[17] 2</td><td>4</td><td>[18] 8</td><td>■</td><td>[19] 2</td><td>2</td><td>■</td><td>[20] 5</td><td>[21] 9</td></tr>
<tr><td>7</td><td>■</td><td>[22] 5</td><td>2</td><td>■</td><td>[23] 4</td><td>[24] 1</td><td>■</td><td>2</td></tr>
<tr><td>[25] 2</td><td>[26] 2</td><td>5</td><td>■</td><td>[27] 6</td><td>■</td><td>[28] 8</td><td>2</td><td>6</td></tr>
<tr><td>■</td><td>9</td><td>■</td><td>[29] 3</td><td>4</td><td>9</td><td>0</td><td>■</td><td>1</td></tr>
</table>

숫자 퍼즐 ⑤

<table>
<tr><td>[1] 1</td><td>5</td><td>[2] 6</td><td>2</td><td>[3] 5</td><td>■</td><td>[4] 1</td><td>9</td><td>[5] 2</td></tr>
<tr><td>2</td><td>■</td><td>9</td><td>■</td><td>[6] 6</td><td>4</td><td>3</td><td>■</td><td>0</td></tr>
<tr><td>[7] 1</td><td>[8] 4</td><td>9</td><td>[9] 3</td><td>■</td><td>■</td><td>[10] 2</td><td>[11] 1</td><td>0</td></tr>
<tr><td>■</td><td>6</td><td>■</td><td>[12] 1</td><td>3</td><td>[13] 2</td><td>■</td><td>3</td><td>■</td></tr>
<tr><td>■</td><td>[14] 3</td><td>4</td><td>3</td><td>■</td><td>[15] 6</td><td>4</td><td>8</td><td>■</td></tr>
<tr><td>■</td><td>6</td><td>■</td><td>[16] 6</td><td>2</td><td>5</td><td>■</td><td>2</td><td>■</td></tr>
<tr><td>[17] 3</td><td>8</td><td>[18] 3</td><td>■</td><td>■</td><td>[19] 9</td><td>[20] 2</td><td>7</td><td>[21] 2</td></tr>
<tr><td>2</td><td>■</td><td>[22] 2</td><td>2</td><td>[23] 2</td><td>■</td><td>2</td><td>■</td><td>3</td></tr>
<tr><td>[24] 2</td><td>8</td><td>4</td><td>■</td><td>[25] 3</td><td>2</td><td>0</td><td>4</td><td>1</td></tr>
</table>

숫자 퍼즐 ⑥

<table>
<tr><td>[1] 1</td><td>[2] 7</td><td>5</td><td>[3] 3</td><td>■</td><td>[4] 1</td><td>6</td><td>[5] 2</td><td>■</td></tr>
<tr><td>■</td><td>8</td><td>■</td><td>[6] 9</td><td>8</td><td>7</td><td>■</td><td>[7] 3</td><td>7</td></tr>
<tr><td>[8] 6</td><td>4</td><td>[9] 5</td><td>■</td><td>■</td><td>[10] 1</td><td>[11] 4</td><td>0</td><td>■</td></tr>
<tr><td>5</td><td>■</td><td>[12] 3</td><td>[13] 7</td><td>1</td><td>■</td><td>9</td><td>■</td><td>[14] 4</td></tr>
<tr><td>[15] 6</td><td>4</td><td>■</td><td>8</td><td>■</td><td>[16] 1</td><td>■</td><td>[17] 4</td><td>5</td></tr>
<tr><td>1</td><td>■</td><td>[18] 8</td><td>■</td><td>[19] 9</td><td>0</td><td>[20] 3</td><td>■</td><td>6</td></tr>
<tr><td>■</td><td>[21] 1</td><td>1</td><td>[22] 7</td><td>■</td><td>■</td><td>[23] 5</td><td>[24] 2</td><td>7</td></tr>
<tr><td>[25] 2</td><td>8</td><td>■</td><td>[26] 1</td><td>9</td><td>[27] 6</td><td>■</td><td>4</td><td>■</td></tr>
<tr><td>■</td><td>[28] 3</td><td>1</td><td>9</td><td>■</td><td>[29] 6</td><td>8</td><td>5</td><td>9</td></tr>
</table>

숫자 퍼즐 ⑦

숫자 퍼즐 ⑧

숫자 퍼즐 ⑨

숫자 퍼즐 ⑩

[1]3	1	[2]2	5	■	[3]3	■	[4]2	[5]4
6	■	1	■	[6]6	6	[7]9	■	6
■	[8]9	6	7	2	■	[9]8	8	4
[10]6	4	■	■	5	■	0	■	0
■	[11]1	[12]2	5	■	[13]1	4	[14]7	■
[15]1	■	4	■	[16]8	■	■	[17]2	7
[18]8	7	2	■	[19]6	4	4	0	■
0	■	[21]4	[22]5	4	■	7	■	[23]1
[24]3	6	■	8	■	[25]3	6	3	6

숫자 퍼즐 ⑪

[1]7	8	[2]1	2	[3]5	■	[4]3	4	[5]4
0	■	1	■	[6]3	[7]4	6	■	8
[8]8	[9]1	■	[10]2	■	5	■	[11]6	8
■	[12]2	2	2	2	2	2	■	6
[13]2	4	■	8	■	8	■	[14]2	5
9	■	[15]2	1	3	2	1	3	■
[16]2	5	■	2	■	5	■	[17]6	[18]3
6	■	[19]1	8	[20]3	■	[21]7	■	6
[22]1	1	3	■	[23]1	8	1	1	3

숫자 퍼즐 ⑫

[1]1	0	[2]1	■	[3]7	■	[4]1	6	[5]6
0	■	[6]6	5	5	3	6	■	7
[7]1	[8]1	0	■	7	■	[9]9	[10]7	6
■	5	■	■	5	■	■	8	■
[11]6	6	9	6	■	[12]2	2	1	3
■	2	■	■	[13]5	■	■	2	■
[14]5	5	[15]5	■	8	■	[16]3	5	[17]3
0	■	[18]1	6	3	8	4	■	5
[19]5	7	6	■	0	■	[20]5	3	9

숫자 퍼즐 ⑬

■	[1]5	8	[2]2	■	[3]3	4	[4]3	5	■
[5]7	■	■	[6]1	6	7	■	1	■	[7]1
[8]3	1	[9]5	7	■	[10]4	2	7	■	3
2	■	9	■	■	2	■	[11]3	[12]6	0
[13]1	[14]2	5	5	■	8	■	■	1	■
■	7	■	■	[15]4	■	[16]1	[17]2	0	[18]2
[19]8	7	[20]4	■	0	■	■	2	■	0
6	■	[21]2	4	5	■	[22]1	9	3	1
1	■	1	■	[23]8	2	7	■	■	7
■	[24]3	3	7	5	■	[25]9	1	0	■

논리 문제

논리 문제 ①

뒷줄

등 번호	4	8	1	6
이름	새라	리즈	스티브	제니

앞줄

등 번호	7	3	5	2
이름	매튜	피터	앨런	트레이시

논리 문제 ②

줄에서의 위치	맨 왼쪽	왼쪽	가운데	오른쪽	맨 오른쪽
광대의 이름	제시	미치	에이미	케니	앨비
모자 색깔	파랑	빨강	초록	주황	노랑
머리 색깔	주황	노랑	초록	파랑	빨강
코 색깔	빨강	파랑	노랑	초록	주황
신발 색깔	노랑	주황	빨강	노랑	초록

논리 문제 ③

	스미스 선생님	리처드 선생님	헨리 선생님	존스 선생님	탤벗 선생님
교실 이름	원	삼각형	사각형	원기둥	오각형
호수	3	17	11	7	13
문 색깔	빨강	초록	하양	주황	노랑
담당 과목	미술	수학	과학	역사	영어
좋아하는 스포츠	럭비	넷볼	달리기	축구	크리켓

논리 문제 ④

집 번지수	2	4	27	64	97
가족 성	파인	오크	애시	레드우드	엘름
반려동물	표범	기린	코끼리	악어	사자
자동차 색깔	빨강	검정	주황	노랑	하양
자녀 수	2	1	3	2	5
휴가 장소	스페인	독일	포르투갈	프랑스	노르웨이

논리 문제 ⑤

순위	1위	2위	3위	4위	5위
(a) 대표 나라	스웨덴	캐나다	핀란드	노르웨이	오스트리아
(b) 나이	32	29	35	25	28
(c) 모자 색깔	노랑	주황	빨강	파랑	초록
(d) 거주 도시	휘슬러	오슬로	스톡홀름	인스브루크	헬싱키
(e) 완주 시간	2:30	2:45	3:00	3:15	3:35

논리 문제 ⑥

순위	1위	2위	3위	4위	5위
그룹 라운드	카디프	럭비	미들즈브러	토키	프레스턴
숫자 퍼즐	럭비	카디프	토키	프레스턴	미들즈브러
셔틀	토키	미들즈브러	카디프	럭비	프레스턴
릴레이	프레스턴	미들즈브러	토키	럭비	카디프
전체 순위	카디프	럭비	토키	미들즈브러	프레스턴

셔틀 문제 ①

Q. 01　정답) 2009

$(4^2 + 5^2) \times 7^2 = 41 \times 49 = 2009$

Q. 02　정답) 6

$2009 + 1$분은 $33\frac{1}{2}$시간이다.

Q. 03　정답) 9

세 번째 변의 길이가 n cm라고 가정한다. 삼각형에서 한 변의 길이는 다른 두 변의 길이의 합보다 작아야 한다. 따라서 $7 < 5 + n$이고 $n < 7 + 5$이다. n은 정수이므로 $3, 4, 5, 6, 7, 8, 9, 10, 11$의 9가지 값만을 가질 수 있다.

Q. 04　정답) 16

각뿔의 면이 9개이며 그중 하나가 바닥면이다. 바닥면은 변이 8개이며, 꼭짓점도 8개 있다. 그러므로 각뿔의 꼭짓점과 바닥면의 꼭짓점 8개를 연결하는 변도 8개 있다.

셔틀 문제 ②

Q. 01 정답) **747**

$$\frac{2010}{2+0+1+0} + \frac{201+0}{2+0+1+0} + \frac{20+10}{2+0+1+0}$$
$$= \frac{2010+201+30}{3} = \frac{2241}{3} = 747$$

Q. 02 정답) **45**

300부터 747까지의 회문수는 'aba'와 같은 형태를 가진다. 여기서 a는 3, 4, 5, 6, 7 중 하나이며, b는 0부터 9까지의 숫자 10개 중 하나이다. 단, a가 7일 경우 b는 0부터 4까지의 5개 값 중 하나만을 가질 수 있다. 따라서 이런 정수의 개수는 $4 \times 10 + 5 = 45$개이다.

Q. 03 정답) **18**

격자에서 어둡지 않은 부분은 큰 삼각형(2×3 직사각형의 절반) 2개와 작은 삼각형(작은 정사각형의 절반) 1개로 구성되어 있다. 그러므로 어둡지 않은 영역은 작은 정사각형의 $6\frac{1}{2}$이다. 따라서 어두운 삼각형의 넓이는 작은 정사각형의 $2\frac{1}{2}$에 해당한다. 어두운 영역의 넓이가 45cm^2이므로 작은 정사각형 하나의 넓이는 $45 \div 2\frac{1}{2} = 18$이다.

Q. 04 정답) $\frac{7}{18}$

이 문제에 'Q. 03'의 답을 넣어 보면 다음과 같이 된다.

> Out of the first eighteen letters in this sentence,
> what fraction are vowels?
> (이 문장의 첫 18자 중 모음의 비율은 얼마일까?)

이 문장의 첫 18자 중 모음에 밑줄 표시하면 다음과 같다.

O u t o f t h e f i r s t e i g h t

따라서 첫 18자 중 7자가 모음이다.

Q. 01 정답) 19

세 번째 정수를 n이라고 하자. 그러면 다른 두 정수는 $n-2$와 $n+3$이다. 따라서 $(n-2)(n+3)$ $=n^2$이 된다. 이 식은 $n-6=0$으로 단순화된다. 따라서 $n=6$이며 세 정수는 $4, 9, 6$이다.

Q. 02 정답) 50

다음 그림에 표시된 대로 세 번째 평행선을 추가한다.

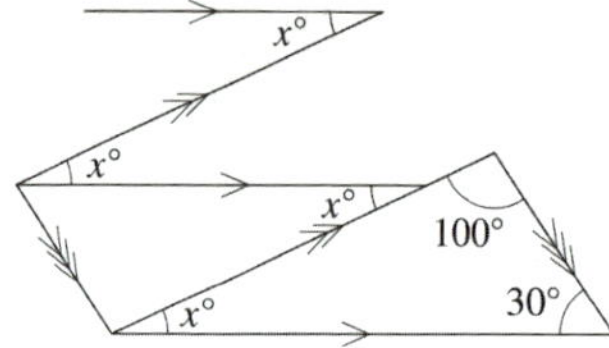

x로 표시된 모든 각도는 관련 선들이 평행하기 때문에 서로 같다. 삼각형의 내각의 합은 $180°$이므로 $100+30+x=180$이다. 따라서 $x=50$이다.

Q. 03 정답) 60

딘은 50번 왕복한다. 친구들은 첫 25번에 횟수당 10, 다음 10번에 횟수당 20파운드, 다음 5번에 횟수당 30파운드, 그리고 남은 10번에 횟수당 x파운드를 기부한다. 딘은 1200파운드를 모았다. 따라서 $10 \times 25 + 20 \times 10 + 30 \times 5 + x \times 10 = 1200$이며, 이를 정리하면 $x=60$이다.

Q. 04 정답) 460

출발 비행기에서 여성, 남성, 어린이의 비율은 $5:6:3$이었다. 따라서 어린이의 비율은 $\frac{3}{5+6+3}=\frac{3}{14}$이다. 그러므로 비행기 탑승자 수는 $\frac{14}{3} \times 60 = 280$이다. 돌아오는 비행기에서 여성, 남성, 어린이의 비율은 $4:5:3$이다. 따라서 남성의 비율은 $\frac{5}{4+5+3}=\frac{5}{12}$이다. 그러므로 돌아오는 비행기 탑승자 수는 $\frac{12}{5} \times 75 = 180$명이다.

셔틀 문제 ④

Q. 01　정답) 20

$(1-\frac{1}{2})(2-\frac{2}{3})(3-\frac{3}{4})(4-\frac{4}{5})(5-\frac{5}{6}) = \frac{1}{2}\times\frac{4}{3}\times\frac{9}{4}\times\frac{16}{5} = \frac{2\times3\times4\times5}{6}$ 이고, 약분하면 20이다.

Q. 02　정답) 8

주초에 사탕이 20개 있다. 사탕의 $\frac{1}{4}$을 먹으면 15개가 남는다. 이 중 $\frac{1}{5}$을 더 먹으면 12개가 남는다. 이 중 $\frac{1}{3}$을 먹은 뒤에는 8개가 남는다.

Q. 03　정답) 6

$B = \frac{1}{8-1} = \frac{1}{7}$이다. 따라서 $C = \frac{1}{1-\frac{1}{7}} = \frac{1}{\frac{6}{7}} = \frac{7}{6}$이므로 $D = \frac{1}{\frac{7}{6}-1} = \frac{1}{\frac{1}{6}} = 6$이다.

Q. 04　정답) 12.5

다음 그림은 앤서니가 집 P에서 최종 위치인 Q로 가는 경로를 보여준다.

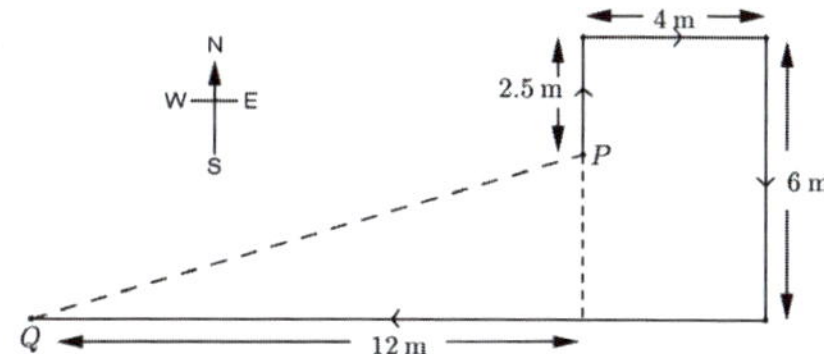

그림에서 PQ는 직각삼각형의 빗변이고, 다른 두 변의 길이는 12m와 3.5m이다. 따라서 피타고라스 정리에 따라 $PQ = \sqrt{12^2 - 3.5^2}\,\text{m} = 12.5\text{m}$이다.

준결승 문제

준결승 문제는 어렵다. 많은 경우 이 문제들은 여러 방법으로 해결할 수 있다. 일반적인 증명을 시도하기 전에 몇 가지 구체적인 수치 예시를 시험해 보는 편이 좋다. 모든 단계를 설명한 완전한 풀이는 매우 길어질 수도 있지만 충분히 길게 논의할 가치가 있다.

여기서는 간결한 풀이만 수록할 수밖에 없다. 이 문제들에 대한 자세한 해설은 UKMT 출판물《*A Mathematical Olympiad Primer*》를 참고하기 바란다.

Q. 01

편의를 위해 왼쪽 위에서 오른쪽 아래로 이어지는 대각선을 '으뜸 대각선'이라고 하며, 오른쪽 위에서 왼쪽 아래로 이어지는 대각선을 '버금 대각선'이라고 한다. 으뜸 대각선 바로 아래의 4칸은 '딸림 대각선'이라고 부른다.

(a)

				5
5				
	5			
		5		
			5	

(b)

				5
5				
	5			
		5		
			4	

(c)

				5
5				
	5			
		4	5	
			4	

(d)

3	4	1	2	5
5	1	3	4	2
4	5	2	1	3
2	3	4	5	1
1	2	5	3	4

20점을 얻기 위해서는 그림 (a)와 같이 딸림 대각선에 5가 4개 있어야 한다. 이 경우 나머지 5는 오른쪽 위 모서리에 배치될 수 있지만 이렇게 하면 으뜸 대각선에 5가 없다. 따라서 점수는 20점이 될 수 없다.

19점을 얻기 위해서는 딸림 대각선에 5가 3개, 4가 1개 있어야 한다. 이 배열의 한 예는 그림 (b)에 표시되어 있다. 이 경우 버금 대각선에 5를 배치할 수 있는 유일한 위치는 오른쪽 위 모서리이지만, 이 경우 으뜸 대각선에 5를 배치할 수 없다. 비슷한 이유로 딸림 대각선에 5가 3개, 4가 1개 있는 다른 어떤 배열도 성립하지 않음을 확인할 수 있다. 따라서 점수가 19가 될 수는 없다.

18점을 달성하려면 딸림 대각선에 5가 3개 있고 3이 1개 있거나, 5가 2개 있고 4가 2개 있어야 한다. 딸림 대각선에 5가 3개 있고 3이 1개 있는 배치는 5가 3개 있고 4가 1개 있는 배치와 동일한 이유로 성립하지 않는다. 딸림 대각선에 5가 2개 있고 4가 2개 있는 방법은 그중 1가지가 그림 ⓒ에 표시되어 있다. 이 경우 두 대각선 모두에 5를 배치하는 유일한 방법은 그림과 같지만, 다섯 번째 5를 추가할 수 없다. 딸림 대각선에 5가 2개 있고 4가 2개 있는 다른 배열도 모두 불가능함을 확인할 수 있다. 따라서 점수가 18이 될 수는 없다. 그림 ⓓ는 점수 17점을 달성하기 위한 숫자를 배치할 수 있음을 보여 준다. 따라서 이것이 가능한 최고 점수이다.

Q. 02

정수 s를 4로 나눈 나머지가 r이며 $0 \leq r \leq 3$이라고 가정한다. 그러면 어떤 정수 t에 대해 $s = 4t + r$이며, 따라서 $s^2 = 16t^2 + 8tr + r^2 = 8(2t^2 + tr) + r^2$이다. 따라서 s^2를 8로 나눈 나머지는 r^2를 8로 나눈 나머지와 동일하며, 이는 s를 4로 나눈 나머지에 의해 결정된다.

따라서 먼저 수열의 첫 몇 항을 계산한다. 4로 나눴을 때의 나머지($\mathrm{rem}(a_n, 4)$로 표기)와 a_n^2를 8로 나눴을 때의 나머지($\mathrm{rem}(a_n^2, 8)$로 표기)를 구한다. 이 값들은 다음 표에 나타나 있다.

n	1	2	3	4	5	6	7	8	9	10	11	12
a_n	19	98	17	15	32	47	79	26	5	31	36	67
$\mathrm{rem}(a_n, 4)$	3	2	1	3	0	3	3	2	1	3	0	3
$\mathrm{rem}(a_n^2, 8)$	1	4	1	1	0	1	1	4	1	1	0	1

여기서 알 수 있듯이 수열의 정의 방식 때문에 연이은 나머지 2개가 같은 형태면 그 이후의 나머지들도 같은 형태로 반복된다. 따라서 a_n을 4로 나누었을 때의 6개로 된 나머지 수열 3, 2, 1, 3, 0, 3은 반복되며 8로 나누었을 때의 6개로 된 나머지 수열 1, 4, 1, 1, 0, 1도 마찬가지로 반복된다. $1 + 4 + 1 + 1 + 0 + 1 = 8$이므로 수열에서 연속된 6개 항($a_n$)의 제곱의 합을 8로 나눈 나머지는 항상 0이다. 따라서 98이 6의 배수이므로 $a_1^2 + a_2^2 + \cdots + a_{98}^2$을 8로 나

눈 나머지는 0이다.

Q. 03

A에서 BP에 수직으로 내린 직선을 AK라고 하고, AK와 BC가 만나는 점을 L이라고 하자.
삼각형 ABP가 이등변삼각형이므로 $BK = KP$이며, 따라서 $BP = 2BK$이다.

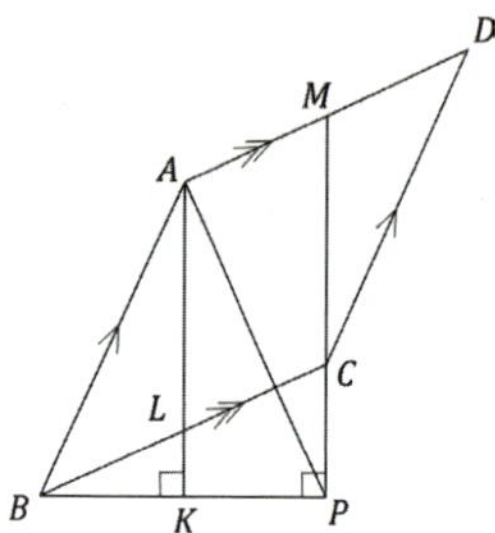

직선 AK와 MP는 평행하다. 또한 삼각형 BLK와 BCP는 공통 각을 가지므로 닮은꼴이다. 따라서 $BC = 2BL = 2LC$이다.

$ABCD$가 평행사변형이므로 $BC = AD$이다. $LCMA$가 평행사변형이므로 $LC = AM$이다. 그러므로 $AD = 2AM$이다. 따라서 M은 AD의 중점이다.

Q. 04

a_2와 a_4의 값을 공식 $a_4 a_2 = a_3^2 \pm 1$에 대입하면 $24 = a_3^2 \pm 1$이 된다. 여기서는 a_3가 양의 정수 5가 되도록 '$-$' 기호를 선택해야 함을 알 수 있다. 추가 계산 결과, 다음과 같은 수열이 주어진 공식을 만족함을 알 수 있다.

$1, 2, 5, 12, 29, 70, \cdots$

그러면 이 수열이 $b_1 = 1$, $b_2 = 2$이고, $n \geq 2$일 때 $b_{n+1} = 2b_n + b_{n-1}$로 정의될 수 있음을 알아차릴 수 있다. 수학적 귀납법을 사용하여 이 공식이 실제로 다음 조건을 만족하는 수열을 정의함을 보여 준다.

$a_1 = 1$, $a_2 = 2$이고 $n \geq 2$일 때 $a_{n+1} a_{n-1} = a_n^2 \pm 1 \qquad \cdots (1)$

$n = 2$일 때 (1)이 성립은 이미 확인했다. 이제 $n = k$일 때 성립한다고 가정하자. 즉, 다음과 같이 가정한다.

$b_{k+1} b_{k-1} = b_{k2} \pm 1 \qquad \cdots (2)$

이로부터 다음 등식이 성립한다.

$$b_k + 2b_k = (2b_k + 1 + b_k)b_k = b_k + 1(b_k + 1 - b_k - 1) + b_k^2$$
$$= b_{k+1}^2 - (b_k^2 \pm 1) + b_k^2 \quad \text{식 (2)에 의해}$$
$$= b_{k+1}^2 \pm 1$$

이는 (1)이 $n = k+1$에 대해서도 성립함을 보여준다. 이로써 (1)의 증명이 완료된다. 이는 (1)을 만족하는 양의 정수열이 적어도 하나 존재함을 보여 준다. 이 양의 정수열이 유일함을 보여 주기 위해서는 $a_{n+1}a_{n-1} = a_n^2 \pm 1$을 만족하는 양의 정수열을 얻기 위해서는 '$\pm$'에서 '+'와 '−'를 번갈아 선택할 수밖에 없음을 보여야 한다. n이 2와 3일 때 이 경우가 성립함은 이미 보았다.

수학적 귀납법을 다시 사용하여 (1)을 만족하는 수열에 대해 다음이 성립함을 증명한다.

$$n \geq 2 \text{에 대하여 } a_{n+1} > a_n \geq 2 \qquad \cdots (3)$$

(1)은 $a_2 = 2$이고 $a_3 = 5$임을 의미한다. 따라서 $n = 2$일 때 (3)은 성립한다.

이제 $n = k$일 때 (3)이 성립한다고 가정한다. a_k와 a_{k+1}은 정수이므로 $a_k \leq a_{k+1} - 1$이다.

$$(1)\ a_{k+2} = \frac{a_{k+1}^2 \pm 1}{a_k} \geq \frac{a_{k+1}^2 - 1}{a_k} \geq \frac{a_{k+1}^2 - 1}{a_{k+1} - 1} = a_{k+1} + 1 > a_{k+1} \geq 2 \text{로부터 다음이 성립한다.}$$

이는 (3)이 $n = k$일 때도 성립함을 보여 준다. 따라서 (3)의 증명이 완료된다.

만약 어떤 양의 정수 n에 대해 a_{n-1} 항이 $a_n^2 + 1$과 $a_n^2 - 1$의 공약수라면 그 차인 2의 약수도 될 것 같지만, 이는 (3)에 의해 불가능하다. $a_{n-1} > 2$이기 때문이다.

따라서 양의 정수 a_{n+1}과 $a_{n+1}^\star$ 가 $a_{n+1}a_{n-1} = a_n^2 + 1$ 과 $a_{n+1}^\star a_{n-1} = a_n^2 - 1$를 모두 만족하게 하는 양의 정수 n은 존재하지 않는다. 이로써 (1)을 만족하는 양의 정수열이 유일하다는 증명이 완료된다.

F는 BA의 연장선상에서 $AF = DA$를 만족하는 점이라고 하자.

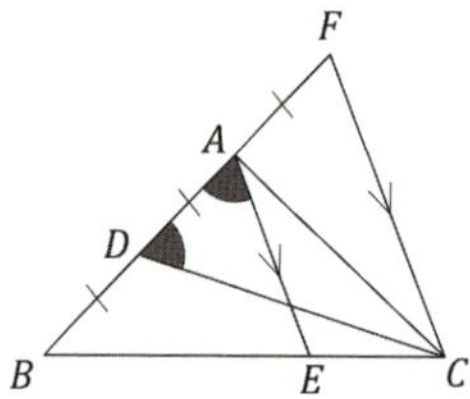

D가 AB의 중점이기 때문에 $\frac{BF}{BA} = \frac{3}{2}$이다. E는 BC를 $2 : 1$의 비율로 나누므로 $\frac{BC}{BE} = \frac{3}{2}$이다. 따라서 삼각형 FBC와 ABE는 점 B에서의 각을 공통으로 가지며, 또한 $\frac{BF}{BA} = \frac{BC}{BE}$이므로 서로 닮은꼴이다.

그러므로 $\angle BFC = \angle BAE$이다. 따라서 $\angle DFC = \angle BAE = \angle ADC = \angle FDC$이므로 삼각형 CFD는 이등변삼각형이다. 따라서 A가 FD의 중점이기 때문에 CA는 FD에 수직이다. 이로부터 $\angle BAC$는 직각임을 알 수 있다. 즉, $\angle BAC = 90°$이다.

결승 문제

결승 문제는 매우 어렵다. 이 책의 다른 문제들을 해결하는 데 필요한 수학 지식보다 더 고급 지식을 요구하는 경우가 많고 여러 방법으로 해결할 수 있다. 모든 단계를 설명한 완전한 풀이는 매우 길어질 수 있지만 충분히 길게 논의할 가치가 있다.

여기서는 간결한 풀이만 수록할 수밖에 없다. 이 문제들에 대한 자세한 해설은 UKMT 출판물《*A Mathematical Olympiad Companion*》을 참고하기 바란다.

Q. 01

삼각형의 꼭짓점 A, B, C에 대한 각도를 각각 $\hat{A}, \hat{B}, \hat{C}$라고 하자. 먼저 A에서 시작할 때 발생하는 상황부터 살펴본다.

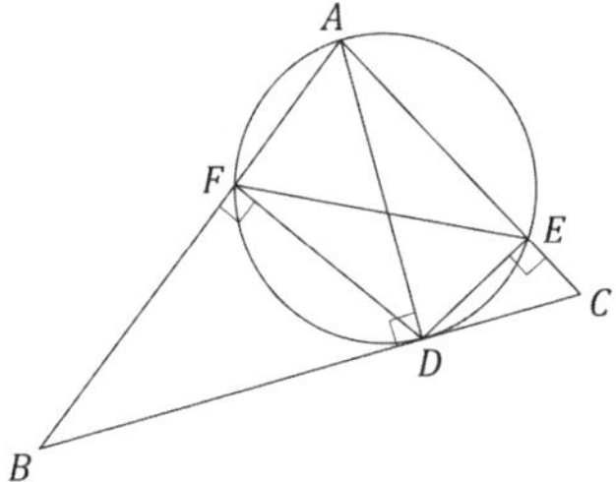

$\angle AED = \angle AFD = 90°$이므로 타레스 정리 역에 따라 AD를 지름으로 하는 원은 E와 F를 지나간다.

삼각형 AFE에 사인 법칙을 적용하면 $\frac{EF}{\sin \hat{A}} = \frac{AE}{\sin \angle AFE}$이다. 따라서 $\angle AFE = \angle ADE$인데, 이는 원의 동일한 호의 대각이기 때문이며 직각삼각형 AED에서 $AE = AD \sin \angle ADE$ $= AD \sin \angle AFE$이다. 이에 따라 $\frac{EF}{\sin \hat{A}} = \frac{AD \sin \angle AFE}{\sin \angle AFE} = AD$이다. 따라서 $EF = AD \sin \hat{A}$이다. 직각삼각형 BDA에서 $AD = AB \sin \hat{B}$이다. 따라서 $EF = AB \sin \hat{A} \sin \hat{B}$이다.

삼각형 ABC의 외접원의 반지름 R에 대해 $AB = R \sin \hat{C}$임은 알려져 있다. 이로인해 $EF = R \sin \hat{A} \sin \hat{B} \sin \hat{C}$라는 공식을 유도할 수 있다. EF의 공식은 $\hat{A}, \hat{B}, \hat{C}$의 순서를 바꾸더라도 동일한 값을 유지한다. 따라서 EF의 길이는 어떤 꼭짓점을 선택하더라도 동일하다.

테이블이 원형이라는 사실을 무시하면 p번째 참석자가 앉으려는 의자는 첫 번째 참석자로부터 $1+2+\cdots+(p-1)=\frac{1}{2}p(p-1)$자리 오른쪽에 있다. 이 공식은 첫 번째 참석자에게도 적용된다.

테이블이 n개의 의자로 구성된 원탁이기 때문에 $1 \leq p < q \leq n$인 p와 q에 대해 $\frac{1}{2}q(q-1)-\frac{1}{2}p(p-1)$이 n으로 나누어 떨어질 때 p번째와 q번째 참석자는 같은 의자를 놓고 경쟁하게 된다. 분수를 제거하기 위해 2를 곱하면, 이 마지막 조건은 $q(q-1)-p(p-1)$이 $2n$으로 나누어 떨어지는 것과 동일하다. $q(q-1)-p(p-1)=q^2-p^2-(q-p)=(q-p)(q+p-1)$이므로 이제 $1 \leq p < q \leq n$인 모든 정수 p와 q에 대해 $(q-p)(q+p-1)$이 $2n$으로 나누어 떨어지는지 아닌지 확인해야 한다.

먼저 n이 2의 거듭제곱이 아니라고 가정한다. 그러면 $2n$을 $r2^s$로 인수분해할 수 있다. 여기서 r은 $3 \leq r$인 홀수 정수이고 s는 양의 정수이다. 또한 $3 \leq r$이고 $2 \leq t$인 정수 r과 t에 대해 $t=2^s$라고 두면 $2n=rt$가 된다. 이에 따라 $r \leq n$인 홀수 정수이다. 또한 t는 $t \leq \frac{2}{3}n$이며, $2n=rt$인 짝수 정수이다. 이제 u를 r과 t 중 큰 수로, v를 두 수 중 작은 수로 두면 $2n=uv$가 된다.

$p=\frac{1}{2}(u-v+1)$이고 $q=\frac{1}{2}(u+v+1)$이라고 놓는다. 그러면 p와 q는 양의 정수이며, $p \leq \frac{1}{2}(u+1) \leq n$이고 $q \leq \frac{1}{2}(n+\frac{2}{3}n+1) \leq n$이다. $u=p+q-1$이고 $v=q-p$이므로 $2n=(q-p)(q+p-1)$이다. 따라서 이 경우 p번째와 q번째 참석자가 같은 의자를 놓고 경쟁한다.

이제 n이 2의 거듭제곱이고 $(q-p)(q+p-1)$이 $2n$의 배수라고 가정한다. $(p-q)$와 $(p+q-1)$ 중 하나는 홀수이고 다른 하나는 짝수이다. 따라서 $(p-q)$ 또는 $(p+q-1)$ 중 하나는 $2n$의 배수이다. 그러나 $q-p < q \leq n$이고 $p+q-1 < 2q \leq 2n$이므로 이는 불가능하다. 따라서 이 경우 두 참석자가 같은 의자를 놓고 경쟁하지 않는다. 그러므로 n이 2의 제곱일 경우에만 모든 참석자가 자리에 앉을 수 있다.

Q. 03

먼저 공식에서 $y_2 = 2$이고, 일반적으로 $y_{n+1} > \frac{3}{2}y_n$임을 알 수 있다. 따라서 이 수열은 증가하며 모든 항이 서로 다르다.

방정식 $y_{n+1} = \frac{1}{2}(3y_n + \sqrt{5y_n^2 - 4})$는 $2y_{n+1} - 3y_n = \sqrt{5y_n^2 - 4}$ 같이 재배열될 수 있다. 양쪽을 제곱하면 이 방정식이 다음과 같음을 알 수 있다.

$$4y_{n+1}^2 - 12y_{n+1}y_n + 9y_n^2 = 5y_n^2 - 4$$

이를 정리하면 $4y_{n+1}^2 - 12y_{n+1}y_n + 4y_n^2 = -4$

이 방정식의 양변을 4로 나누면 $y_{n+1}^2 - 3y_{n+1}y_n + y_n^2 = -1$ $\qquad \cdots (1)$

이 최종 방정식에서 n을 $n-1$로 대체하면 $y_n^2 - 3y_ny_{n-1} + y_{n+1}^2 = -1$ $\quad \cdots (2)$

방정식 (2)를 (1)에서 빼면 다음 식이 유도된다.

$$(y_{n+1}^2 - y_{n-1}^2) - (3y_{n+1}y_n - 3y_ny_{n-1}) = 0 \qquad \cdots (3)$$

이 방정식의 좌변은 다음과 같이 인수분해된다.

$$(y_{n+1} - y_{n-1})(y_{n+1} - 3y_n - y_{n-1}) = 0$$

$y_{n+1} \neq y_{n-1}$이기 때문에 모든 $n \geq 2$에 대해 $y_{n+1} - 3y_n - y_{n-1} = 0$ 이며

따라서 $y_{n+1} = 3y_n + y_{n-1}$이다.

$y_1 = 1$이고 $y_2 = 2$이므로, 이 공식으로부터 수열의 모든 항 y_{n+1}은 양의 정수임을 알 수 있다.

※참고: 위의 풀이는 매우 세련된 방법으로 해당 방법을 이미 알고 있지 않는 한 쉽게 발견하기 어렵다. 이 문제의 수학적 원리를 이해하는 데 도움이 되는 더 자연스러운 접근 방법은 몇 가지 구체적인 수치적 증거를 살펴보는 것이다. 수열의 처음 몇 항을 계산하면 1, 2, 5, 13, 34, 89, ⋯ 임을 알 수 있다. 이 숫자들이 익숙한가? 그렇다면 이 수열이 잘 알려진 수열에서 비롯되었다는 사실을 알고 있을 테니 문제를 해결하는 다른 방법을 찾을 수 있을 것이다.

이 문제를 해결하기 위해 그리스 수학자 페르게의 아폴로니우스Apollonius of Perga의 다음
과 같은 결과를 활용한다.

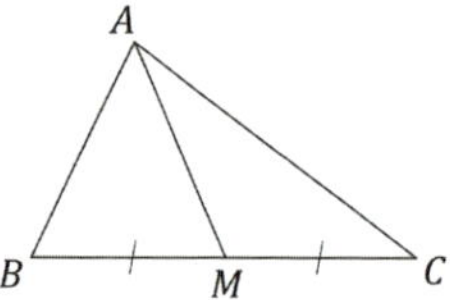

※ 아폴로니우스의 정리

M을 삼각형 ABC의 변 BC의 중점이라고 하자.

그렇다면 $AB^2 + AC^2 = 2(AM^2 + BM^2)$이다.

이제 중심이 O와 Q에 있고 C에서 접하는 반지름 1인 두 구를 생각해 본다. 그림과 같이
PT와 PU를 구면에 접하는 접선이라고 하고 $PT = t$, $PU = u$라고 하자.

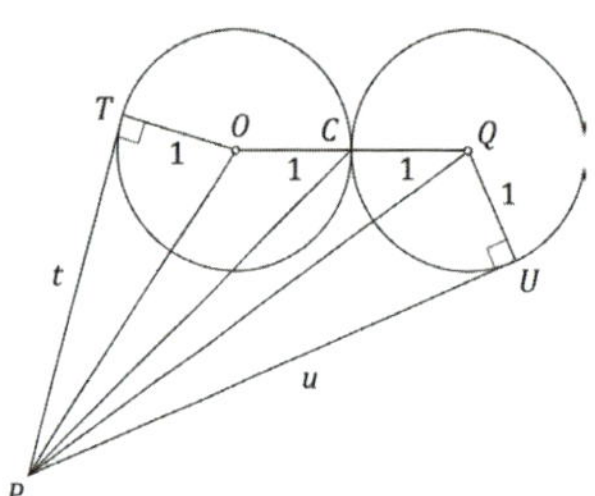

삼각형 POQ에 아폴로니우스의 정리를 적용하면 $PO^2 + PQ^2 = 2(PC^2 + 1^2)$이다.

구면과 접하는 접선은 접점에서 반지름과 수직이다. 따라서 삼각형 PTO와 PUQ는 직각
삼각형이다. 그러므로 피타고라스 정리에 따라 $PO^2 = t^2 + 1^2$이고 $PQ^2 = u^2 + 1^2$이다.

세 방정식으로부터 $t^2 + u^2 = 2PC^2$이 도출된다.

잘 알려진 부등식에 따라 $t^2 + u^2 \geq 2tu$이다. 따라서 $PC^2 \geq tu$이다.

이 부등식을 두 구 B_j와 B_k에 적용하면, 두 구면이 점 C_i에서 접할 때

$i = 1, 2, \cdots, n$에 대해 $PC_i^2 \geq t_j t_k$가 된다.

이 부등식에서 모든 수는 양수이므로 모든 PC_i^2 항의 곱은 모든 $t_j t_k$ 항의 곱보다 크다. 모든 PC_i^2 항의 곱은 모든 PC_i 항의 곱의 제곱이며 PC_i 항의 곱을 달리 표기하면 $\prod\limits_{i=1}^{n} PC_i$ 이다. 각 구는 다른 두 개의 구와 접하므로 모든 $t_j t_k$ 항의 곱을 취할 때 각 t_i 항은 두 번 나타난다. 따라서 결과적인 곱은 모든 t_i 항의 곱의 제곱이 된다.

즉, $\left(\prod\limits_{i=1}^{n} PC \right)^2 \geq \left(\prod\limits_{i=1}^{n} t_i \right)^2$ 임을 보였다. 그러므로 $\prod\limits_{i=1}^{n} PC_i \geq \prod\limits_{i=1}^{n} t_i$ 가 성립하며, 이것이 문제에서 증명하라고 요구한 바이다.

용어집

학교에서 배운 수학 지식이 희미해진 독자에게 용어집이 도움이 되길 바란다.

연속적

연속적인 수는 고려 중인 목록에서 서로 이웃한 수이다. 예를 들어 16, 17, 18은 연속된 정수, 16과 25는 연속된 제곱수, 343(7^3)과 512(8^3)는 연속된 세제곱수이다. 17, 19, 23은 연속된 소수이다.

세제곱수

세제곱수는 정수 n에 대해 n^3(즉, $n \times n \times n$)인 정수이다. 예를 들어 343 = 7^3은 세제곱수이다. 376쪽 표에 세제곱수 첫 30개가 나열되어 있다.

세제곱근

정수 n의 세제곱근은 $k^3 = n$인 수 k이다. 예를 들어 7은 343의 세제곱근이다.

자리 숫자 곱

정수의 자리 숫자의 곱은 표준 형식으로 쓰여진 그 정수의 각 자리 숫자의 곱이다. 예를 들어 365의 자리 숫자 곱은 90이다. 왜냐하면 $3 \times 6 \times 5 = 90$이기 때문이다.

자리 숫자 합

정수의 자리 숫자 합은 표준 형식으로 쓰여진 그 정수의 각 자리수의 합이다. 예를 들어 365의 자리 숫자 합은 $3 + 6 + 5 = 14$이다.

외각

내각 참조(372쪽)

인수·약수

정수 n의 인수(또는 약수)는 n을 나누었을 때 나머지가 남지 않는 수이다. 예를 들어 7은 77의 인수이다. 1과 n은 n의 인수로 간주된다.

팩토리얼

$n!$이라고 표기하고 'n 팩토리얼'로 읽는 이 기호는 n이 양의 정수일 때 1부터 n까지의 모든 정수의 곱을 의미한다. 예를 들어 $4! = 1 \times 2 \times 3 \times 4$이다. 또한 $0!$의 값은 1로 취한다.

피보나치 수

피보나치 수는 무한 수열의 항인 수이다.
$1, 1, 2, 3, 5, 8, 13, 21, \cdots$
이 수열에서 첫 두 수 이후의 각 수는 그 앞 두 수의 합으로 이루어진다. 376쪽 표에 피보나치 수 첫 30개가 나열되어 있다.

최대공약수

둘 이상의 양의 정수의 최대공약수는 그 모든 수를 나눠서 나머지가 0인 수 중 가장 큰 정수이다. 예를 들어 12는 36, 84, 108의 최대공약수이다.

최고공인수

최대공약수의 다른 이름이다.

정수

정수는 양의 정수, 음의 정수, 0을 포함한 소수점 없는 모든 수이다.
즉, 정수는 다음과 같이 양방향으로 무한한 수열을 이룬다.
$\cdots, -5, -4, -3, -2, -1, 0, 1, 2, 3, 4, 5, \cdots$

내각

다각형의 내각은 다각형 내부에 있는 이웃한 두 변 사이의 각도이
다. 외각은 다각형 외부에 있는 한 변과 이웃한 변의 연장선 사이
의 각도이다. 그림에 표시된 다각형 $ABCDE$에서 꼭짓점 A의 내
각 $\alpha = \angle EAB$이며, 외각 $\beta = \angle FAB$이다.

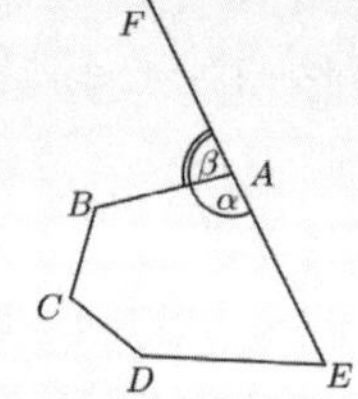

※ Check Point
고대 그리스 수학자 유클리드는 이등변삼각형에서 같은 변에
대응하는 각은 서로 같다고 주장한다.
$AB = AC$라면 $\angle ACB = \angle ABC$
선분 AB와 AC에 등호 표시를 사용하면 길이가 같음을 나타낸
다. 이는 표준 관습이다.

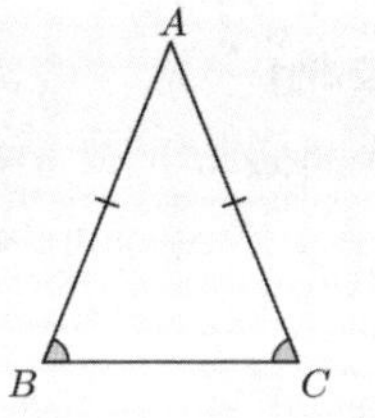

이등변삼각형

이등변삼각형은 적어도 두 변의 길이가 같은 삼각형이다.

최소공배수

둘 이상의 양의 정수의 최소공배수는 그 모든 정수의 배수인 가장 작은 정수이다. 예를 들
어 720은 15, 16, 18의 최소공배수이다.

회문·회문수

회문(또는 회문수)은 그대로 읽을 때와 뒤집어 읽을 때 동일한 숫자로 이루어진 수이다. 예를 들어 14641은 회문 정수이며, 353과 13931은 회문 소수이다.

평행선

평행선은 평면에서 서로 교차하지 않는 선이다.

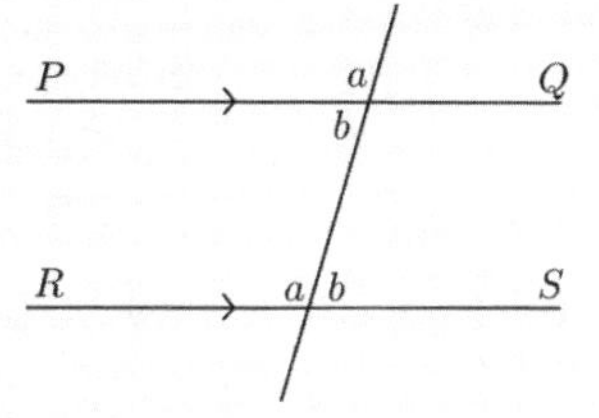

> ※ Check Point
> 선 PQ와 RS가 평행이라면, 그림에 표시된 동위각 a끼리는 서로 같고, 엇각 b끼리도 서로 같다.
> 직선 PQ와 RS에 표시된 화살표 표시를 주의 깊게 살펴보자. 이 표시들은 두 선분이 평행함을 나타낸다.

완전수

자신을 제외한 모든 약수의 합과 동일한 양의 정수이다. 첫 완전수 3개는 6(1 + 2 + 3), 28(1 + 2 + 4 + 7 + 14), 496(이것은 직접 확인해 보자!)이다.

다각형

평면 위에 그려진 도형으로 경계가 끝점에서만 만나고 서로 교차하지 않는 선분 유한개로 이루어져 있다. (정다각형 참조)

> ※ Check Point
> n개의 변을 가진 다각형의 내각의 합은 $(n - 2) \times 180°$이다.
> 다각형의 외각의 합은 360°이다. 이는 변의 개수에 따라 달라지지 않는다.

거듭제곱

n의 거듭제곱은 k가 양의 정수인 형태의 수 nk이다. 여기서 nk는 n을 k번 곱한 결과인 수

를 의미한다. 예를 들어 $n4$는 $n \times n \times n \times n$인 수이다. 2의 첫 다섯 제곱은 2, 4, 8, 16, 32 이다. $n = n1$이므로 n은 n의 거듭제곱으로 간주된다는 점에 유의하자. 376쪽 표에 2의 거듭제곱 첫 30개가 나열되어 있다.

소수

1보다 큰 정수 중 2개의 더 작은 정수의 곱으로 분해될 수 없는 수이다. 첫 소수 5개는 2, 3, 5, 7, 11이다. 376쪽 표에 소수 첫 30개가 나열되어 있다.

곱

두 개 이상의 수의 곱은 그 수들을 곱한 결과로 얻는 수이다. 예를 들어 7, 11, 13의 곱은 1001이다. $7 \times 11 \times 13 = 1001$이기 때문이다.

정다각형

정다각형은 모든 변의 길이가 같고 모든 내각이 같은 다각형이다.

※ Check Point

변이 n개인 정다각형의 외각은 $\dfrac{360°}{n}$ 이다.

내각은 $180° - \dfrac{360°}{n}$ 이다.

제곱수

제곱수는 정수 n에 대해 n^2 (즉 $n \times n$)인 정수이다. 예를 들어 $169 = 13^2$는 제곱수이다. 376쪽 표에 제곱수 첫 30개가 나열되어 있다.

제곱근

정수 n의 제곱근은 $k^2 = n$을 만족하는 음이 아닌 수 k이다. 예를 들어 13은 169의 제곱근이다.

삼각형

※ Check Point
삼각형의 내각의 합은 180°이다.
α + β + γ = 180°

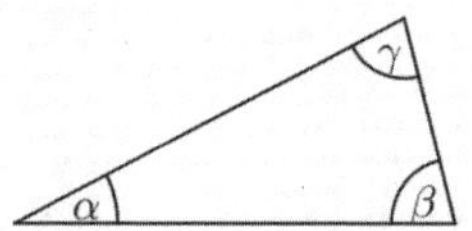

삼각수

삼각수(삼각형 수라고도 함)는 다음 무한 수열에 나타나는 양의 정수이다.

$1, 3, 6, 10, 15, \cdots$

아래 그림과 같이 삼각형 모양으로 배열한 점의 수를 나타내기 때문에 삼각수라고 불린다.

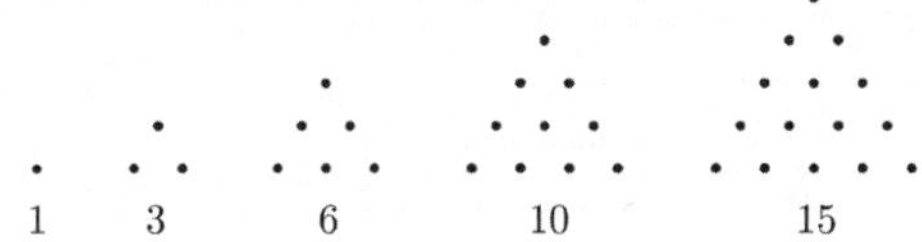

삼각수는 첫 n개의 양의 정수를 더한 결과로 다음과 같이 쓸 수 있다.

$1, 1+2, 1+2+3, 1+2+3+4, 1+2+3+4+5, \cdots$

376쪽 표에 첫 30개의 삼각수가 나열되어 있다.

※ Check Point
n번째 삼각수의 공식은 $\frac{1}{2}n(n+1)$이다.

주요 수열 30항 표

양의 정수	제곱수	세제곱수	소수	피보나치 수	삼각수	2의 거듭제곱
1	1	1	2	1	1	2
2	4	8	3	1	3	4
3	9	27	5	2	6	8
4	16	64	7	3	10	16
5	25	125	11	5	15	32
6	36	216	13	8	21	64
7	49	343	17	13	28	128
8	64	512	19	21	36	256
9	81	729	23	34	45	512
10	100	1,000	29	55	55	1,024
11	121	1,331	31	89	66	2,048
12	144	1,728	37	144	78	4,096
13	169	2,197	41	233	91	8,192
14	196	2,744	43	377	105	16,384
15	225	3,375	47	610	120	32,768
16	256	4,096	53	987	136	65,536
17	289	4,913	59	1,597	153	131,072
18	324	5,832	61	2,584	171	262,144

19	361	6,859	67	4,181	190	524,288
20	400	8,000	71	6,765	210	1,048,576
21	441	9,261	73	10,946	231	2,097,152
22	484	10,648	79	17,711	253	4,194,304
23	529	12,167	83	28,657	276	8,388,608
24	576	13,824	89	46,368	300	16,777,216
25	625	15,625	97	75,025	325	33,554,432
26	676	17,576	101	121,393	351	67,108,864
27	729	19,683	103	196,418	378	134,217,728
28	784	21,952	107	317,811	406	268,435,456
29	841	24,389	109	514,229	435	536,870,912
30	900	27,000	113	832,040	465	1,073,741,824

다음은 UKMT 수학대회와 관련된 UKMT 출판물 목록이다. 이 출판물에는 문제의 완전한 풀이가 수록되어 있으며 UKMT 홈페이지 www.ukmt.org.uk 에서 주문할 수 있다.

연감 Yearbook

UKMT는 1998~1999학년부터 2016~2017학년까지 매년 《연감》을 출판했다. 각 연감에는 해당 학년도의 대회 문제 및 풀이가 수록되어 있다.

수학 챌린지 Mathematical Challenge

다음 책들에는 해당 연도의 주니어, 중급, 시니어 수학 챌린지 문제 전체와 짧은 풀이가 담겨 있다.

《*Ten Years of Mathematical Challenges: 1997 to 2006*》, 2006
《*Ten Further Years of Mathematical Challenges: 2006 to 2016*》, 2016

다음 세 권의 책에는 각각에 해당하는 수학 챌린지 문제들이 출판일 기준까지 주제 및 난이도에 따라 정리되어 있다. 문제는 선다형이 아니며, 힌트는 수록되어 있지만 완전한 풀이는 없다.

《*Junior Problems*》, Andrew Jobbings, 2017
《*Intermediate Problems*》, Andrew Jobbings, 2016
《*Senior Problems*》, Andrew Jobbings, 2018

또한 최근 몇 년간의 수학경시대회 문제에 대한 짧은 풀이와 자세한 풀이, 추가 탐구 문제를 포함한 자료를 UKMT 웹사이트에서 무료로 다운로드할 수 있다.

수학 올림피아드 Mathematical Olympiad

다음 책들은 다양한 학년의 어려운 문제를 해결하는 방법에 대한 조언을 제공하며, 여기에는 해당 학년의 올림피아드 시험 문제 및 풀이도 포함된다.

《*First Steps for Problem Solvers*》, Mary Teresa Fyfe, Andrew Jobbings, 2015
: 1999년부터 2015년까지의 주니어 수학 올림피아드 문제 및 해설을 모두 수록.
《*A Problem Solver's Handbook*》, Andrew Jobbings, 2013
: 2003년부터 2012년까지의 중급 수학 올림피아드 시험 문제 및 해설을 모두 수록.
《*A Mathematical Olympiad Primer, 2nd edition*》, Geoff Smith, 2011
: 1996년부터 2010년까지의 영국 수학 올림피아드 1차 시험 문제 및 해설을 모두 수록.
《*A Mathematical Olympiad Companion*》, Geoff Smith, 2016년
: 2002년부터 2016년까지의 영국 수학 올림피아드 2차 시험 문제 및 해설을 모두 수록.

이 책에 수록된 문제는 100명이 넘는 UKMT 자원봉사자들의 작품이다. 이들의 이름을 모두 나열하려면 일부를 빠뜨릴 위험이 있으므로, 여기서는 UKMT가 수많은 자원봉사자들에게 얼마나 큰 도움을 받았는지 알리는 데 그치고자 한다. 아울러 책에 수록된 문제들뿐만 아니라 지면상 포함하지 못한 많은 문제들을 만들어 온 자원봉사자들의 뛰어난 창의성과 헌신에 깊은 감사를 전한다.

편집자
스티븐 오헤이건, 앨런 슬롬슨